Optionsbewertung und Absicherungsstrategien

Europäische Hochschulschriften
Publications Universitaires Européennes
European University Studies

Reihe V
Volks- und Betriebswirtschaft

Série V Series V
Sciences économiques, gestion d'entreprise
Economics and Management

Bd./Vol. 2388

PETER LANG
Frankfurt am Main · Berlin · Bern · New York · Paris · Wien

Jürgen Bär

Optionsbewertung und Absicherungsstrategien

PETER LANG
Europäischer Verlag der Wissenschaften

Die Deutsche Bibliothek - CIP-Einheitsaufnahme

Bär, Jürgen:

Optionsbewertung und Absicherungsstrategien / Jürgen Bär. - Frankfurt am Main ; Berlin ; Bern ; New York ; Paris ; Wien : Lang, 1999
(Europäische Hochschulschriften : Reihe 5, Volks- und Betriebswirtschaft ; Bd. 2388)
Zugl.: Saarbrücken, Univ., Diss., 1998
ISBN 3-631-33546-6

D 291
ISSN 0531-7339
ISBN 3-631-33546-6

Vorwort

Die vorliegende Arbeit entstand während meiner Tätigkeit als wissenschaftlicher Mitarbeiter am Lehrstuhl für Statistik und Ökonometrie an der Universität des Saarlandes und wurde im Wintersemester 1997/98 von der Rechts- und Wirtschaftswissenschaftlichen Fakultät der Universität des Saarlandes als Dissertation angenommen.

Den Herren Professoren Dr. Werner Dinkelbach und Dr. Ralph Friedmann bin ich für die Übernahme der Gutachten, der Betreuung der Arbeit und die zahlreichen Anregungen zu besonderem Dank verpflichtet. Meinem Kollegen Dr. Walter Sanddorf-Köhle möchte ich für die stete Diskussionsbereitschaft ebenso danken wie den Herren Prof. Dr. Jürgen Eichberger und Dr. Klaus Schindler für ihre Mitwirkung im Disputationsausschuß.

Eine unverzichtbare Hilfe bei der Fertigstellung der Arbeit war Frau Cordula Müller, die die Durchsicht und Korrektur der Endfassung— des Manuskriptes hervorragend gemeistert hat. Ebenso danke ich Frau Kirsten Peter und Herrn Karsten Mergen.

Schließlich gebührt meinem Realschullehrer Ingo Fierlinger besonderer Dank, der durch seinen motivierenden Unterricht und seine unermüdliche Diskussionsbereitschaft mein wissenschaftliches Interesse geweckt hat.

Frankfurt/Main, August 1998 Jürgen Bär

Inhaltsverzeichnis

1 Problemstellung und Aufbau der Arbeit **1**

2 Einführung in die Optionsbewertungstheorie **7**

2.1 Begriffserläuterungen 7

2.2 Wert einer Option zum Verfallzeitpunkt 8

2.3 Grundprinzip der Bewertung einer Option vor dem Verfallzeitpunkt . . . 10

3 Präferenzfreie Optionsbewertung **19**

3.1 Prämissen der Optionsbewertung 19

3.2 Arbitragebeziehungen ohne Spezifikation des Aktienkursprozesses 21

3.3 Optionsbewertung bei spezifiziertem Aktienkursprozeß 35

3.3.1 Das Binomialmodell 35

3.3.1.1 Herleitung der Bewertungsgleichung aus Arbitrageüberlegungen 36

3.3.1.2 Eine alternative Herleitung aus entscheidungstheoretischer Sicht 40

3.3.1.3 Verallgemeinerung zu einem Multinomialmodell 49

3.3.2 Das Modell von Black/Scholes 62

3.3.2.1 Der unterstellte stochastische Prozeß 62

3.3.2.1.1 Entwicklung der Brownschen Bewegung aus einem zeitdiskreten Prozeß 62

3.3.2.1.2 Die geometrische Brownsche Bewegung 75

3.3.2.2 Herleitung der Bewertungsgleichung 87

3.3.2.3 Interpretationen der Bewertungsgleichung 96

3.3.3 Black/Scholes-Modell als Grenzfall des Binomialmodells 113

4 Absicherungsstrategien **125**

4.1 Grundbegriffe und Verteilungsannahmen 126

4.2 Absicherung ohne Verwendung von Optionen 132

4.2.1 Statische Absicherung 132

4.2.2 Dynamische Absicherung 139

4.3 Absicherung unter Einbeziehung der Optionsbewertungstheorie 153

4.3.1 Statische Absicherung 153

4.3.2 Dynamische Absicherung 162

4.3.2.1 Absicherung durch Duplikation von Verkaufsoptionen . . 162

4.3.2.2 Absicherung durch Leerverkauf von Kaufoptionen 172

5 Schlußbemerkungen **183**

Anhang **189**

Verzeichnis ausgewählter Symbole 209

Abbildungsverzeichnis 212

Literaturverzeichnis 215

Index 219

Kapitel 1

Problemstellung und Aufbau der Arbeit

Eine Option verbrieft dem Eigentümer das Recht, den zugrundeliegenden Basistitel zu den im Optionskontrakt festgelegten Bedingungen zu einem zukünftigen Zeitpunkt zu kaufen bzw. zu verkaufen. Die Bewertung dieses Optionsrechts ist Inhalt der Optionsbewertungstheorie.

Der französische Mathematiker Louis Bachelier legt im Jahr 1900 mit dem Artikel *"Theorie de la speculation"* den Grundstein zur Optionsbewertungstheorie.[1] Er entwickelt vor der Arbeit *"Über die von der molekularkinetischen Theorie der Wärme geforderte Bewegung von in ruhenden Flüssigkeiten suspendierenden Teilchen"* von Albert Einstein im Jahr 1905 die Brownsche Bewegung, die Bachelier zur Modellierung von Aktienkursbewegungen heranzieht.[2] Unter der Annahme, daß der Aktienkursprozeß einer Brownschen Bewegung folgt, leitet Bachelier schließlich eine Optionsbewertungsgleichung her. Kritisierend bemerkt Samuelson im Jahr 1964: [3]

> *" ... Bachelier had forgotten that stocks possess limited liability and thus cannot become negative, as is implied by the arithmetic Brownian process."*

---

[1] Vgl. Bachelier, L. (1900).

[2] Vgl. Einstein, A. (1905). In dieser Arbeit leitet Albert Einstein die durch die Molekulartheorie der Wärme geforderte Bewegung von in Flüssigkeiten suspendierenden Teilchen her und bringt sie mit der Brownschen Bewegung in Verbindung. In seinem Artikel "Zur Theorie der Brownschen Bewegung" (vgl. Einstein, A. (1906)) sind weitere Ergebnisse festgehalten.

[3] Samuelson, P. A. (1964), Seite 506.

Um diesem Kritikpunkt bei der Herleitung einer Optionsbewertungsgleichung Rechnung zu tragen, unterstellt Samuelson eine geometrische Brownsche Bewegung für den Aktienkursprozeß, die mit lognormalverteilten Aktienkursen einhergeht.

Beiden Bewertungsansätzen ist gemeinsam, daß Renditeerwartungen und Risikopräferenzen der Investoren zur Herleitung der Bewertungsgleichung vorausgesetzt werden müssen. Der bahnbrechende Artikel *"The Pricing of Options and Corporate Liabilities"* von Black und Scholes im Jahr 1973 liefert dagegen erstmals eine präferenzfreie Bewertungsgleichung für europäische Kaufoptionen.[4] Im Zuge der sich etablierenden Terminmärkte, beginnend mit der Gründung der Chicago Board Options Exchange (CBOE) im Jahr 1973, kommt diesem Artikel auch praktische Bedeutung zu. Aufgrund seiner bis heute andauernden hervorgehobenen Bedeutung wird dem Black/Scholes-Modell in der vorliegenden Arbeit besondere Aufmerksamkeit geschenkt.

Nach der Erläuterung einiger zentraler Begriffe der Optionsbewertungstheorie wird im 2. Kapitel zunächst auf den Wert der Option zum Verfallzeitpunkt eingegangen. Die anschließenden Betrachtungen führen, ausgehend von der Forderung, daß keine Arbitrage möglich sein soll, zum Duplikationsprinzip. In diesem wie auch in den nachfolgenden Kapiteln finden europäische Aktienoptionen besondere Beachtung.

Im Mittelpunkt der Betrachtungen des 3. Kapitels stehen das Binomialmodell und das Modell von Black und Scholes, die sich lediglich hinsichtlich des unterstellten Aktienkursprozesses unterscheiden. Zuvor werden ohne nähere Spezifikation des Aktienkursprozesses Wertrelationen zwischen europäischen Aktienoptionen, den zugrundeliegenden Aktien und risikolosen Bonds dergestalt hergeleitet, daß keine Arbitrage möglich ist. Aus diesen Wertrelationen können jedoch nur Wertgrenzen für eine zu bewertende Option bestimmt werden. Eine punktgenaue Bestimmung des Optionswerts, wie sie im Binomialmodell und im Black/Scholes-Modell erfolgt, wird erst durch eine Annahme bzgl. des unterstellten Aktienkursprozesses erreicht.

In dem von Cox, Ross und Rubinstein aufgestellten Binomialmodell wird der Aktienkursprozeß durch einen multiplikativen Binomialprozeß modelliert. Hierdurch kann, basierend auf dem Duplikationsprinzip, eine Optionsbewertungsgleichung hergeleitet werden.[5]

---

[4] Vgl Black, F. / Scholes, M. (1973).

[5] Vgl. Cox, J. C. / Ross, A. / Rubinstein, M. (1979), Seite 229 – 239.

Alternativ zu der in der Literatur gängigen Vorgehensweise zur Optionsbewertungstheorie erfolgt in Unterabschnitt 3.3.1.2 eine Herleitung dieser Cox/Ross/Rubinstein–Optionsbewertungsgleichung anhand eines Entscheidungsmodells. Zur Bestimmung des Optionswertes wird bei dieser Betrachtung gefordert, daß es nicht möglich sein darf, ein vorgegebenes positives Anfangsvermögen so in Aktien, Optionen und Bonds zu investieren, daß unabhängig vom zukünftigen Umweltzustand ein beliebig hohes Endvermögen erreicht werden kann.

In Unterabschnitt 3.3.1.3 wird im Multinomialmodell, das das Binomialmodell als Spezialfall enthält, eine notwendige und hinreichende Bedingung für Gleichgewicht auf dem Finanzmarkt hergeleitet. Die hier angestellten Betrachtungen erweisen sich im Vergleich zu der von Cox, Ross und Rubinstein gewählten Vorgehensweise in mehrfacher Hinsicht als vorteilhaft. Die Herleitung der notwendigen Gleichgewichtsbedingung sowie bei deren Verletzung die Bestimmung der Zusammensetzung eines Arbitrageportefeuilles ist einfach durchzuführen. Grafische Interpretationen zu verschiedenen Konstellationen im Multinomialmodell machen das Modell und sein Bewertungskalkül leicht nachvollziehbar.

Im Black/Scholes–Modell wird mit der geometrischen Brownschen Bewegung ein zeitkontinuierlicher stochastischer Prozeß für das zukünftige Aktienkursverhalten unterstellt. Ausgehend von den Annahmen dieses Modells kann erreicht werden, daß der Wert eines dynamischen Hedgeportefeuilles, bestehend aus einer Aktienposition (short), einer Bondposition (long) und einer festen Optionsposition, nicht von der stochastischen Aktienkursveränderung abhängt und somit risikolos ist. Hierzu sind jedoch zeitkontinuierliche Umschichtungen zwischen der Aktien- und Bondposition unerläßlich. Die Aufhebung der nicht operationalen Prämisse zeitkontinuierlichen Handelns führt zu der zentralen Fragestellung:

> *"Welche Implikationen ergeben sich im Modell von Black/Scholes, wenn entgegen der getroffenen Annahme keine zeitkontinuierliche sondern lediglich eine zeitdiskrete Anpassung erfolgt "?*

Zur Beantwortung dieser Frage wird in Abschnitt 3.3.2.1.1 eine Verbindung zwischen den zur Herleitung der Bewertungsgleichung benötigten stochastischen Differentialgleichungen und den approximativ geltenden Differenzengleichungen hergestellt, um anschließend das Modells im Hinblick auf die aufgeworfenen Frage zu analysieren. Dabei wird sich zeigen, daß die auftretenden Portefeuillewertänderungen bei Anpassungen in diskreten Zeitabständen auf zwei entgegengesetzt wirkende Ursachen zurückzuführen sind.

Der sich ergebende Wertverlauf bei zeitkontinuierlicher Anpassung wird als Grenzfall des Verlaufs bei zeitdiskreter Anpassung interpretiert. Aus dieser Grenzbetrachtung wird die bedeutende Rolle der Volatilität bei der Bewertung von Optionen deutlich. Darüberhinaus werden die aus einer falschen Einschätzung der zukünftigen Volatilität resultieren Portefeuillewertänderungen eines deltaneutralen Portefeuilles ersichtlich.

Das 3. Kapitel schließt mit einer Grenzbetrachtung des Binomialmodells. Ausgehend von einer speziell hierfür formulierten und bewiesenen Version des zentralen Grenzwertsatzes wird in Anlehnung an die Ausführung von Cox, Ross und Rubinstein gezeigt, daß das Modell von Black und Scholes als zeitkontinuierlicher Grenzfall des Binomialmodells aufgefaßt werden kann. In diesem Fall konvergiert die Optionsbewertungsgleichung des Binomialmodells gegen die Bewertungsgleichung des Black/Scholes-Modells.[6]

In Kapitel 4 sind verschiedene Absicherungsstrategien aufgeführt, durch die ein Investor an positiven Entwicklungen auf dem Aktienmarkt partizipieren kann und dennoch gegen Vermögensverluste unter einen vorgegebenen Portefeuillemindestwert abgesichert ist. Um dem Entscheidungsträger die Auswirkungen seiner Anlageentscheidung sichtbar zu machen, werden die mit der Wahl einer Absicherungsstrategie verbundenen Wahrscheinlichkeitsverteilungen, ausgehend von den Annahmen des Black/Scholes-Modells, analysiert.

Während in Abschnitt 4.3 Aktien, Bonds und europäische Optionen in die Anlageentscheidung mit einbezogen werden, verzichten die in Abschnitt 4.2 aufgeführten Absicherungsstrategien auf Optionen. Eine Klassifizierung der Absicherungsstrategien innerhalb dieser Abschnitte ergibt sich durch die Unterteilung in statische und dynamische Absicherungsstrategien. Während bei den statischen Strategien die zu Beginn des Absicherungszeitraums gewählte Zusammensetzung des Portefeuilles nicht verändert wird, können bei dynamischen Strategien Portefeuilleumschichtungen erfolgen.

---

[6] Vgl. Cox, J. C. / Ross, A. / Rubinstein, M. (1979), Seite 246 - 255.

Mit der CPPI Strategie (Constant Proportion Portfolio Insurance) wird in Unterabschnitt 4.2.2 eine dynamische Absicherungsstrategie analysiert, die auf einer einfachen Umschichtungsregel zwischen einer risikobehafteten Aktienposition und einer risikolosen Bondposition basiert.[7] Bei der in Unterabschnitt 4.3.1 aufgeführten Protective-Put Strategie erfolgt die Absicherung einer existierenden Aktienposition gegen Wertverluste unter einen vorgegebenden Portefeuillemindestwert durch Kauf je einer Verkaufsoption pro Aktie. Bei dieser statischen Absicherungsstrategie sind keine Portefeuilleumschichtungen notwendig.

Ist die gewünsche Verkaufsoption nicht verfügbar, so kann die Protective-Put Strategie durch eine bezüglich der Wertentwicklung äquivalente dynamische Absicherungsstrategie, die keine Option verwendet, ersetzt werden. Die zugehörige Umschichtungsregel zwischen der Aktien- und Bondposition kann mit Hilfe der Ausführungen zum Black/Scholes-Modell hergeleitet werden, da eine europäische Option durch ein zeitkontinuierlich angepaßtes Portefeuille, bestehend aus Aktien und Bonds, dupliziert werden kann.

Abschließend wird in Unterabschnitt 4.3.2.2 eine Absicherungsstrategie erörtert, durch die eine existierende Aktienposition durch den Leerverkauf einer geeigneten Anzahl europäischer Kaufoptionen so abgesichert werden kann, daß das resultierende Portefeuille die gleiche Rendite besitzt wie die risikolose Anlage. Dies wird dadurch erreicht, daß die Wertveränderung in der Aktienposition (long) durch die entgegengesetzte Wertänderung in der Optionsposition (short) kompensiert wird (Delta-Hedging).

Bei dynamischen Strategien ist das Erreichen des Absicherungsziels nur dann sichergestellt, wenn die Portefeuilleumschichtungen zeitkontinuierlich erfolgen. Dies ist in der Realität offensichtlich nicht operational, so daß diskrete Anpassungen eine der Praxis adäquaten Annahme darstellen. Um die Auswirkungen diskreter Anpassungen bei den zugrunde gelegten dynamischen Absicherungsstrategien zu untersuchen, werden in der Arbeit verschiedene Szenarien unterstellt und die Resultate aufgezeigt.

Eine Zusammenstellung der wesentlichen Ergebnisse dieser Arbeit erfolgt in Kapitel 5.

---

[7] Vgl. Black, F. / Jones, R. (1987), Seite 48 - 51.

Kapitel 2

Einführung in die Optionsbewertungstheorie

2.1 Begriffserläuterungen

Eine **amerikanische Option** ist ein Vertrag, der dem Käufer (Inhaber) der Option

- während eines festgelegten Zeitraums (**Kontraktlaufzeit**) das Recht (Optionsrecht) — nicht aber die Verpflichtung — einräumt,
- eine bestimmte Menge eines bestimmten Gutes (**Basisobjekt**)
- zu einem im voraus festgelegten Preis (**Ausübungspreis**)
- zu kaufen (**Kaufoption**) bzw. zu verkaufen (**Verkaufsoption**).[1]

Verlangt der Inhaber der Option vom Verkäufer (**Stillhalter**) der Option die Erfüllung seiner Forderung, so wird von der **Ausübung der Option** gesprochen. Ist die Ausübung der Option nicht wie bei der amerikanischen Option innerhalb der gesamten Kontraktlaufzeit, sondern lediglich zu einem bestimmten Zeitpunkt möglich, so handelt es sich um eine **europäische Option**. Die Klassifikation in europäische und amerikanische Optionen richtet sich lediglich nach der zeitlichen Ausgestaltung des Optionsrechts. Die

[1] In Anlehnung an Imo, C. / Gith, T. (1989), Seite 7.

Zeitspanne bis zum Ende der Kontraktlaufzeit (**Verfallzeitpunkt**) wird als **Restlaufzeit** bezeichnet.

Der Käufer hat einen Preis (**Optionspreis**) an den Stillhalter der Option zu zahlen, wofür er das Recht erwirbt, die Option auszuüben. Der Verkauf eines Wertpapiers, das der Verkäufer zuvor nicht erworben hat, wird als **Leerverkauf** bezeichnet. Durch einen Leerverkauf entsteht eine **Short–Position**, durch den Kauf eine **Long–Position**. In diesem Zusammenhang kann das Schreiben einer Option als Leerverkauf von Optionen angesehen werden.

Im nächsten Abschnitt wird zunächst der Wert von europäischen Aktienoptionen zum Verfallzeitpunkt bestimmt. Auf das Grundprinzip der Bewertung von Optionen vor dem Verfallzeitpunkt wird anschließend eingegangen.

2.2 Wert einer Option zum Verfallzeitpunkt

In den folgenden Ausführungen werden nur Optionen betrachtet, denen eine Aktie als Basisobjekt zugrundeliegt. Die gewonnenen Ergebnisse sind jedoch unmittelbar auf Optionen mit einem anderen Basisobjekt übertragbar, wenn entsprechende Annahmen für das Basisobjekt getroffen werden.

Der Wert einer europäischen Option mit Ausübungspreis E hängt zum Verfallzeitpunkt (Restlaufzeit $T = 0$) vom Aktienkurs S wie folgt ab: Liegt der Kurs der Aktie zum Verfallzeitpunkt über dem Ausübungspreis ($S > E$), so kann der Inhaber einer entsprechenden Kaufoption die Aktie statt zu einem Preis S zu einem Preis E erwerben. Das Recht, das die Kaufoption verbrieft, besitzt daher zu diesem Zeitpunkt den Wert $S - E$. Liegt der Kurs der Aktie hingegen nicht über dem Ausübungspreis ($S \leq E$), so besteht für den Inhaber der Option kein Anreiz, die Option auszuüben, und er wird sein Recht verfallen lassen. Damit ergibt sich für den Wert einer Kaufoption zum Verfallzeitpunkt:

$$C(S, T = 0) \; = \; \max\{0, S - E\}. \tag{2.1}$$

Wie später mit Hilfe von Arbitrageüberlegungen noch gezeigt wird, beträgt der Wert $C(S,T)$ einer Kaufoption unter bestimmten Bedingungen während der gesamten Kontraktlaufzeit mindestens $\max\{0, S-E\}$. Ausgehend hiervon kann der Optionswert $C(S,T)$ gedanklich in seinen **inneren Wert** $\max\{0, S-E\}$ und den nichtnegativen **Zeitwert** $C(S,T) - \max\{0, S-E\}$ zerlegt werden. Abbildung 2.1 veranschaulicht diese Zusammenhänge für eine Kaufoption mit dem Ausübungspreis $E = 500$ GE.

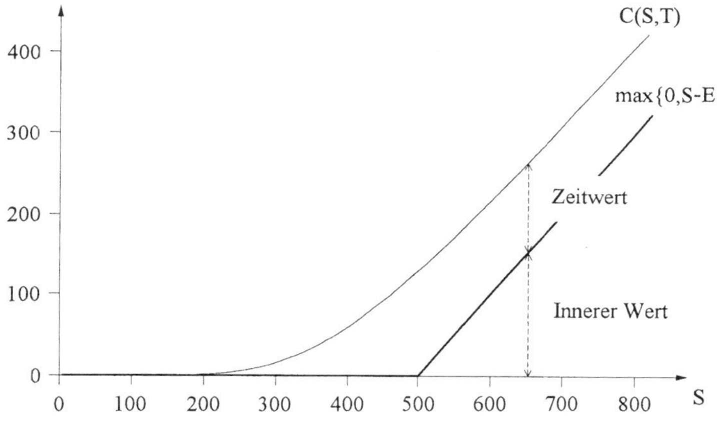

Abbildung 2.1: Innerer Wert und Zeitwert einer Kaufoption

Ist der Aktienkurs höher als der Ausübungspreis, so liegt die Kaufoption **im Geld**, ist der Aktienkurs kleiner als der Ausübungspreis, so liegt die Kaufoption **aus dem Geld**. Entspricht der aktuelle Aktienkurs ungefähr dem Ausübungspreis, so ist die Option **am Geld**.[2]

Aus entsprechenden Überlegungen ergibt sich für den Wert $P(S,T)$ einer Verkaufsoption die Randbedingung:

$$P(S, T=0) \;=\; \max\{E-S, 0\}. \tag{2.2}$$

Auf die Bestimmung des Optionswertes $C(S,T)$ bzw. $P(S,T)$ vor dem Verfallzeitpunkt wird in Kapitel 3 eingegangen.

[2] Vgl. Zimmermann, H. (1988), Seite 14.

2.3 Grundprinzip der Bewertung einer Option vor dem Verfallzeitpunkt

Die Bewertung von Optionen beruht auf dem Prinzip der Arbitragefreiheit.[3] Arbitragefreiheit liegt dann vor, wenn es nicht möglich ist, Preisdifferenzen durch simultanen Kauf bzw. Leerverkauf von Wertpapieren zur Erzielung von risikolosen Gewinnen zu nutzen. In diesem Zusammenhang wird als risikoloser Gewinn (**Arbitragegewinn**) die Höhe des zum Konstruktionszeitpunkt des Arbitrageportefeuilles entstehenden positiven Einzahlungsüberschusses verstanden, wenn ihm mit Wahrscheinlichkeit Eins kein zukünftiger negativer Einzahlungsüberschuß gegenübersteht.

Damit keine Arbitragesituation vorliegt, muß der Optionspreis in bestimmter Relation zu den anderen Wertpapierkursen stehen. Mit Hilfe von Dominanzbetrachtungen im Sinne der stochastischen Dominanz nullten Grades können ggf. arbitragefreie Bereiche für den Optionspreis gewonnen werden.

Vereinbarung: Wenn im weiteren Verlauf der Arbeit von dem Wert eines Portefeuilles, speziell dem Wert einer Option gesprochen wird, deutet dies darauf hin, daß bei entsprechender Bewertung durch den Markt keine Arbitragesituation vorliegt.

Die Definition der stochastischen Dominanz nullten Grades, wie sie bei Entscheidungsmodellen mit stochastischer Zielfunktion üblich ist, kann jedoch nicht unmittelbar auf Portefeuilles übertragen werden, da neben den unsicheren zukünftigen Portefeuillewerten auch der sichere aktuelle Wert des Portefeuilles in die Betrachtung mit einbezogen werden muß.

Definition 2.3.1 *Ein Portefeuille A mit aktuellem Marktwert* $W_A^M(t_0)$ *dominiert ein Portefeuille B mit aktuellem Marktwert* $W_B^M(t_0)$ *im Sinne der* **stochastischen Dominanz nullten Grades (Zustandsdominanz)** $:\Longleftrightarrow \quad \exists\, t_1 > t_0 :$

(1) $W_A^M(t_0) < W_B^M(t_0) \wedge \mathrm{P}\{W_A^M(t_1) \geq W_B^M(t_1)\} = 1$ *oder*

(2) $W_A^M(t_0) = W_B^M(t_0) \wedge \mathrm{P}\{W_A^M(t_1) \geq W_B^M(t_1)\} = 1 \ \wedge \ \mathrm{P}\{W_A^M(t_1) > W_B^M(t_1)\} > 0.$

---

[3]Zum Begriff der Arbitrage vgl. Spremann, K. (1996), Seite 561.

Ist Bedingung (1) erfüllt, so wird Portefeuille B von Portefeuille A im Sinne der **starken stochastischen Dominanz nullten Grades (starke Zustandsdominanz)** *dominiert.*[4]

■

Portefeuille A dominiert somit Portefeuille B im Sinne der starken stochastischen Dominanz nullten Grades, wenn der aktuelle Preis von Portefeuille A geringer ist als der Preis für Portefeuille B, obwohl zu einem zukünftigen Zeitpunkt der Marktwert von Portefeuille A mit Wahrscheinlichkeit Eins mindestens so hoch ist wie der Marktwert von Portefeuille B.

Die in diesem Zusammenhang betrachteten Portefeuilles müssen nicht statisch sein, d.h. die Zusammensetzung der Portefeuilles muß nicht über den gesamten Betrachtungszeitraum unverändert bleiben. Zwischenzeitliche Portefeuilleumschichtungen werden mit in Betracht gezogen. Insbesondere wird die Wiederanlage von positiven Einzahlungsüberschüssen bzw. die Finanzierung von negativen Einzahlungsüberschüssen aus dem Portefeuille als spezielle Portefeuilleumschichtung interpretiert.

Mit Hilfe von Dominanzbetrachtungen können unter bestimmten Annahmen, unabhängig von der unterstellten Risikopräferenz, rationale Wertgrenzen für den Portefeuillewert angegeben werden. Unter Umständen ist es sogar möglich, einen exakten Wert für das zu bewertende Portefeuille zu ermitteln. Hierzu sind jedoch meist weitergehendere Annahmen notwendig.

Satz 2.3.2 *Sind Käufe und Leerverkäufe ohne Einschränkungen zulässig, fallen bei Kauf und Verkauf keine Transaktionskosten an und soll Arbitrage unmöglich sein, so darf das zu bewertende Portefeuille weder ein dominantes noch dominiertes Portefeuille bzgl. der starken stochastischen Dominanz nullten Grades sein.*

Beweis: Der Beweis des Satzes erfolgt indirekt, indem gezeigt wird, daß eine Arbitragesituation vorliegt, wenn Portefeuille A ein dominantes bzw. dominiertes Portefeuille im Sinne der starken Zustandsdominanz ist. Eine Arbitragesituation liegt genau dann vor, wenn ein Arbitrageportefeuille konstruiert werden kann, durch dessen Konstruktion zum aktuellen Zeitpunkt risikolose Gewinne erzielt werden können.

---

[4]Vgl. u.a. Tammer, K. (1978).

Annahme (1): Es existiert ein Portefeuille C, das von Portefeuille A im Sinne der starken Zustandsdominanz dominiert wird:

$$\exists\, t_1 > t_0: \qquad W_A^M(t_0) < W_C^M(t_0) \quad \wedge \quad \mathrm{P}\{W_A^M(t_1) \geq W_C^M(t_1)\} = 1.$$

Um zu zeigen, daß unter dieser Annahme eine Arbitragesituation vorliegt, wird die Wertentwicklung des Portefeuilles betrachtet, das durch Leerverkauf von Portefeuille C und Kauf von Portefeuille A zum aktuellen Zeitpunkt konstruiert wird.

Transaktion	Zeitpunkt t_0	Zeitpunkt t_1
Kauf Portefeuille A	$W_A^M(t_0)$	$W_A^M(t_1)$
Leerverkauf Portefeuille C	$-W_C^M(t_0)$	$-W_C^M(t_1)$
Arbitrageportefeuille	$W_A^M(t_0) - W_C^M(t_0)$	$W_A^M(t_1) - W_C^M(t_1)$

Da von Transaktionskosten abgesehen wird, entsteht durch Konstruktion des Arbitrageportefeuilles zum Zeitpunkt t_0 und Verkauf des Arbitrageportefeuilles zum Zeitpunkt t_1 folgende Reihe an Einzahlungsüberschüssen:

Zeitpunkt t	t_0	t_1
EZÜ(t)	$W_C^M(t_0) - W_A^M(t_0)$	$W_A^M(t_1) - W_C^M(t_1)$

Wird die Gültigkeit von Annahme (1) unterstellt, so ist $W_A^M(t_0) < W_C^M(t_0)$ und $\mathrm{P}\{W_A^M(t_1) \geq W_C^M(t_1)\} = 1$. Das Schließen der Short–Positionen des Arbitrageportefeuilles kann mit Wahrscheinlichkeit Eins aus dem Verkauf der Long–Positionen finanziert werden, so daß zum Konstruktionszeitpunkt t_0 ein risikoloser Gewinn in Höhe von $W_C^M(t_0) - W_A^M(t_0) > 0$ erzielt werden kann.

Annahme (2): Es existiert ein Portefeuille D, das Portefeuille A im Sinne der starken Zustandsdominanz dominiert:

$$\exists\, t_1 > t_0: \qquad W_D^M(t_0) < W_A^M(t_0) \quad \wedge \quad \mathrm{P}\{W_D^M(t_1) \geq W_A^M(t_1)\} = 1.$$

In diesem Fall können ebenfalls risikolose Gewinne erzielt werden. Zur Realisierung dieser Arbitagegewinne wird ein Arbitrageportefeuille durch Leerverkauf des dominierten Portefeuilles A (Short–Position) und Kauf des dominanten Portefeuilles D (Long–Position) konstruiert.

Beide Annahmen führen zu einer Arbitragesituation. Soll Arbitrage unmöglich sein, darf das zu bewertende Portefeuille weder ein dominantes noch dominiertes Portefeuille bzgl. der starken stochastischen Dominanz nullten Grades sein. ∎

Der Beweis des vorangehenden Satzes deutet auf einen engen Zusammenhang zwischen Arbitragefreiheit und Gleichgewicht auf dem Finanzmarkt hin. Ist eine Arbitragesituation bekannt, so wird jeder Akteur in gleicher Weise ein Portefeuille aufbauen wollen, um Arbitragegewinne zu erzielen. In dieser Situation kann kein Gleichgewicht auf dem Finanzmarkt existieren. Die Preise der Wertpapiere werden solange reagieren, bis mit dem Verschwinden der Arbitragesituation wieder Gleichgewicht auf dem Finanzmarkt herrscht.[5]

Mit Hilfe der Aussage des vorangehenden Satzes läßt sich ein präferenzfreies Bewertungsprinzip für Portefeuilles ableiten. Zur Bewertung wird die Wertentwicklung des zu bewertenden Portefeuilles A mit einem bereits bewerteten Portefeuille B verglichen. Stimmt der Wert von Portefeuille A mit dem Wert von Portefeuilles B in allen Umweltzuständen zu einem zukünftigen Zeitpunkt überein, so stimmen die Werte der beiden Portefeuilles bereits zum aktuellen Zeitpunkt überein (**Duplikationsprinzip**).

Ist der Wert von Portefeuille A zu einem zukünftigen Zeitpunkt in keinem Umweltzustand kleiner als der Wert von Portefeuilles B, so ist der Wert von Portefeuille A bereits heute nicht kleiner als der Wert von Portefeuille B. Würde die Preisrelation der beiden Portefeuilles diesen Wertbeziehungen widersprechen, so läge eine Arbitragesituation vor.

Diese allgemeine Bewertungsidee für beliebige Portefeuilles kann schließlich auch zur Bewertung von einzelnen Wertpapieren herangezogen werden. Hieraus ergibt sich folgende notwendige Bedingung für eine rationale Optionsbewertung:

Folgerung 2.3.3 *Unter den Annahmen aus Satz 2.3.2 muß die Option so bewertet sein, daß sie weder ein dominantes noch dominiertes Wertpapier im Sinne der starken stochastischen Dominanz nullten Grades ist.*[6]

---

[5]Vgl. hierzu Franke, G / Hax, H (1994), Seite 361.

[6]Vgl. insbesondere Merton, R. C. (1973), Seite 143.

Beweis: Diese Folgerung ergibt sich unmittelbar aus Satz 2.3.2, wenn ein Portefeuille bestehend aus genau einer Option betrachtet wird. ■

Beispiel 2.3.4 Ausgehend von den Annahmen des Satzes 2.3.2 soll überprüft werden, inwiefern der Optionspreis $C(S,T) = 40$ eine rationale Bewertung der europäischen Kaufoption mit Ausübungspreis $E = 198$ und Restlaufzeit $T = 1$ Jahr sein kann. Für die zu untersuchende Situation stehen zur Portefeuillebildung neben der Option Bonds mit der sicheren dekursiven jährlichen Rendite $i_B^* = 0.10$ und die der Option zugrundeliegenden Aktien mit aktuellem Kurs $S := S(t_0) = 220$ zur Verfügung. Bezüglich der Aktie wird des weiteren unterstellt, daß der zum Verfallzeitpunkt t^* zufällige Aktienkurs $\tilde{S} := S(t^*)$ lediglich die Realisationen $S_u = 264$ bzw. $S_d = 176$ annehmen kann.

Durch Vergleich der Wertentwicklung von Portefeuille A, bestehend aus 3 Aktien (long) und einer Kreditaufnahme in Höhe von 480 GE ($B = -480$), mit der Wertentwicklung von Portefeuille B, bestehend aus vier Optionen (long), wird ersichtlich, daß Portefeuille A von Portefeuille B im Sinne der starken stochastischen Dominanz nullten Grades dominiert wird:

Portefeuille A: $3S + B = 180$ $\left\langle \begin{array}{l} 3S_u + (1 + i_B^*)B = 264 \\ 3S_d + (1 + i_B^*)B = \quad 0, \end{array} \right.$

Portefeuille B: $4C(S,T) = 160$ $\left\langle \begin{array}{l} 4 \cdot \max\{0, 264 - 198\} = 264 \\ 4 \cdot \max\{0, 176 - 198\} = \quad 0. \end{array} \right.$

Durch Kauf von Portefeuille B und Leerverkauf von Portefeuille A könnte ein Arbitrageportefeuille C konstruiert werden, wobei sich zum Konstruktionszeitpunkt ein Einzahlungsüberschuß von 180 GE - 160 GE = 20 GE ergibt. Das Schließen der Short–Position in Aktien kann durch den Verkauf der beiden anderen Positionen finanziert werden. Steigt der Aktienkurs beispielsweise im Umweltzustand 1 auf $S_u = 264$, so können die zum Rückkauf der drei Aktien notwendigen Mittel in Höhe von $3 \cdot 264 = 792$ GE durch die Mittel aus dem Verkauf der Bonds und der Optionen in Höhe von $480 \cdot (1 + 0.10) + 4 \cdot 66 = 792$ GE beschafft werden. Alle Positionen sind dann geschlossen. Es entsteht somit beim Schließen der Positionen zum Verfallzeitpunkt der Option kein Aufwand. Zum Konstruktionszeitpunkt t_0 des Arbitrageportefeuilles entsteht ein Arbitragegewinn von 20 GE.

Durch Betrachtung der mit dem Kauf bzw. Verkauf der Wertpapiere verbundenen Einzahlungsüberschüsse wird dieser Sachverhalt nochmals deutlich.

t	Gegenwärtiger Zeitpunkt t_0	Verfallzeitpunkt t^*	
	$S = 220$	$S_u = 264$	$S_d = 176$
$-\text{EZÜ}_A(t)$	+180	−264	0
$\text{EZÜ}_B(t)$	−160	+264	0
$\text{EZÜ}_C(t)$	+20	0	0

■

Unter der im vorangehenden Beispiel stark einschränkenden Annahme, daß der Aktienkurs nach einem Jahr nur zwei verschiedene Werte annehmen kann, kann der Wert einer europäischen Option exakt bestimmt werden. Hierzu muß lediglich die folgende Aussage verwendet werden.

Folgerung 2.3.5 *Besitzt ein Portefeuille zu einem zukünftigen Zeitpunkt in jedem Umweltzustand einen Wert von Null, so muß es unter den Annahmen aus Satz 2.3.2 bereits zum aktuellen Zeitpunkt einen Wert von Null aufweisen. Ebenso muß der aktuelle Wert eines Portefeuilles nichtnegativ sein, wenn das Portefeuille in jedem Umweltzustand einen nichtnegativen Wert besitzt.*

Beweis: Diese Folgerung ergibt sich unmittelbar aus Satz 2.3.2, indem das zu bewertende Portefeuille A mit Portefeuille B verglichen wird, das aus keinem Wertpapier besteht.

Weist Portefeuille A zum zukünftigen Zeitpunkt in jedem Umweltzustand einen Wert von Null auf, so zeigt ein Vergleich mit der Wertentwicklung von Portefeuille B, daß Portefeuille A ein dominantes bzw. dominiertes Portefeuille im Sinne der starken stochastischen Dominanz nullten Grades ist, wenn sein Wert zum aktuellen Zeitpunkt negativ bzw. positiv ist. Damit Portefeuille A weder dominant ist, noch dominiert wird, muß Portefeuille A bereits zum aktuellen Zeitpunkt den Wert Null besitzen.

Aus einer entsprechenden Überlegung ergibt sich schließlich auch, daß ein Portefeuille, das in jedem Umweltzustand einen nichtnegativen Wert besitzt, auch heute einen nichtnegativen Wert besitzen muß. ■

Aus der vorangehenden Folgerung läßt sich unmittelbar ein Konzept zur Bewertung von Optionen entwickeln. Hierzu wird ein Portefeuille betrachtet, das zu einem zukünftigen Zeitpunkt in allen Umweltzuständen einen Wert von Null besitzt und neben der Option nur bewertete Wertpapiere enthält. Da dieses Portefeuille bereits zum aktuellen Zeitpunkt einen Wert von Null aufweisen muß, ergibt sich der Wert der Option aus den Werten der übrigen, bereits bewerteten Wertpapiere, die in dem Portefeuille enthalten sind. Um diese Vorgehensweise zur Bewertung von Optionen zu erläutern, wird auf die Problemstellung in Beispiel 2.3.4 zurückgegriffen.

Beispiel 2.3.6 Ausgehend von den Angaben aus Beispiel 2.3.4 wird der Wert der europäischen Kaufoption bestimmt. Hierzu wird ein Portefeuille betrachtet, dessen Wert zum Verfallzeitpunkt der Option in jedem Umweltzustand den Wert Null besitzt.

Das Portefeuille, bestehend aus drei Aktien (short), einer festverzinslichen Anlage in Höhe von 480 GE ($B = +480$) und 4 Optionen (long), weist folgende mögliche Wertentwicklung auf:

$$4C(S,T) - 3S + B \quad \begin{cases} \nearrow \; 4C(S_u, T=0) - 3S_u + (1+i_B^*)B = 0 \\ \searrow \; 4C(S_d, T=0) - 3S_d + (1+i_B^*)B = 0. \end{cases}$$

Daher muß das Portefeuille bereits zum aktuellen Zeitpunkt einen Wert von Null besitzen, da ansonsten eine Arbitragemöglichkeit bestünde. Somit ergibt sich:

$$4C(S,T) - 3S + B = 0 \quad \Longrightarrow \quad C(S,T) = \frac{3S - B}{4} = \frac{3 \cdot 220 - 480}{4} = 45.$$ ■

Diese Vorgehensweise zur rationalen Bewertung von europäischen Kaufoptionen wird bei der Behandlung des Binomialmodells im nächsten Kapitel in Unterabschnitt 3.3.1 aufgegriffen. Unter der äußerst restriktiven Annahme, daß der Aktienkurs am Ende des

Betrachtungszeitraums nur zwei Werte annehmen kann, wird dort eine Bewertungsgleichung für europäische Kaufoptionen hergeleitet.

Unter weniger restriktiven Annahmen ist es meist nicht möglich, ein die Option umfassendes Portefeuille zu konstruieren, das in jedem Umweltzustand den Wert Null besitzt. Es kann jedoch häufig ein Portefeuille aufgebaut werden, das in jedem Umweltzustand einen nichtnegativen Wert aufweist. Aus dieser Betrachtung ergibt sich zwar kein exakter Wert für die Option, jedoch können Grenzen für den Wert der Option ermittelt werden.

Wird keine Annahme bzgl. der zukünftigen Entwicklung des Aktienkurses getroffen, ergibt sich keine eindeutige Bewertung für die Option. Im nachfolgenden Beispiel wird davon ausgegangen, daß für den Aktienkurs $S(t^*)$ zu Betrachtungsende t^* nicht nur zwei Realisationen, sondern alle nichtnegativen reellen Werte möglich sind. In diesem Fall läßt sich ein die Option umfassendes Portefeuille konstruieren, welches für jeden möglichen Aktienkurs einen nichtnegativen Endwert besitzt. Hieraus lassen sich dann mit Folgerung 2.3.5 Wertgrenzen für die Option ableiten.

Beispiel 2.3.7 In der Situation von Beispiel 2.3.4 sollen nun nicht nur zwei, sondern alle nichtnegativen Werte als mögliche Realisation des zukünftigen Aktienkurses $\tilde{S}$ in Betracht gezogen werden. Für diesen Fall kann gezeigt werden, daß, unabhängig von der unterstellten Risikopräferenz, die betrachtete europäische Kaufoption eine Wertuntergrenze von 40 GE besitzt.

Hierzu wird ein Portefeuille betrachtet, das aus einer Option (long), einer Aktie (short) und einer Anlage in Bonds in Höhe von 180 GE besteht. Die mögliche Wertentwicklung dieses Portefeuilles sowie die der einzelnen Portefeuillepositionen geht aus der nachfolgenden Arbitragetafel hervor.

Transaktion	Gegenwärtiger Zeitpunkt	Verfallzeitpunkt	
	S	$\tilde{S} \leq 198$	$\tilde{S} > 198$
Kauf Option	$C(S,T)$	0	$\tilde{S} - 198$
Leerverkauf Aktie	-220	$-\tilde{S}$	$-\tilde{S}$
Kauf Bond	$+180$	$+198$	$+198$
Portefeuillewert	$C(S,T) - 40$	$198 - \tilde{S} \geq 0$	0

Wie aus der Arbitragetafel ersichtlich wird, ist der Portefeuillewert zum Verfallzeitpunkt der Option für alle in Frage kommenden Realisationen des Aktienkurses nichtnegativ. Somit muß auch der Portefeuillewert vor dem Verfallzeitpunkt nichtnegativ sein. Hieraus ergibt sich schließlich:

$$C(S,T) - 40 \geq 0 \qquad \Longrightarrow \qquad C(S,T) \geq 40.$$

■

Im nächsten Kapitel wird die präferenzfreie Bewertung von europäischen Optionen erörtert. Zunächst werden in Abschnitt 3.2 einige allgemeine Restriktionen für den Wert einer europäischen Option hergeleitet, die auf den in Abschnitt 3.1 aufgeführten allgemeinen Bedingungen beruhen. Abschnitt 3.3 befaßt sich mit der Optionsbewertung bei spezifiziertem Aktienkursprozeß. In den Unterabschnitten 3.3.1 und 3.3.2 werden unter modellspezifischen Annahmen bzgl. des zugrundeliegenden Aktienkursprozesses unterschiedliche Optionsbewertungsgleichungen entwickelt. Diese Bewertungsgleichungen hängen zwar von den Annahmen bzgl. des unterstellten stochastischen Aktienkursprozesses ab, es muß jedoch keine Annahmen über die Risikopräferenz getroffen werden.

Kapitel 3

Präferenzfreie Optionsbewertung

3.1 Prämissen der Optionsbewertung

Gelingt es, den Wertverlauf einer Option durch den Wertverlauf eines bereits bewerteten Portefeuilles zu duplizieren, kann hieraus unter gewissen Annahmen der aktuelle Wert der Option bestimmt werden (Duplikationsprinzip). Äquivalent hierzu kann der Optionswert auch dadurch gewonnen werden, daß ein Portefeuille betrachtet wird, das die zu bewertende Option enthält und in jedem zukünftigen Umweltzustand den gleichen Wert aufweist. Da dieses Portefeuille risikolos ist, kann es unmittelbar mit der risikolosen Anlage in Bonds verglichen werden.

Vereinbarung: Im weiteren Verlauf der Arbeit wird vereinfachend von der Duplikation eines Wertpapiers durch ein Portefeuille gesprochen. Diese Vereinfachung soll dahingehend verstanden werden, daß nicht das eigentliche Wertpapier, sondern lediglich der Wertverlauf des Wertpapiers durch den Wertverlauf des jeweiligen Portefeuilles dupliziert wird.

Bei Verwendung des Dulikationsprinzips zur Bewertung von Optionen wird im folgenden die Gültigkeit der **Marktbedingungen** (M1) bis (M6) gefordert: [1]

---

[1] Vgl. Black, F. / Scholes, M. (1973), Seite 640.

(M1) Leerverkäufe von Aktien und Optionen sind zu den entsprechenden Kursen möglich.

(M2) Aktien und Optionen können in beliebigen Teilbeträgen gehandelt werden.

(M3) Während der Kontraktlaufzeit erfolgen keine Nebenrechtausgaben.[2]

(M4) Steuern sowie Transaktionskosten werden vernachlässigt.

(M5) Der Zinssatz ist über die gesamte Kontraktlaufzeit positiv und konstant.

(M6) Zu diesem Zinssatz kann ein beliebiger Betrag aufgenommen oder angelegt werden.

Aufgrund dieser Annahmen ist es jedoch meist nur möglich, Grenzen für den Optionswert zu ermitteln. Um eine Optionsbewertungsgleichung zu erhalten, ist es darüber hinaus notwendig, den zugrundeliegenden stochastischen Aktienkursprozeß genau zu spezifizieren. Insbesondere hängt von dieser Prozeßannahme ab, wie sich das die Option duplizierende Portefeuille aus den Wertpapieren zusammensetzt und wie sich diese Zusammensetzung im Zeitablauf mit dem Aktienkurs ändert. Die im weiteren Verlauf dieses Kapitels behandelten Optionsbewertungsmodelle unterscheiden sich lediglich in den Annahmen bzgl. des zugrunde gelegten Aktienkursprozesses.

- **Binomialmodell**: Der Aktienkursverlauf ergibt sich als Realisation eines multiplikativen Binomialprozesses $\{S(t_k) : t_k - t_{k-1} = \Delta t \in \mathbb{R}_{>0},\ k \in \mathbb{N}_0\}$. Hierdurch wird unterstellt, daß sich der Aktienkurs $S(t_k)$ innerhalb einer Teilperiode mit Wahrscheinlichkeit q auf $S_u := u\ S(t_k)$ und mit Wahrscheinlichkeit $1-q$ auf $S_d := d\ S(t_k)$ verändert.
- **Black/Scholes–Modell**: Der Aktienkursprozeß $\{S(t) : t \in [t_0, \infty)\}$ wird durch eine geometrische Brownsche Bewegung modelliert. Die Varianz der Veränderungsrate des Aktienkurses wird hierbei als konstant unterstellt.

Unter den hier getroffenen Annahmen ist es möglich, eine europäische Kaufoption (long) durch Leerverkauf einer bestimmten Anzahl von Basisaktien so zu hedgen, daß dieses Hedgeportefeuille risikolos ist. Durch einen Vergleich des Wertverlaufs dieses Hedgeportefeuilles mit dem eines Bonds der entsprechenden Laufzeit wird in Unterabschnitt 3.3.1 bzw. 3.3.2 die zugehörige Optionsbewertungsgleichung hergeleitet.[3]

[2]Damit wird insbesondere angenommen, daß auf die Basisaktie keine Dividende gezahlt wird.

[3]In Merton, R. C. (1976) wird eine Optionsbewertungsgleichung auch für den Fall hergeleitet, daß

3.2 Arbitragebeziehungen ohne Spezifikation des Aktienkursprozesses [4]

Die Ausführungen dieses Abschnitts gehen jeweils von den im vorangehenden Abschnitt aufgeführten Marktbedingungen (M1) bis (M6) aus. Unter den dort formulierten Bedingungen werden in diesem Abschnitt Wertgrenzen sowie allgemeine Wertbeziehungen zwischen Optionen, Aktien und Bonds hergeleitet, die ohne eine Spezifikation des Aktienkursprozesses gültig sind. Der Schwerpunkt wird hierbei auf die Betrachtung von europäischen Kaufoptionen gelegt. Wie die Ausführungen dieses Abschnitts zeigen werden, sind

- der aktuelle Aktienkurs S,
- der Ausübungspreis E der Option,
- die Restlaufzeit T der Option,
- die stetige Rendite i einer risikolosen Anlage

die Bestimmungsfaktoren der Wertgrenzen einer Option. Weitere Optionswertdeterminanten, wie z.B. Dividenden auf die zugrundeliegende Aktie, werden an geeigneter Stelle ebenfalls betrachtet, obgleich durch ihre Betrachtung das Aufheben der Marktprämisse (M3) erforderlich wird.

Satz 3.2.1 *Werden die im vorangehenden Abschnitt aufgestellten Marktbedingungen (M1) bis (M6) als gültig vorausgesetzt, so gelten für eine europäische Kaufoption folgende Wertgrenzen:* [5]

$$\max\{0, S - E\ e^{-iT}\} \leq C(S,T) \leq S. \tag{3.1}$$

Beweis: Zum Beweis des Satzes wird auf Folgerung 2.3.5 zurückgegriffen. Diese besagt, daß der Wert eines Portefeuilles, das in einem zukünftigen Zeitpunkt in jedem Umweltzustand einen nichtnegativen Wert besitzt, bereits zum aktuellen Zeitpunkt einen nichtnegativen Wert besitzen muß.

---

für den Aktienkursprozeß eine Mischung aus Poissonprozeß und Brownscher Bewegung unterstellt wird.

[4] Einige der nachfolgenden Beziehungen sind auch in Spremann, K. (1996), Seite 628 – 638 aufgeführt.

[5] Vgl. hierzu Cox, J. C. / Rubinstein, M. (1985), Seite 129.

Um die Größenrelation $S - E\ \mathrm{e}^{-iT} \leq C(S,T)$ zu zeigen, wird gedanklich ein Portefeuille konstruiert, das aus einer europäischen Kaufoption (long), einer Aktie (short) und einer Anlage in Bonds in Höhe von $E\ \mathrm{e}^{-iT}$ besteht. Die Wertentwicklung der einzelnen Portefeuillepositionen und damit die des gesamten Portefeuilles geht aus der nachfolgenden Arbitragetafel hervor.

Transaktion	Gegenwärtiger Zeitpunkt	Verfallzeitpunkt	
	S	$\tilde{S} \leq E$	$\tilde{S} > E$
Kauf Option	$C(S,T)$	0	$\tilde{S} - E$
Leerverkauf Aktie	$-S$	$-\tilde{S}$	$-\tilde{S}$
Kauf Bond	$E\ \mathrm{e}^{-iT}$	E	E
Portefeuillewert	$C(S,T) - S + E\ \mathrm{e}^{-iT}$	$E - \tilde{S} \geq 0$	0

Der Wert des konstruierten Portefeuilles ist zum Verfallzeitpunkt in jedem Umweltzustand nichtnegativ, so daß der Portefeuillewert bereits zum aktuellen Zeitpunkt nichtnegativ sein muß. Hieraus ergibt sich:

$$C(S,T) - S + E\ \mathrm{e}^{-iT} \geq 0 \quad \Longrightarrow \quad C(S,T) \geq S - E\ \mathrm{e}^{-iT}.$$

Da der Optionswert zum Verfallzeitpunkt $C(S,T=0)$ unabhängig vom Umweltzustand nichtnegativ ist, muß auch der aktuelle Optionswert $C(S,T>0)$ nichtnegativ sein, d.h.:

$$0 \leq C(S,T).$$

Daß $C(S,T) \leq S$ gilt, folgt aus der Betrachtung der Wertentwicklung eines Portefeuilles, bestehend aus einer Aktie (long) und einer europäischen Kaufoption (short). Der Wert dieses Portefeuilles beträgt zum Verfallzeitpunkt der Option $\tilde{S} - \max\{0, \tilde{S} - E\}$ und ist somit für alle in Frage kommenden Aktienkurse nichtnegativ. Unter Verwendung von Folgerung 2.3.5 ergibt sich:

$$S - C(S,T) \geq 0 \quad \Longrightarrow \quad C(S,T) \leq S.$$

Aus den gezeigten Ungleichungen $S - E\,e^{-iT} \leq C(S,T)$, $0 \leq C(S,T)$ und $C(S,T) \leq S$ folgt schließlich die Behauptung.

■

In Abbildung 3.1 ist die Preisober- und Preisuntergrenze für eine europäische Kaufoption grafisch dargestellt. Liegt die Aktienkurs/Optionspreis-Kombination außerhalb des weißen Bandes, besteht eine Arbitragemöglichkeit.

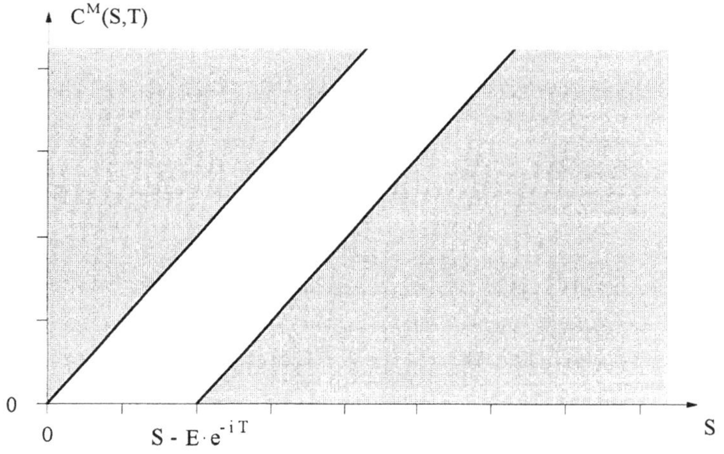

Abbildung 3.1: Preisunter- und Preisobergrenze einer europäischen Kaufoption

Beispiel 3.2.2 In diesem Beispiel soll die Arbitragesituation untersucht werden, die dadurch entsteht, daß der Marktpreis der europäischen Kaufoption die Bedingung $C^M(S,T) \geq S - E\,e^{-iT}$ verletzt. Es werden hierzu folgende Daten unterstellt:

Aktienkurs	S	=	220 GE
Optionspreis	$C^M(S,T)$	=	38 GE
Ausübungspreis der Option	E	=	198 GE
Restlaufzeit der Option	T	=	1 Jahr
Dekursiver jährlicher Zinssatz	i^*	=	0.10

Durch Betrachtung des dekursiven Zinssatzes anstelle des stetigen Zinssatzes i ergibt sich als Wertuntergrenze für die Option: [6]

$$S - E(1+i^*)^{-T} = 220 - 198 \cdot 1.1^{-1} = 40.$$

Da der Optionspreis unter seiner Wertuntergrenze liegt, können Arbitragegewinne erzielt werden. Durch Konstruktion eines Arbitrageportefeuilles, bestehend aus einer europäischen Kaufoption (long), einer Aktie (short) und Anlage von 180 GE in Bonds, entsteht zum Konstruktionszeitpunkt ein risikoloser Gewinn von 2 GE. Dies wird anhand der folgenden Arbitragetafel deutlich.

Transaktion	Gegenwärtiger Zeitpunkt	Verfallzeitpunkt	
	S	$\tilde{S} \leq 198$	$\tilde{S} > 198$
Kauf Option	38	0	$\tilde{S} - 198$
Leerverkauf Aktie	−220	$-\tilde{S}$	$-\tilde{S}$
Kauf Bond	180	198	198
Portefeuillewert	−2	$198 - \tilde{S} \geq 0$	0

Zum gegenwärtigen Zeitpunkt besitzt das konstruierte Portefeuille einen Marktwert von -2 GE. Durch Konstruktion dieses Portefeuilles entsteht dem Arbitrageur ein Einzahlungsüberschuß von 2 GE. Wird das konstruierte Portefeuille zum Verfallzeitpunkt der Option aufgelöst, entstehen keine negativen Einzahlungsüberschüsse, da die aus dem Leerverkauf entstandenen Short–Positionen durch den Verkauf der Long–Positionen ohne weiteren Finanzierungsbedarf geschlossen werden können. Mit der Konstruktion des Portefeuilles zum aktuellen Zeitpunkt und der Auflösung des Portefeuilles zum Verfallzeitpunkt der Option sind folgende Einzahlungsüberschüsse verbunden:

	Gegenwärtiger Zeitpunkt	Verfallzeitpunkt	
	S	$\tilde{S} \leq E$	$\tilde{S} > E$
EZÜ(t)	+2	$198 - \tilde{S} \geq 0$	0

[6] Die Wertuntergrenze wurde für diese speziellen Zahlenwerte bereits in Abschnitt 2.3, Beispiel 2.3.7 hergeleitet.

Daß zum Verfallzeitpunkt der Option kein negativer Einzahlungsüberschuß entsteht, wird auch aus der Betrachtung der Transaktionen deutlich, die zur Auflösung des Portefeuilles notwendig sind. Liegt der Aktienkurs zum Verfallzeitpunkt unter dem Ausübungspreis der Option, so verfällt die Option. Mit den Mitteln aus dem Verkauf der Bonds wird eine Aktie gekauft und die aus dem Leerverkauf einer Aktie entstandene Short–Positionen geschlossen. Die Differenz zwischen dem Wert der Bonds in Höhe von 198 GE und dem Kurs der Aktie fließt dem Arbitrageur zum Verfallzeitpunkt als zusätzlicher Gewinn zu. Liegt der Aktienkurs hingegen über dem Ausübungspreis, so wird die Option ausgeübt. Der in diesem Fall zum Erwerb der Aktie zu zahlende Ausübungspreis wird durch den Verkauf der Bonds finanziert. Durch Lieferung der erworbenen Aktie wird die Short–Position in Aktien geschlossen.

Durch Vervielfachung der Strategie würde der Arbitragegewinn entsprechend steigen. Beispielsweise führt die Konstruktion eines Portefeuilles bestehend aus 1 Mio. europäischen Kaufoptionen (long), 1 Mio. Aktien (short) und einer Anlage in Bonds in Höhe von 180 Mio. GE zum gegenwärtigen Zeitpunkt zu einem Arbitragegewinn in Höhe von 2 Mio. GE.

Da der Markt auf eine bekannte Arbitragesituation reagiert, entsteht in der hier beschriebenen Situation zunächst eine Überschußnachfrage nach Optionen und ein Überschußangebot an Aktien. Infolgedessen wird der Optionspreis steigen und der Aktienkurs sinken, bis der Optionspreis nicht mehr unterhalb seiner aktuellen Preisuntergrenze liegt. Diese Wirkungskette zeigt, daß auf dem Markt nur vorübergehend eine Arbitragesituation vorliegen kann und mit dem Marktgleichgewicht die Arbitragemöglichkeit verschwindet.

■

Wird in der Situation von Satz 3.2.1 zugelassen, daß auf die Basisaktie eine Dividende gezahlt wird, so ergibt sich statt der Wertgrenzen gemäß (3.1) die Ungleichung: [7]

$$\max\{0, S - E\,\mathrm{e}^{-iT} - D^+\} \;\leq\; C(S,T) \;\leq\; S - D^-.$$

[7] Cox, J. C. / Rubinstein, M. (1985), Seite 130, zeigen $C(S,T) \leq S$. Wird beachtet, daß die Option lediglich das Recht auf eine Aktie ex Dividende verbrieft, so ergibt sich: $C(S,T) \leq S - D^-$.

D^+ bezeichnet hierbei den maximal möglichen Barwert der zukünftigen Dividende bis zum Verfallzeitpunkt der Option und D^- den minimal möglichen Barwert. Der Beweis kann in Analogie zum Beweis des Satzes 3.2.1 geführt werden. Hierzu wird der Wertverlauf eines Portefeuilles betrachtet, das aus einer europäischen Kaufoption (long), einer Aktie (short) und einer Anlage in Bonds in Höhe von $E\ \mathrm{e}^{-iT} + D^+$ bzw. $0 + D^-$ besteht. Im Vergleich zum Portefeuille, das im Beweis zu Satz 3.2.1 betrachtet wird, ist der in Bonds zu investierende Betrag um D^+ bzw. D^- höher. Dies ist notwendig, damit die aus dem Leerverkauf der Aktie entstandene Verpflichtung zur Dividendenzahlung durch den Bond gedeckt ist.

Unter Verwendung von Satz 3.2.1 lassen sich Aussagen für amerikanische Kaufoptionen folgern, wenn weiterhin von den Marktbedingungen (M1) bis (M6) ausgegangen wird.

Folgerung 3.2.3 *Unter den Bedingungen (M1) bis (M6) wird eine amerikanische Kaufoption niemals vorzeitig ausgeübt, und der Wert einer ansonsten identischen amerikanischen Kaufoption entspricht dem Wert der europäischen Kaufoption.*[8]

Beweis: Der Unterschied zwischen einer amerikanischen Kaufoption und einer ansonsten identischen europäischen Kaufoption besteht lediglich darin, daß die amerikanische Kaufoption das zusätzliche Recht beinhaltet, die Option bereits vor dem Verfallzeitpunkt auszuüben. Daher ist der Wert der amerikanischen Kaufoption mindestens so groß wie der Wert der entsprechenden europäischen Kaufoption. Aufgrund von Satz 3.2.1 gilt somit:

$$c(S,T) \geq C(S,T) \geq S - E\ \mathrm{e}^{-iT} > S - E.$$

Da eine Ausübung der amerikanischen Kaufoption vor dem Verfallzeitpunkt unter den getroffenen Annahmen wegen $c(S,T) > S - E$ nicht sinnvoll ist, besitzt das Recht auf eine vorzeitige Ausübung der Option keinen Wert. Somit muß der Wert einer amerikanischen Kaufoption mit dem Wert einer ansonsten identischen europäischen Kaufoption übereinstimmen.

■

---

[8]Vgl. Merton, R. C. (1973), Seite 144.

Durch die in Satz 3.2.1 unterstellte Bedingung (M3) wird insbesondere angenommen, daß während der Kontraktlaufzeit der Option auf die zugrundeliegende Aktie keine Dividende gezahlt wird. Wird diese Bedingung fallen gelassen, so besteht die Möglichkeit, daß eine vorzeitige Ausübung der amerikanischen Option vorteilhaft ist, so daß der Wert der amerikanischen Option größer ist als der Wert der entsprechenden europäischen Option.

Im Beweis zu Satz 3.2.1 wird ein Portefeuille betrachtet, das aus einer europäischen Kaufoption (long), einer Aktie (short) und einer Anlage in Bonds in Höhe von $E\ \mathrm{e}^{-iT}$ besteht. Zum Verfallzeitpunkt besitzt dieses Portefeuille einen Wert von $E - \tilde{S}$, falls der zukünftige Aktienkurs $\tilde{S}$ unter dem Ausübungspreis der Option liegt, ansonsten einen Wert von Null. Dies stimmt exakt mit dem Wert einer entsprechenden europäischen Verkaufsoption zu ihrem Verfallzeitpunkt überein. Aus dieser Betrachtung läßt sich schließlich eine Aussage über den Wertzusammenhang zwischen einer europäischen Kaufoption und einer europäischen Verkaufsoption bei ansonsten gleicher Ausgestaltung gewinnen. Das Ergebnis ist in Satz 3.2.4 präzisiert.

Satz 3.2.4 (Put-Call-Parität) *Sind die Marktbedingungen (M1) bis (M6) erfüllt, so gilt zwischen einer europäischen Kaufoption und einer europäischen Verkaufsoption mit gleichem Ausübungspreis und gleicher Aktie als Basisobjekt folgende Wertrelation:* [9]

$$C(S,T) - P(S,T) = S - Ee^{-iT}. \tag{3.2}$$

Beweis: Zum Beweis der Wertrelation $C(S,T) - P(S,T) - S + E\mathrm{e}^{-iT} = 0$ wird der Wertverlauf eines Portefeuilles betrachtet, das sich aus einer europäischen Kaufoption (long), einer entsprechenden europäischen Verkaufsoption (short), der Basisaktie (short) und einer Geldanlage in Bonds in Höhe von $E\mathrm{e}^{-iT}$ zusammensetzt.

---

[9] Vgl. hierzu Cox, J. C. / Rubinstein, M. (1985), Seite 150.

Position	Gegenwärtiger Zeitpunkt	Verfallzeitpunkt	
	S	$\tilde{S} \leq E$	$\tilde{S} > E$
Kaufoption (long)	$C(S,T)$	0	$\tilde{S} - E$
Verkaufsoption (short)	$-P(S,T)$	$-(E - \tilde{S})$	0
Aktie (short)	$-S$	$-\tilde{S}$	$-\tilde{S}$
Bond (long)	$E\ \mathrm{e}^{-iT}$	E	E
Portefeuillewert	$C(S,T) - P(S,T) - S + E\ \mathrm{e}^{-iT}$	0	0

Der Wert des konstruierten Portefeuilles ist zum Verfallzeitpunkt in jedem Umweltzustand Null. Somit ergibt sich aus Folgerung 2.3.5:

$$C(S,T) - P(S,T) - S + E\ \mathrm{e}^{-iT} = 0 \iff C(S,T) - P(S,T) = S - E\ \mathrm{e}^{-iT}. \quad \blacksquare$$

Dieser Satz liefert jedoch keinen Ansatz zur Bewertung einer europäischen Kaufoption. Hierzu wäre es notwendig, den Wert der entsprechenden europäischen Verkaufsoption zu kennen, der jedoch ebenfalls unbekannt ist. Es wird lediglich eine Wertbeziehung zwischen Kauf- und Verkaufsoption beschrieben, bei deren Verletzung eine Arbitragesituation auftritt. Mit Hilfe der Put-Call-Parität können jedoch aus den Wertgrenzen für die europäische Kaufoption unmittelbar Wertgrenzen für die entsprechende europäische Verkaufsoption gewonnen werden.

Der Optionswert wurde bisher immer als Funktion der unabhängigen Variablen, dem Aktienkurs S und der Restlaufzeit T dargestellt. Darüber hinaus ist der Optionswert von über die Laufzeit als konstant angenommenen Parametern abhängig. Um den Einfluß des Ausübungspreises E auf den Wert der Option zu untersuchen, wird der Optionswert als Funktion des Aktienkurses, der Restlaufzeit und des Ausübungspreises aufgefaßt. Abweichend von der bisherigen Notation wird im folgenden die Schreibweise $\mathcal{C}(S,T;E)$ für den Wert einer europäischen Kaufoption verwendet.

Satz 3.2.5 *Sind die Bedingungen (M1) bis (M6) erfüllt und unterscheiden sich zwei europäische Kaufoptionen nur durch ihren Ausübungspreis, so gilt:* [10]

(1) Der Optionswert nimmt mit sinkendem Ausübungspreis zu:

$$\mathcal{C}(S,T;E_1) \ \geq \ \mathcal{C}(S,T;E_2) \qquad \textit{für} \qquad E_1 < E_2. \tag{3.3}$$

(2) Die Differenz der Optionswerte ist betragsmäßig nicht größer als der Barwert der Differenz der Ausübungspreise:

$$\mathcal{C}(S,T;E_1) \ - \ \mathcal{C}(S,T;E_2) \ \leq \ (E_2 - E_1)e^{-iT} \qquad \textit{für} \qquad E_1 < E_2. \tag{3.4}$$

(3) Der Wert einer Option ist eine konvexe Funktion des zugehörigen Ausübungspreises, d.h. für $0 \leq \lambda \leq 1$ gilt:

$$\mathcal{C}(S,T;\lambda E_1 + (1-\lambda)E_2) \ \leq \ \lambda\mathcal{C}(S,T;E_1) \ + \ (1-\lambda)\mathcal{C}(S,T;E_2). \tag{3.5}$$

Beweis:

Zu (1): Zum Beweis dieser Aussage wird die Wertentwicklung eines Portefeuilles, bestehend aus einer europäischen Kaufoption mit Ausübungspreis E_1 (long) und einer europäischen Kaufoption mit Ausübungspreis E_2 (short) mit $E_1 < E_2$, betrachtet:

Position	Gegenwärtiger Zeitpunkt	Verfallzeitpunkt		
	S	$\tilde{S} \leq E_1$	$E_1 < \tilde{S} \leq E_2$	$E_2 < \tilde{S}$
Option (E_1) (long)	$\mathcal{C}(S,T;E_1)$	0	$\tilde{S} - E_1$	$\tilde{S} - E_1$
Option (E_2) (short)	$\mathcal{C}(S,T;E_2)$	0	0	$-(\tilde{S} - E_2)$
Portefeuillewert	$\mathcal{C}(S,T;E_1) - \mathcal{C}(S,T;E_2)$	0	$\tilde{S} - E_1$	$E_2 - E_1$

Da dieses Portefeuille zum Verfallzeitpunkt der Option immer einen nichtnegativen Wert besitzt, muß $\mathcal{C}(S,T;E_1) \geq \mathcal{C}(S,T;E_2)$ gelten.

Zu (2): Diese Wertrelation ergibt sich aus einem Vergleich der Wertentwicklung des unter (1) betrachteten Portefeuilles mit der Wertentwicklung eines Bonds mit aktuellem

[10] Vgl. Merton, R. C. (1973), Seite 146.

Wert $(E_2 - E_1)e^{-iT}$. Die Anlagealternative in Bonds besitzt zum Verfallzeitpunkt für jeden Umweltzustand einen Wert von $E_2 - E_1$. Der Wert des Bonds ist zum Verfallzeitpunkt somit nie kleiner als der Wert des Portefeuilles. Dies wird auch aus Abbildung 3.2 ersichtlich.

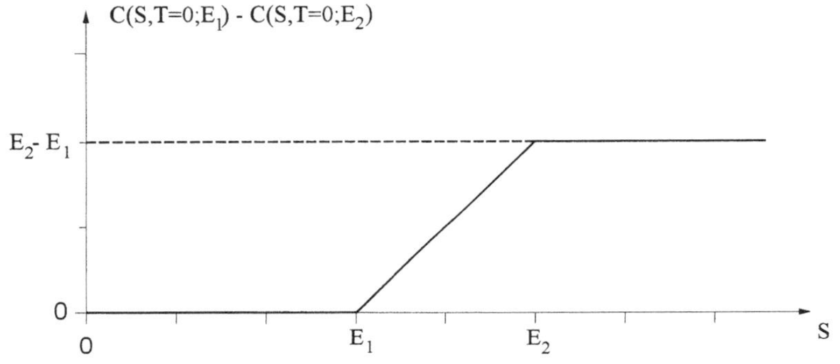

Abbildung 3.2: Wertvergleich einer Optionsposition mit dem Wert eines Bonds

Somit ist der Wert des Bonds zum aktuellen Zeitpunkt mindestens so groß wie der Wert des Portefeuilles. Wäre der Wert des Bonds zum aktuellen Zeitpunkt kleiner als der Wert des Portefeuilles, würde das Portefeuille durch die Anlage in Bonds im Sinne der starken stochastischen Dominanz nullten Grades dominiert. Mit Satz 2.3.2 ergibt sich schließlich:

$$\mathcal{C}(S,T;E_1) \; - \; \mathcal{C}(S,T;E_2) \; \leq \; (E_2 - E_1)\, e^{-iT}.$$

Zu (3): Für $E_1 = E_2$ ist Aussage (3) offensichtlich gültig. Darüber hinaus kann o.B.d.A. angenommen werden, daß $E_1 < E_2$ ist. Zum Beweis der Aussage wird zum Verfallzeitpunkt der Wert des Portefeuilles, bestehend aus λ europäischen Kaufoptionen mit Ausübungspreis E_1 und $(1-\lambda)$ europäischen Kaufoptionen mit Ausübungspreis E_2, mit dem Wert der europäischen Kaufoption mit Ausübungspreis $\lambda E_1 + (1-\lambda)E_2$ verglichen. Da $f(E) = \max\{0, S-E\}$ konvex in E ist, gilt für $E_1 < E_2$:

$$\max\{0, S - (\lambda E_1 + (1-\lambda)E_2)\} \; \leq \; \lambda \max\{0, S - E_1\} \; + \; (1-\lambda)\max\{0, S - E_2\}.$$

Damit die Option mit Ausübungspreis $\lambda E_1 + (1-\lambda)E_2$ nicht von dem betrachteten Portefeuille dominiert wird, darf der Wert der Option zum gegenwärtigen Zeitpunkt ebenfalls nicht größer sein als der Wert des Portefeuilles . Somit gilt:

$$\mathcal{C}(S,T;\lambda E_1 + (1-\lambda)E_2) \leq \lambda\mathcal{C}(S,T;E_1) + (1-\lambda)\mathcal{C}(S,T;E_2).$$

■

Aussage (3) des vorangehenden Satzes wird durch Abbildung 3.3 plausibel. Im ersten Koordinatensystem ist der Wert des Portefeuilles, bestehend aus λ Optionen (long) mit Ausübungspreis E_1 und $1-\lambda$ Optionen (long) mit Ausübungspreis E_2, dem Wert der Option mit Ausübungspreis $\lambda E_1 + (1-\lambda)E_2$ gegenübergestellt. Wie grafisch nochmals deutlich wird, ist die Differenz ΔW der beiden Werte zum Verfallzeitpunkt der Option für alle möglichen Aktienkurse nichtnegativ (vgl. Abbildung 3.3). Daher muß der aktuelle Wert des Portefeuilles mindestens so groß sein wie der aktuelle Wert der Option mit Ausübungspreis $\lambda E_1 + (1-\lambda)E_2$.

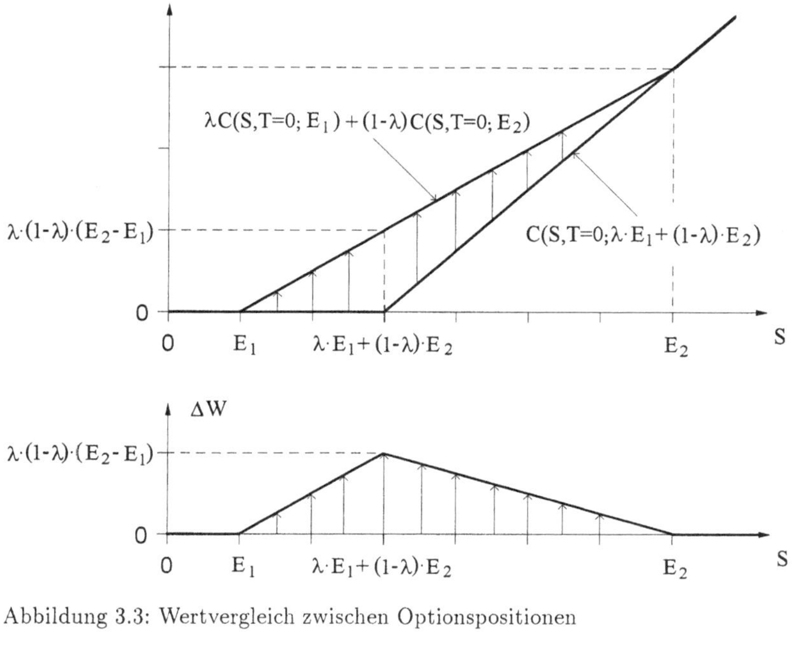

Abbildung 3.3: Wertvergleich zwischen Optionspositionen

Die Herleitung einer auf Arbitrageüberlegungen beruhenden Wertbeziehung erfolgt meist durch die Betrachtung der zugehörigen Wertrelation zwischen den Wertpapieren zum Verfallzeitpunkt der Option. Auf diese Weise wird auch der Beweis der Homogenitätsaussage des folgenden Satzes geführt.

Satz 3.2.6 *Mit den Annahmen (M1) bis (M6) ergibt sich für eine nichtnegative Konstante a und $S_a(t) = aS(t)$ folgende Relation zwischen dem Wert $\mathcal{C}_a(S_a, T; aE)$ einer europäischen Kaufoption mit Ausübungspreis aE bei dem Kurs $S_a := S_a(t_0)$ des Basisobjektes und dem Wert $\mathcal{C}(S, T; E)$ einer europäischen Kaufoption mit Ausübungspreis E bei dem Kurs $S := S(t_0)$ des entsprechenden Basisobjektes:* [11]

$$\mathcal{C}_a(S_a, T; aE) \; = \; a\,\mathcal{C}(S, T; E).$$

Beweis: Die Aussage des Satzes folgt unmittelbar aus dem Wertvergleich der beiden Optionen zu ihrem Verfallzeitpunkt. Die Option mit dem Wert $\mathcal{C}_a(S_a, T; aE)$ verbrieft das Recht, zum Verfallzeitpunkt ein Basisobjekt mit dem heutigen Kurs $S_a := S_a(t_0) = aS(t_0)$ zu einem Betrag von aE zu erwerben. Die Option mit dem Wert $\mathcal{C}(S, T; E)$ verbrieft das Recht, eine Aktie zum Ausübungspreis E zu erwerben. Zum Verfallzeitpunkt ergibt sich somit wegen $\tilde{S}_a := S_a(t^*) = aS(t^*) =: a\tilde{S}$:

$$\mathcal{C}_a(a\tilde{S}, T = 0; aE) = \max\{0, a\tilde{S} - aE\} \; = \; a\max\{0, \tilde{S} - E\} = a\,\mathcal{C}(\tilde{S}, T = 0; E).$$

Da die Werte der beiden Positionen zum Verfallzeitpunkt übereinstimmen, muß bereits zum gegenwärtigen Zeitpunkt Wertgleichheit bestehen. ∎

Soll die Abhängigkeit des Optionswerts $\mathcal{C}(S, T; E)$ vom Aktienkurs S und dem Ausübungspreis E untersucht werden, so liefert Satz 3.2.6 eine Möglichkeit, diese Abhängigkeit vereinfacht darzustellen. Wird vorausgesetzt, daß die Aktienkursrendite unabhängig von der Aktienkurshöhe ist, ergibt sich aus Satz 3.2.6 mit $a = \frac{1}{E}$ nach einfacher Umformung:[12]

[11] Vgl. Merton, R. C. (1973), Seite 147.

[12] Vgl. hierzu Cox, J. C. / Rubinstein, M. (1985), Seite 158.

$$\mathcal{C}(S,T;E) = E\,\mathcal{C}(\frac{S}{E},T;1).$$

Die Normierung des Optionswerts auf $E = 1$ kann insbesondere bei empirischen Untersuchungen von Optionspreisen hilfreich sein. Dadurch lassen sich Optionspreise von Kaufoptionen, die sich lediglich hinsichtlich des Ausübungspreises unterscheiden, in einem einzigen Koordinatensystem mit den Achsenbezeichnungen C/E bzw. S/E normiert darstellen.

Satz 3.2.6 kann auch zur Entwicklung einer Strategie genutzt werden, deren Ziel es ist, eine Option gegen Kapitalverwässerung zu schützen. Insbesondere kann ein Ausgleich derart durchgeführt werden, daß eine Dividendenzahlung D keinen Einfluß auf den Wert der Option besitzt. Bezeichnet S den Aktienkurs unmittelbar vor der Dividende und $\tilde{S} = S - D$ den Ex-Dividendenkurs, so bleibt der Wert der Option von der Zahlung der Dividende unberührt, wenn zum Dividendenzeitpunkt die bisherige Option durch $\lambda = \frac{S}{\tilde{S}} = (1 + \frac{D}{\tilde{S}})$ neue Optionen ersetzt wird und mit einer neuen Option das Recht verbunden ist, eine Aktie zum Ausübungspreises $E^* = \frac{E}{\lambda}$ zu erwerben.[13]

$$\mathcal{C}(S,T;E) = \lambda\,\mathcal{C}(\frac{S}{\lambda},T;\frac{E}{\lambda}) = \lambda\,\mathcal{C}(\tilde{S},T;\frac{E}{\lambda}).$$

Der Wert einer derart dividendengeschützten Option wird daher nicht durch Dividendenzahlungen beeinflußt. Somit gelten dann auch bei Dividendenzahlungen während der Kontraktzeit alle Sätze, die bisher nur unter Gültigkeit der Bedingung (M3) formuliert wurden.

Schließlich kann auch die scheinbar triviale Aussage, daß der Optionswert einer europäischen Kaufoption mit steigendem Aktienkurs ebenfalls steigt, mit Hilfe von Satz 3.2.6 gezeigt werden. Ausgehend von der Annahme, daß die Aktienkursrendite unabhängig von der Aktienkurshöhe ist, gilt für $S_1 < S_2$:

$$\mathcal{C}(S_1,T;E) = S_1\,\mathcal{C}(1,T;\frac{E}{S_1}) < S_2\,\mathcal{C}(1,T;\frac{E}{S_1}) < S_2\,\mathcal{C}(1,T;\frac{E}{S_2}) = \mathcal{C}(S_2,T;E).$$

---

[13] Vgl. Merton, R. C. (1973), Seite 152.

Des weiteren kann unter dieser Annahme gezeigt werden, daß der Wert einer europäischen Kaufoption $\mathcal{C}(S,T;E)$ eine konvexe Funktion von S ist.[14] Abschließend wird mit dem nachfolgenden Satz eine Aussage über die Abhängigkeit des Optionswerts von der Restlaufzeit der Option getroffen.

Satz 3.2.7 *Sind die Marktbedingungen (M1) bis (M6) gültig, so ist der Wert $C(S,T)$ einer europäischen Kaufoption monoton wachsend in T:* [15]

$$C(S,T_2) \geq C(S,T_1) \qquad \textit{für} \qquad T_2 > T_1. \tag{3.6}$$

Beweis: Die Aussage folgt aus einem Wertvergleich von zwei europäischen Kaufoptionen mit unterschiedlichen Restlaufzeiten zum ersten Verfallzeitpunkt t_1. Zu diesem Zeitpunkt gilt bei einem Aktienkurs $\tilde{S} := S(t^*)$:

$$\begin{aligned} & C(\tilde{S}, T = T_1 - T_1) &= \max\{0, \tilde{S} - E\}, \\ & C(\tilde{S}, T = T_2 - T_1) &\geq \max\{0, \tilde{S} - E\} \quad \text{(vgl. Satz 3.2.1)} \\ \Longrightarrow\ & C(S, T_2) &\geq C(S, T_1). \end{aligned}$$

■

Der Wert einer europäischen Kaufoption nimmt somit c.p. mit fortlaufender Zeit und damit einhergehend mit abnehmender Restlaufzeit T ab.

Die Aussage des vorangehenden Satzes läßt sich auch unmittelbar auf amerikanische Kaufoptionen und Verkaufsoptionen übertragen, wie eine einfache Plausibilitätsüberlegung zeigt. Eine amerikanische Option mit der längeren Restlaufzeit besitzt bis zum ersten Verfallzeitpunkt das gleiche Recht wie die entsprechende Option mit der geringeren Laufzeit. Darüber hinaus besteht bei der Option mit der längeren Restlaufzeit auch zwischen dem ersten und zweiten Verfallzeitpunkt das Recht, die Option auszuüben.

---

[14] Vgl. Merton, R. C. (1973), Seite 150.

[15] Vgl. hierzu Cox, J. C. / Rubinstein, M. (1985), Seite 138.

3.3 Optionsbewertung bei spezifiziertem Aktienkursprozeß

In Abschnitt 3.2 wurden Wertbeziehungen zwischen Optionen, Aktien und Bonds hergeleitet, die unabhängig vom zugrunde gelegten Aktienkursprozeß gelten. Es mußten lediglich die in Abschnitt 3.1 aufgeführten Marktbedingungen (M1) bis (M6) unterstellt werden. In diesem Abschnitt werden verschiedene Optionsbewertungsgleichungen hergleitet, für die eine genaue Spezifikation des zugrundeliegenden stochastischen Aktienkursprozesses notwendig sind. Es werden hierbei das Binomialmodell[16] und das Black/Scholes-Modell[17] betrachtet, deren Annahmen sich lediglich hinsichtlich des unterstellten stochastischen Aktienkursprozesses unterscheiden.

3.3.1 Das Binomialmodell

Im Binomialmodell wird neben der Gültigkeit der Marktbedingungen (M1) bis (M6) für den Aktienkursprozeß $\{S(t_k) : t_k - t_{k-1} = \Delta t \in \mathbb{R}_{>0},\ k \in \mathbb{N}_0\}$ ein multiplikativer Binomialprozeß unterstellt. Hiernach verändert sich der Aktienkurs $S := S(t_k)$ innerhalb einer Teilperiode $[t_{k-1}, t_k]$ unabhängig vom Aktienkursverlauf vor dem Zeitpunkt t_{k-1} wie folgt:

$$S \left\langle \begin{array}{ll} u\,S & \text{mit Wahrscheinlichkeit } q \\ d\,S & \text{mit Wahrscheinlichkeit } 1-q. \end{array} \right.$$

Für den Faktor u (up) und d (down) des Binomialprozesses sowie für $r^* = (1 + i^*)$ wird dabei folgende Größenrelation unterstellt:

$$d < r^* < u \qquad \text{und} \qquad r^* > 1.$$

[16]Vgl. insbesondere Cox, J. C. / Ross, A. / Rubinstein, M. (1979), Seite 229 - 239.

[17]Vgl. im folgenden insbesondere Black, F. / Scholes, M. (1973).

Unter den in Abschnitt 3.1 aufgeführten Marktbedingungen (M1) bis (M6) kann dann die Wertentwicklung einer europäischen Kaufoption mit Ausübungspreis E durch den Wertverlauf eines Portefeuilles, bestehend aus Aktien und Bonds, dupliziert werden. Im anschließenden Unterabschnitt 3.3.1.1 wird mit Hilfe des Duplikationsprinzips eine Optionsbewertungsgleichung hergeleitet. Äquivalent hierzu kann der Wert der Option auch aus einer Gleichgewichtsbedingung auf dem Finanzmarkt bestimmt werden. Diese alternative Herleitung zur Bestimmung des Gleichgewichtspreises einer Option wird im darauffolgenden Unterabschnitt 3.3.1.2 erläutert. Die sich aus diesen Ansätzen ergebenden Optionsbewertungsgleichungen stimmen dabei erwartungsgemäß überein.

3.3.1.1 Herleitung der Bewertungsgleichung aus Arbitrageüberlegungen

Zur Bewertung von europäischen Kaufoptionen mit Hilfe des Duplikationsprinzips wird die Zusammensetzung des die Option duplizierenden Portefeuilles bestimmt. Zunächst wird hierbei von einem **einperiodigen Fall** ausgegangen, d.h. es wird angenommen, daß sich der Aktienkurs bis zum Verfallzeitpunkt der Option einmal gemäß dem unterstellten Binomialprozeß ändert. Je nach Realisation des zukünftigen Aktienkurses ergibt sich hieraus folgender Wertverlauf für die Option bzw. für das duplizierende Portefeuille, das sich aus δ Aktien und einer risikolosen Anlage in Höhe von B zusammensetzt: [18]

$$C \begin{cases} C_u = \max\{0, u\,S - E\} & \text{mit Wahrscheinlichkeit } q \\ C_d = \max\{0, d\,S - E\} & \text{mit Wahrscheinlichkeit } 1-q, \end{cases}$$

$$\delta\,S + B \begin{cases} \delta\,u\,S + r^*\,B & \text{mit Wahrscheinlichkeit } q \\ \delta\,d\,S + r^*\,B & \text{mit Wahrscheinlichkeit } 1-q. \end{cases}$$

Damit die Kaufoption durch das Portefeuille dupliziert wird, muß am Ausübungstag der

[18] Negative Werte für die Größen δ und B bedeuten einen Leerverkauf von $|\delta|$ Aktien bzw. die Aufnahme eines Kredites in Höhe von $|B|$.

Wert der Kaufoption (=Ausübungswert) mit dem Wert des Portefeuilles übereinstimmen. Es muß also gelten:

$$\delta u S + r^* B = C_u, \qquad \delta d S + r^* B = C_d.$$

Die gesuchte Zusammensetzung des duplizierenden Portefeuilles ergibt sich durch Auflösen des Gleichungssystems nach δ und B:

$$\delta = \frac{C_u - C_d}{(u-d)S}, \qquad B = \frac{uC_d - dC_u}{(u-d)r^*}. \tag{3.7}$$

Weil bei dieser Wahl von δ und B das Portefeuille und die Option zu einem zukünftigen Zeitpunkt den gleichen Wert aufweisen, muß nach dem Duplikationsprinzip (Folgerung 2.3.5) bereits vor diesem Zeitpunkt Wertgleichheit bestehen. Zum Betrachtungszeitpunkt stimmt somit der Optionswert C mit dem Portefeuillewert $\delta S + B$ überein:

$$C = \delta S + B = \frac{1}{r^*}\Big[\underbrace{\left(\frac{r^* - d}{u-d}\right)}_{=:\,p} C_u + \underbrace{\left(\frac{u - r^*}{u-d}\right)}_{=\,1-p} C_d\Big] = \frac{1}{r^*}(\,p\,C_u \;+\; (1-p)\,C_d). \tag{3.8}$$

Wegen $0 < p < 1$ kann p als Wahrscheinlichkeit (Pseudowahrscheinlichkeit) für die Aufwärtsbewegung des Aktienkurses interpretiert werden. Bezüglich dieser Pseudowahrscheinlichkeit läßt sich der Optionswert als diskontierter Erwartungswert des zukünftigen Ausübungswerts der Option interpretieren.

Optionsbewertungsgleichung (3.8) zeigt, daß der Optionswert C in einer festen, durch die Parameter u, d, r^* und E festgelegten Beziehung zu dem aktuellen Aktienkurs S steht. Die durch (3.8) festgelegte Wertbeziehung ist unabängig von der theoretischen Wahrscheinlichkeit q und somit unabhängig von den Kurserwartungen. Durch Optionsbewertungsgleichung (3.8) ist demnach eine präferenzfreie Bewertung für die Option gegeben.

Gegen den im Binomialmodell unterstellten Aktienkursverlauf kann eingewandt werden, daß zum Verfallzeitpunkt der Option im allgemeinen mehr als zwei Realisationen für den Aktienkurs in Frage kommen. Um diesem Kritikpunkt entgegenzuwirken, kann der Betrachtungszeitraum in K Teilperioden unterteilt werden. Auf diese Weise kann die Anzahl K der unterstellten Aktienkursbewegungen beliebig groß gewählt werden. Am Ende des Betrachtszeitraums sind schließlich eine Vielzahl verschiedener Aktienkurse möglich. Wie in Unterabschnitt 3.3.3 noch gezeigt wird, geht das Binomialmodell bei spezieller Wahl der Parameter u, d, q und r^* in Abhängigkeit von K für die Grenzbetrachtung $K \to \infty$ in das Black/Scholes-Modell über, das von einem zeitkontinuierlichen Aktienkursprozeß ausgeht.

Die Optionsbewertungsgleichung des K-periodigen Falls kann leicht aus der Bewertungsgleichung (3.8) des einperiodigen Falls gewonnen werden. Für die Aktienkursbewegung innerhalb einer Teilperiode wird dabei wie zuvor ein multiplikativer Binomialprozeß unterstellt. Zur Bewertung der europäischen Kaufoption zu Beginn der ersten Teilperiode wird Optionsbewertungsgleichung (3.8) rekursiv angewendet. Ausgehend von den bekannten Optionswerten zum Ende der letzten Teilperiode werden dabei jeweils die Optionswerte zum Ende der Vorperiode in den einzelnen Umweltzuständen bestimmt. Für den Wert der Option zu Betrachtungsbeginn ergibt sich folgende Optionsbewertungsgleichung: [19]

$$C = \frac{1}{r^{*K}} \left[\sum_{k=0}^{K} \binom{K}{k} p^k (1-p)^{K-k} \max\{0, u^k d^{K-k} S - E\} \right].$$

Da alle Summenglieder entfallen, bei denen $u^k d^{K-k} S - E < 0$ gilt, läßt sich diese Gleichung weiter vereinfachen. Mit

$$a := \min\{k \in \mathbb{N} : u^k d^{K-k} S - E > 0\} = \min\{k \in \mathbb{N} : \frac{\ln(\frac{E}{S\, d^K})}{\ln(u/d)} < k\}$$

ergibt sich:

$$\begin{aligned} C &= \frac{1}{r^{*K}} \left[\sum_{k=a}^{K} \binom{K}{k} p^k (1-p)^{K-k} (u^k d^{K-k} S - E) \right] \\ &= S \Big[\sum_{k=a}^{K} \binom{K}{k} \underbrace{\Big(\frac{pu}{r^*}\Big)}_{p'}^{k} \underbrace{\Big(\frac{(1-p)d}{r^*}\Big)}_{1-p'}^{K-k} \Big] - E\, r^{*-K} \Big[\sum_{k=a}^{K} \binom{K}{k} p^k (1-p)^{K-k} \Big] \\ &= S \Big[\sum_{k=a}^{K} \binom{K}{k} p'^k (1-p')^{K-k} \Big] - E\, r^{*-K} \Big[\sum_{k=a}^{K} \binom{K}{k} p^k (1-p)^{K-k} \Big] \end{aligned}$$

[19] Vgl. Cox, J. C. / Ross, A. / Rubinstein, M. (1979), Seite 238.

$$= S\,(1 - F_{B(K,p')}\Big(\frac{\ln(\frac{E}{S\,d^K})}{\ln(u/d)}\Big)\,) - E\,r^{*-K}\,(1 - F_{B(K,p)}\Big(\frac{\ln(\frac{E}{S\,d^K})}{\ln(u/d)}\Big)\,).$$

Satz 3.3.1 *Gelten die Marktbedingungen (M1) bis (M6) und wird für den Aktienkursprozeß* $\{S(t_k) : t_k - t_{k-1} = \Delta t \in I\!R_{>0},\ k \in I\!N_0\}$ *ausgehend vom aktuellen Aktienkurs* $S := S(t_0)$ *ein multiplikativer Binomialprozeß mit den Veränderungsfaktoren* u *und* d *unterstellt, so besitzt die zugehörige europäische Kaufoption mit Ausübungspreis* E *bei* K *potentiellen Aktienkursänderungen bis zum Verfallzeitpunkt der Option den präferenzfreien Wert:* [20]

$$\begin{aligned} C &= S\,(1 - F_{B(K,p')}(b)\,) - E\,r^{*-K}\,(1 - F_{B(K,p)}(b)\,) \\ \textit{mit} \quad & r^* := 1 + i^*, \quad p := \frac{r^* - d}{u - d}, \quad p' := \frac{up}{r^*}, \quad b := \frac{\ln(\frac{E}{S\,d^K})}{\ln(u/d)}. \end{aligned} \tag{3.9}$$

Hierbei bezeichnet i^* *die konstante dekursive Rendite einer risikolosen Anlage in Bonds.*

■

Es ist jedoch zu beachten, daß nach jeder Kursänderung das duplizierende Portefeuille gemäß Gleichung (3.7) angepaßt werden muß (**dynamische Anpassung**), damit der Wert des Portefeuilles zum Verfallzeitpunkt dem Ausübungswert der Kaufoption entspricht. Während der Laufzeit der Option wird auf diese Weise Wertgleichheit zwischen der Option und dem dynamisch angepaßten Portefeuille erreicht.

Weil eine vorzeitige Ausübung einer Kaufoption nach Folgerung 3.2.3 unter den Marktbedingungen (M1) bis (M6) nicht rational ist, kann Bewertungsgleichung (3.9) auch für amerikanische Kaufoptionen verwendet werden. Wird die Marktbedingung (M3) dahingehend gelockert, daß auch Dividendenzahlungen auf die Aktie möglich sind, bleibt die Bewertungsgleichung für eine dividendengeschützte amerikanische Kaufoption ebenfalls gültig. Die Optionsbewertungsgleichung einer europäischen Verkaufsoption läßt sich schließich aus der Optionsbewertungsgleichung der entsprechenden europäischen Kaufoption mit Hilfe der Put-Call-Parität gewinnen (vgl. Satz 3.2.4).

---

[20] Die Aussage des Satzes ergibt sich unmittelbar aus den vorangehenden Ausführungen. Vgl. hierzu u.a. auch Cox, J. C. / Ross, A. / Rubinstein, M. (1979), Seite 239.

3.3.1.2 Eine alternative Herleitung aus entscheidungstheoretischer Sicht

In diesem Unterabschnitt wird aus einer Gleichgewichtsbedingung für den Finanzmarkt der Wert einer europäischen Kaufoption hergeleitet. Hierbei wird wiederum die Gültigkeit der in Unterabschnitt 3.1 unterstellten Marktbedingungen (M1) bis (M6) vorausgesetzt und für die stochastische Aktienkursbewegung dem Modell entsprechend ein multiplikativer Binomialprozeß mit $d < r^* < u$ und $r^* > 1$ unterstellt.

Zur Herleitung der Gleichgewichtsbedingung wird im folgenden ein beliebiger Investor betrachtet, der ein optimales Portefeuille zusammenstellen soll. Bezüglich der Präferenzen des Entscheidungsträgers wird lediglich vorausgesetzt, daß Geld für ihn einen positiven Grenznutzen besitzt. Dem Investor steht bei der Wahl des optimalen Portfeuilles ein Anfangsvermögen W_0 zur Verfügung, das er in drei Wertpapierformen investieren kann.

Wertpapier	Aktueller Kurs	Kurs am Periodenende	
		Umweltzustand 1	Umweltzustand 2
Aktie	S	$u\,S$	$d\,S$
Bond	B	$r^*\,B$	$r^*\,B$
Option	C^M	C_u	C_d

Würden die Wahrscheinlichkeiten für das Eintreten der beiden Umweltzustände als bekannt vorausgesetzt, ergäbe sich ein stochastisches Entscheidungsproblem. Im weiteren soll jedoch davon ausgegangen werden, daß die beiden Wahrscheinlichkeiten nicht bekannt sind. Da im Binomialmodell am Ende der betrachteten Teilperiode nur zwei verschiedene Endwerte für die Wertpapiere möglich sind, kann zur Lösung des Entscheidungsproblems das folgende Vektoroptimierungsproblem formuliert werden:

$$\max_{(x_1, x_2, x_3)} \begin{pmatrix} u\,S\,x_1 + r^*\,B\,x_2 + C_u\,x_3 \\ d\,S\,x_1 + r^*\,B\,x_2 + C_d\,x_3 \end{pmatrix}$$

$$\begin{aligned} u.d.N. \quad & (1') \quad S\,x_1 + B\,x_2 + C^M\,x_3 \leq W_0 \\ & (2') \quad uS\,x_1 + r^*B\,x_2 + C_u\,x_3 \geq 0 \\ & (3') \quad dS\,x_1 + r^*B\,x_2 + C_d\,x_3 \geq 0 \end{aligned}$$

Das Konzept des Erwartungsnutzens zur Lösung des ursprünglichen stochastischen Entscheidungsmodells könnte in diesem Zusammenhang als Kompromißzielfunktion unter Einbeziehung der unterstellten Wahrscheinlichkeitsverteilung aufgefaßt werden.

Wegen der Annahme, daß Leerverkäufe erlaubt sind, wurden Nichtnegativitätsbedingungen für die zu kaufenden Mengen x_1, x_2 und x_3 nicht formuliert. Anstelle der Nichtnegativitätsbedingungen wurden die Insolvenzrestriktionen (2') und (3') aufgestellt. Diese sollen sicherstellen, daß der Investor seinen aus dem Leerverkauf entstandenen Verpflichtungen in jedem möglichen Umweltzustand nachkommen kann.

Wird für die risikolose Anlage eine positive Rendite unterstellt ($r^* = 1 + i^* > 1$), wird der Investor das gesamte Anfangsvermögen in eine der drei Wertanlagen investieren. Daher kann Ungleichung (1') auch als Gleichung formuliert werden, ohne daß sich die optimale Lösung ändert. Des weiteren können in das Entscheidungsmodell die nachfolgend aufgeführten Nebenbedingungen (4) und (5) eingefügt werden. Diese sind lediglich definitorische Gleichungen und beeinflussen die optimale Zusammensetzung des Portefeuilles nicht. Sie werden hier eingeführt, um Aktionenraum $(x_1, x_2, x_3)' \in \mathbb{R}^3$ und Zielmenge M_{ziel} wechselseitig betrachten zu können. Aus diesen Überlegungen läßt sich das Vektoroptimierungsproblem im Binomialmodell (VOM-B) formulieren:

VOM-B

$$\max_{(x_1, x_2, x_3)} \begin{pmatrix} W_{up} \\ W_{down} \end{pmatrix}$$

$$\begin{array}{llrcl}
u.d.N. & (1) & S\ x_1 + B\ x_2 + C^M\ x_3 & = & W_0 \\
 & (2) & W_{up} & \geq & 0 \\
 & (3) & W_{down} & \geq & 0 \\
 & (4) & uS\ x_1 + r^* B\ x_2 + C_u\ x_3 - W_{up} & = & 0 \\
 & (5) & dS\ x_1 + r^* B\ x_2 + C_d\ x_3 - W_{down} & = & 0
\end{array}$$

Um alle möglichen Wertkombinationen (W_{up}, W_{down}) zu erhalten, werden die Nebenbedingungen (1), (4) und (5) weiter umgeformt. Die im folgenden aufgeführten Nebenbedingungen (i) und (ii) ergeben sich nach geringfügiger Modifikation aus den Nebenbedingungen (1) und (4). Nebenbedingung (iii) ergibt sich aus der Subtraktion der Nebenbedingung (5) von (4) und Umstellen der erhaltenen Gleichung nach x_1:

$$\begin{array}{lrcl}
\text{(i)} & 0 & = & r^*S\,x_1 + r^*B\,x_2 + r^*C^M\,x_3 - r^*W_0, \\
\text{(ii)} & r^*B\,x_2 & = & -uS\,x_1 - C_u\,x_3 + W_{up}, \\
\text{(iii)} & x_1 & = & \dfrac{W_{up} - W_{down}}{(u-d)S} - \dfrac{C_u - C_d}{(u-d)S}\,x_3.
\end{array}$$

Wird in Gleichung (i) der Ausdruck $rB\,x_2$ gemäß Gleichung (ii) ersetzt und anschließend x_1 durch den entsprechenden Ausdruck aus Gleichung (iii) substituiert, so resultiert nach einigen Umformungen:

$$W_{up} + W_{down}\underbrace{\frac{u-r^*}{r^*-d}}_{>0} = \tilde{a}\,x_3 + r^*W_0\,\frac{u-d}{r^*-d} \tag{3.10}$$

$$\text{mit}\quad \tilde{a} = \frac{(C_u - C_d)(r^* - u) - (r^*C^M - C_u)(u-d)}{r^* - d}.$$

Die durch diese Gleichung dargestellte Größenrelation zwischen W_{up} und W_{down} ergibt sich aus den Nebenbedingungen (1), (4) und (5). Als Menge der möglichen Zielwertkombinationen unter Berücksichtigung der Insolvenzrestriktionen (2) und (3) resultiert:

$$M_{ziel} := \left\{ \begin{pmatrix} W_{up} \\ W_{down} \end{pmatrix} : W_{up} \geq 0;\; W_{down} \geq 0;\; W_{up}, W_{down} \text{ erfüllen Gl. (3.10)} \right\}. \tag{3.11}$$

Aufgrund der unterstellten Größenrelation $d < r^* < u$ wird deutlich, daß W_{up} c.p. mit zunehmendem W_{down} abnimmt. Bei fest vorgegebenem Wert x_3 handelt es sich somit bei der vorangehenden Problemstellung um ein Vektoroptimierungsproblem mit konkurrierenden Zielsetzungen. Da die Variable x_3 in dem formulierten Entscheidungsproblem (VOM-B) frei gewählt werden kann, ist zur Lösung des Entscheidungsproblems folgende Fallunterscheidung bezüglich der Größe von $\tilde{a}$ durchzuführen:

$\tilde{a} > 0$: Der Investor wird unabhängig von seinen Präferenzen und unabhängig von seiner subjektiven Wahrscheinlichkeitseinschätzung die Anzahl der Optionen x_3 im Portefeuille möglichst groß wählen. Da es beim Kauf und Leerverkauf keine Beschränkungen geben soll, kann er einen beliebig hohen Wert für W_{up} und somit auch für W_{down} erzielen. Da dieses Ergebnis unabhängig von Präferenzen und Wahrscheinlichkeitseinschätzungen ist, wird sich jeder Investor für den Kauf der Optionen entschließen. Hieraus resultiert ein Nachfrageüberschuß, d.h. der Finanzmarkt befindet sich nicht im Gleichgewicht. Als Folge der Marktlage wird der Preis der Option C^M steigen und somit der Wert für $\tilde{a}$ sinken. Dieser Anpassungsprozeß findet solange statt, bis bei dem gesuchten Gleichgewichtspreis C wegen $\tilde{a} = 0$ Gleichgewicht eintritt.

$\tilde{a} < 0$: Entgegen den vorherigen Ausführungen wird sich nun jeder Investor, unabhängig von seinen Präferenzen und unabhängig von seiner subjektiven Wahrscheinlichkeitseinschätzung, für den Verkauf der Optionen entschließen. Es kommt in diesem Fall zu einem Angebotsüberschuß an Optionen. Folglich sinkt Optionspreis C^M und damit auch der Wert für $\tilde{a}$.

$\tilde{a} = 0$: Die vorherigen Ausführungen zeigen, daß sich der Finanzmarkt nur für den Fall $\tilde{a} = 0$ im Gleichgewicht befinden kann. Die Wahl der Entscheidungsvariablen x_3 hat in diesem Fall keinen Einfluß auf die Vermögensendwerte in den beiden Umweltzuständen. Dies ist darauf zurückzuführen, daß der Wertverlauf der Option durch die Wertentwicklung eines wohldefinierten Portefeuilles aus Aktien und Bonds dupliziert werden kann.

Als notwendige **Gleichgewichtsbedingung für den Finanzmarkt** ergibt sich aus $\tilde{a} = 0$ die Bedingung:

$$(C_u - C_d)\,(r^* - u) \;-\; (r^* C^M - C_u)\,(u - d) \;=\; 0.$$

Durch Umstellen der Gleichung nach C^M resultiert unmittelbar der mögliche Gleichgewichtspreis C für die Option:

$$C = \frac{1}{r^*}\left[\frac{r^*-d}{u-d}\,C_u + \frac{u-r^*}{u-d}\,C_d\right]. \tag{3.12}$$

Der Gleichgewichtspreis aus Gleichung (3.12) entspricht dabei exakt dem in Unterabschnitt 3.3.1.1 aus einer Arbitrageüberlegung hergeleiteten Optionswert (vgl. Gleichung (3.8)). Der Grund für die Übereinstimmung der beiden Bewertungsgleichungen ist die Äquivalenz der Forderung $\tilde{a} = 0$ mit der Forderung, daß Arbitrage nicht möglich sein soll. In Analogie zur Vorgehensweise im vorangehenden Unterabschnitt kann der hier betrachtete einperiodige Fall auf ein mehrperiodiges Modell erweitert werden. Als Bewertungsgleichung der Option unter Berücksichtigung von mehreren Teilperioden ergibt sich wieder Gleichung (3.9) aus Satz 3.3.1.

Beispiel 3.3.2 Die gewonnenen Ergebnisse sollen in diesem Zahlenbeispiel veranschaulicht werden. Hierzu wird ein beliebiger Investor betrachtet, der ein Anfangsvermögen von 100 000 GE in drei Anlageformen investieren kann. Neben einem Bond mit einer Restlaufzeit von einer Teilperiode und einer Aktie steht ihm die zugehörige Kaufoption mit dem Ausübungspreis $E = 90$ GE und einer Restlaufzeit von ebenfalls einer Teilperiode zur Verfügung. Der Investor geht hierbei von folgender Datenkonstellation im Binomialmodell aus:

Wertpapier	Aktueller Kurs	Kurs am Periodenende	
		Umweltzustand 1	Umweltzustand 2
Aktie	S = 100	$u\,S = 1.2 \cdot 100 = 120$	$d\,S = 0.7 \cdot 100 = 70$
Bond	B = 100	$r^*\,B = 1.05 \cdot 100 = 105$	$r^*\,B = 1.05 \cdot 100 = 105$
Option	$C^M = 22$	$C_u = \max\{0, uS - K\} = 30$	$C_d = \max\{0, dS - K\} = 0$

Das zugehörige Enscheidungsmodell läßt sich wie folgt formulieren:

$$\max_{(x_1, x_2, x_3)} \begin{pmatrix} W_{up} \\ W_{down} \end{pmatrix}$$

$$\begin{array}{llrcl}
\text{u.d.N.} & (1) & 100\,x_1 + 100\,x_2 + 22\,x_3 & = & 100\,000 \\
& (2) & W_{up} & \geq & 0 \\
& (3) & W_{down} & \geq & 0 \\
& (4) & 120\,x_1 + 105\,x_2 + 30\,x_3 - W_{up} & = & 0 \\
& (5) & 70\,x_1 + 105\,x_2 + 0\,x_3 \qquad - W_{down} & = & 0
\end{array}$$

Der hier für den aktuellen Optionspreis C^M angenommene Wert von 22 GE liegt oberhalb des Gleichgewichtspreises C der Option, der sich gemäß Gleichung (3.12) bestimmen läßt:

$$C \;=\; \frac{1}{r^*}\left[\frac{r^* - d}{u - d}\,C_u \;+\; \frac{u - r^*}{u - d}\,C_d\right] \;=\; 20.$$

In diesem Fall ergeben sich gemäß (3.11) folgende mögliche Zielwertkombinationen:

$$M_{ziel} = \{ \begin{pmatrix} W_{up} \\ W_{down} \end{pmatrix} \in \mathbb{R}_{\geq 0} \;:\; W_{up} + \frac{3}{7}W_{down} = 150\,000 - 3\,x_3;\; x_3 \in \mathbb{R}\}.$$

Da die Entscheidungsvariable x_3 nicht vorzeichenbeschränkt ist, kann in dieser Entscheidungssituation jeder beliebige positive Wert in beiden Umweltzuständen erreicht werden. Die Zielfunktionen sind somit für $C^M = 22$ GE nach oben nicht beschränkt, d.h. das Entscheidungsproblem besitzt keine optimale Lösung.

In Abbildung 3.4 sind mögliche Zielwertkombinationen bei fester Wahl von x_3 dargestellt. Eine Erhöhung des Zielwertes W_{up} durch Veränderung der Entscheidungsvariablen x_1 und x_2 führt bei festem x_3 zu einer Verringerung von W_{down}. Da Leerverkäufe zugelassen sind, kann für x_3 ein beliebiger reeller Wert gewählt werden. Wie aus Abbildung 3.4 ersichtlich wird, stimmt die Menge der möglichen Zielwertkombinationen bei freier Wahl von x_1, x_2 und x_3 mit dem ersten Quadranten überein. Somit kann für beide Zielfunktionswerte simultan ein beliebig hoher Wert erreicht werden. Es können demnach bereits zum aktuellen Zeitpunkt durch eine entsprechend hohe Kreditaufnahme Mittel in gewünschter Höhe entnommen werden, und die zukünftigen Zahlungsverpflichtungen aus dem Kredit sind durch das konstruierte Portefeuille gedeckt.

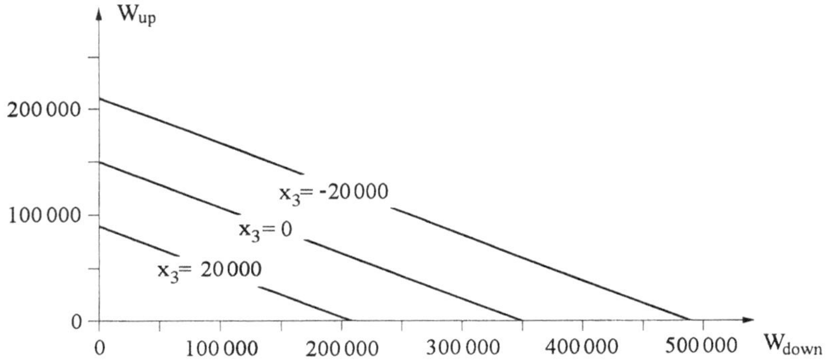

Abbildung 3.4: Mögliche Zielwertkombinationen bei fester Wahl der Optionsanzahl bei Vorliegen einer Arbitragesituation

Dieses Ergebnis ist unabhängig von der Präferenz des Entscheidungsträgers sowie unabhängig von den unterstellten Wahrscheinlichkeiten für das Eintreten der beiden Umweltzustände. In dieser Situation würde jeder Entscheidungsträger beliebig viele Optionen leerverkaufen und die erhaltenen Geldmittel in ein wohldefiniertes Portefeuille, bestehend aus Aktien und Bonds, investieren. Dies zeigt, daß der Optionspreis $C^M = 22$ GE über dem Gleichgewichtspreis liegt. ■

Optionsbewertungsgleichung (3.12) wurde aus einer Gleichgewichtsbedingung hergeleitet. Mit Methoden aus der linearen Algebra wird im folgenden eine Formulierung einer Gleichgewichtsbedingung hergeleitet, aus der sich ebenfalls Bewertungsgleichung (3.12) ergibt. Insbesondere bei der späteren Betrachtung des Mulitnomialmodells als Verallgemeinerung des Binomialmodells wird hierdurch ein einfaches Instrumentarium bereitgestellt, durch das die aufgeworfenen Fragestellungen gelöst werden können. Ist die sich ergebende Gleichgewichtsbedingung erfüllt, kann die Zusammensetzung des die Option duplizierenden Portefeuilles durch Lösung eines Gleichungssystems bestimmt werden. Falls auf dem Markt kein Gleichgewicht herrscht, kann ebenfalls ein Gleichungssystem aufgestellt werden, aus dem die Zusammensetzung eines Arbitrageportefeuilles zur Erzielung von Arbitragegewinnen hervorgeht.

Die Herleitung der Gleichgewichtsbedingung greift wieder auf die Forderung zurück, daß kein beliebig hoher Endwert in jedem Umweltzustand bei gegebener Anfangsinvestition W_0 möglich sein darf. Ausgehend von den Definitionen

$$A := \begin{pmatrix} S & B & C^M \\ uS & r^*B & C_u \\ dS & r^*B & C_d \end{pmatrix}, \quad x := \begin{pmatrix} x_1 \\ x_2 \\ x_3 \end{pmatrix}, \quad w := \begin{pmatrix} W_{up} \\ W_{down} \end{pmatrix}, \quad b := \begin{pmatrix} W_0 \\ W_{up} \\ W_{down} \end{pmatrix}$$

wird die sich hieraus ergebende Menge der möglichen Zielwertkombinationen betrachtet:

$$M_{ziel} = \left\{ w \in \mathbb{R}^2_{\geq 0} \; : \; A\,x = b, \;\; x \in \mathbb{R}^3 \right\}.$$

Die Menge der möglichen Zielwertkombinationen M_{ziel} ist genau dann für ein fest vorgegebenes Anfangsvermögen W_0 nach oben beschränkt, wenn die Beschränkung durch die Gleichung $A\,x = b$ erfolgt. Ist die Matrix A invertierbar, so existiert jedoch zu jedem beliebigen Vektor $b \in \mathbb{R}^3$ genau eine mögliche Mengenkombination $x \in \mathbb{R}^3$ $(x = A^{-1}\,b)$. In diesem Fall könnte bei gegebenem Anfangsvermögen W_0 ein beliebig hohes Endvermögen in beiden Zuständen erreicht werden. Mit Hilfe dieser Überlegung kann sich der Finanzmarkt nur im Gleichgewicht befinden, wenn die Matrix A singulär ist. Als **notwendige Gleichgewichtsbedingung auf dem Finanzmarkt** resultiert somit:

$$det(A) = 0. \tag{3.13}$$

Aus dieser Bedingung ergibt sich für C^M der Gleichgewichtspreis C der europäischen Kaufoption:

$$det(A) = r^*(C_d - C_u) - (uC_d - dC_u) + Cr^*(u - d) = 0$$

$$\Longrightarrow \quad C = \frac{1}{r^*} \left[\frac{r^* - d}{u - d}\, C_u + \frac{u - r^*}{u - d}\, C_d \right].$$

Beispiel 3.3.3 Mit Hilfe dieser Notation soll nochmals überprüft werden, ob sich der Finanzmarkt in der Situation von Beispiel 3.3.2 im Gleichgewicht befindet. Die Menge der möglichen Zielwertkombinationen

$$M_{ziel} = \left\{ \begin{pmatrix} W_{up} \\ W_{down} \end{pmatrix} \in \mathbb{R}^2_{\geq 0} : \begin{pmatrix} 100 & 100 & 22 \\ 120 & 105 & 30 \\ 70 & 105 & 0 \end{pmatrix} \cdot \begin{pmatrix} x_1 \\ x_2 \\ x_3 \end{pmatrix} = \begin{pmatrix} 100\,000 \\ W_{up} \\ W_{down} \end{pmatrix} \right\}$$

ist hierbei wegen $det(A) = 10\,500 \neq 0$ nach oben nicht beschränkt, d.h. auf dem Finanzmarkt liegt eine Arbitragesituation vor. Zur Bestimmung der Zusammensetzung des Arbitrageportefeuilles, durch dessen Konstruktion beispielsweise ein Arbitagegewinn in Höhe von 200 000 GE entsteht, muß lediglich das folgende Gleichungssystem gelöst werden:

$$\begin{pmatrix} 100 & 100 & 22 \\ 120 & 105 & 30 \\ 70 & 105 & 0 \end{pmatrix} \cdot \begin{pmatrix} x_1 \\ x_2 \\ x_3 \end{pmatrix} = \begin{pmatrix} -200\,000 \\ 0 \\ 0 \end{pmatrix} \quad \Longrightarrow \quad \begin{pmatrix} x_1 \\ x_2 \\ x_3 \end{pmatrix} = \begin{pmatrix} 60\,000 \\ -40\,000 \\ -100\,000 \end{pmatrix}.$$

Zur Konstruktion des Portefeuilles werden somit 60 000 Aktien gekauft und 100 000 überbewertete Optionen sowie 40 000 Bonds leerverkauft. Da der Kauf der 60 000 Aktien bereits durch den Leerverkauf der 100 000 Optionen und 38 000 Bonds finanziert wird und diese Positionen zum Verfallzeitpunkt der Option einen Gesamtwert von Null besitzen, können zum Konstruktionszeitpunkt Mittel in Höhe von $2\,000B = 200\,000$ GE als Arbitragegewinne entnommen werden. Durch Vervielfachung dieser Arbitragestrategie könnte theoretisch jeder beliebige Arbitagegewinn realisiert werden.

Mit Hilfe der Gleichgewichtsbedingung auf dem Finanzmarkt kann auch der Gleichgewichtspreis C der Option für die gegebene Datenkonstellation bestimmt werden.

$$det(A) = det \begin{pmatrix} 100 & 100 & C \\ 120 & 105 & 30 \\ 70 & 105 & 0 \end{pmatrix} = 0 \qquad \Longrightarrow \qquad C = 20.$$

Wird in diesem Beispiel unterstellt, daß der aktuelle Optionspreis dem Gleichgewichtspreis $C = 20$ GE entspricht, so ergibt sich folgende Menge der möglichen Zielwertkombinationen:

$$M_{ziel} = \left\{ \begin{pmatrix} W_{up} \\ W_{down} \end{pmatrix} \in \mathbb{R}_{\geq 0} \ : \ W_{up} + \frac{3}{7} W_{down} = 150\,000 \right\}.$$

In diesem Fall kann ein höherer Wert des Portefeuilles im 1. Umweltzustand nur zu Lasten eines geringeren Werts im 2. Umweltzustand erreicht werden. ∎

3.3.1.3 Verallgemeinerung zu einem Multinomialmodell

In Unterabschnitt 3.3.1.2 wurde der Gleichgewichtspreis einer Option aus einer notwendigen Gleichgewichtsbedingung auf dem Finanzmarkt hergeleitet. Dabei wurde unterstellt, daß der Aktienkurs am Ende einer Teilperiode lediglich $m = 2$ verschiedene Realisationen annehmen kann. Im folgenden wird nun für den Fall, daß der Aktienkurs $m \geq 2$ Werte annehmen kann, eine Gleichgewichtsbedingung hergeleitet. Hierzu wird vorausgesetzt, daß statt einer Option $m-1$ verschiedene Optionen verfügbar sind. Im weiteren wird in Analogie zum vorherigen Unterabschnitt von folgenden Definitionen ausgegangen:

$$A := \begin{pmatrix} C_{0,1} & C_{0,2} & \cdots & C_{0,m-1} & S_0 & B/r^* \\ C_{1,1} & C_{1,2} & \cdots & C_{1,m-1} & S_1 & B \\ C_{2,1} & C_{2,2} & \cdots & C_{2,m-1} & S_2 & B \\ \vdots & \vdots & \ddots & \vdots & \vdots & \vdots \\ C_{m,1} & C_{m,2} & \cdots & C_{m,m-1} & S_m & B \end{pmatrix}, \quad x := \begin{pmatrix} x_1 \\ x_2 \\ \vdots \\ x_{m-1} \\ x_S \\ x_B \end{pmatrix}, \quad w := \begin{pmatrix} W_1 \\ W_2 \\ \vdots \\ W_m \end{pmatrix}.$$

Hierbei bezeichnet $C_{i,j}$ den Wert der Option j $(j = 1, \ldots, m-1)$ im Zustand i $(i = 1, 2, \ldots, m)$ am Ende der Teilperiode, S_i und W_i den Aktienkurs bzw. das gesamte Portefeuillevermögen im Zustand i $(i = 1, 2, \ldots, m)$ am Ende der Teilperiode. Vereinfachend wird zur Kennzeichnung des aktuellen Kurses bzw. des Anfangsvermögens die Notation $i = 0$ verwendet.

Zur Herleitung der Gleichgewichtsbedingung wird wiederum die Entscheidungssituation eines beliebigen Investors betrachtet, der ein optimales Portefeuille zusammenstellen soll. Das sich im Multinomialmodell ergebende Vektoroptimierungsproblem (MVOM) zur Ermittlung der optimalen Mengen der Wertpapiere $x_1, \ldots, x_{m-1}, x_S, x_B$ lautet:

MVOM

$$\max_{x \in \mathbb{R}^{m+1}} \quad w$$

$$\text{u.d.N.} \quad A\,x = \begin{pmatrix} W_0 \\ \cdots \\ w \end{pmatrix}$$

$$w \geq \mathbf{0}$$

.

Besitzt die Matrix A vollen Rang, so ist A invertierbar, und es kann für ein fest vorgegebenes Anfangsvermögen W_0 wegen $M_{ziel} = \{w \in \mathbb{R}^m_{\geq 0} : A\,x = \begin{pmatrix} W_0 \\ \cdots \\ w \end{pmatrix}\}$ jede beliebige Wertkombination w durch eine geeignete Wahl der Entscheidungsvariablen $x_1, \ldots, x_{m-1}$, x_S, x_B erreicht werden. Eine solche Situation kann keine Gleichgewichtssituation sein, da in jedem Zustand ein beliebig hoher Portefeuillewert erreicht werden könnte.

Damit sich der Finanzmarkt im Gleichgewicht befindet, muß demnach auch im Multinomialmodell $det(A) = 0$ gelten. Durch Entwickeln der Determinante nach der ersten Zeile läßt sich mit A_{ij} als Adjunkte zum Element a_{ij} der Matrix $A = (a_{ij})_{i=0,\ldots m}^{j=1,\ldots m+1}$ die **notwendige Gleichgewichtsbedingung auf dem Finanzmarkt** schreiben als:

$$\sum_{j=1}^{m-1} C_{0,j}\, A_{0,j} + S_0\, A_{0,m} + \frac{B}{r^*}\, A_{0,m+1} = 0. \tag{3.14}$$

Handelt es sich um Optionen, deren Verfallzeitpunkte jeweils am Ende der Teilperiode liegen, so sind die Werte $C_{i,j}$ der Optionen mit Ausübungspreis E_j am Ende der Teilperiode im Zustand i wegen $C_{i,j} = \max\{0, S_i - E_j\}$ bekannt. Folglich lassen sich sämtliche in Gleichung (3.14) auftretenden Adjunkte berechnen. Als Gleichgewichtsbedingung ergibt sich eine lineare Beziehung zwischen den Wertpapierpreisen.

Im Gleichgewicht müssen die Spaltenvektoren von A wegen $det(A) = 0$ linear abhängig sein, d.h. ein Spaltenvektor läßt sich als Linearkombination der anderen Spaltenvektoren darstellen. Ökonomisch bedeutet dies, daß die Wertentwicklung einer Anlageform durch die Wertentwicklung eines wohldefinierten Portefeuilles der anderen Anlageformen dupliziert werden kann.

Sind die zu den Optionen und zu dem Bond gehörigen Spaltenvektoren von A linear unabhängig, muß sich der zur Aktie gehörende Spaltenvektor von A durch eine Linearkombination der Wertvektoren der übrigen Anlageformen darstellen lassen. In diesem Fall läßt sich eine Aktienposition durch Kauf bzw. Leerverkauf einer wohldefinierten Anzahl der verschiedenen Optionen bzw. Bonds so absichern, daß das resultierende Portefeuille in jedem Umweltzustand die gleiche Wertentwicklung aufweist wie die sichere Geldanlage.

Beispiel 3.3.4 In diesem Beispiel wird die Situation eines Entscheidungsträgers untersucht, der ein Anfangsvermögen $W_0 = 95\,000$ GE, das ausschließlich in Aktien mit aktuellem Aktienkurs $S_0 = 100$ GE investiert worden ist, komplett gegen Kursschwankungen absichern will. Ein Verkauf der Aktien und Kauf von Bonds kommt für ihn zu diesem Zeitpunkt nicht in Frage, da er sonst die bisher angefallenen Kursgewinne als Spekulationsgewinne zu versteuern hätte.

Zur Absicherung stehen dem Entscheidungsträger vier Kaufoptionen ($j = 1, 2, 3, 4$) mit den Ausübungspreisen $E_1 = 130$ GE, $E_2 = 110$ GE, $E_3 = 90$ GE, $E_4 = 70$ GE zur Verfügung, deren Verfallzeitpunkte mit dem Ende des Betrachtungszeitraums übereinstimmen. Für den stochastischen Aktienkurs wird ein Multinomialmodell ($m = 5$) unterstellt, bei dem der Aktienkurs am Ende der Teilperiode die 5 Werte $S_1 = 140$ GE, $S_2 = 120$ GE, $S_3 = 100$ GE, $S_4 = 80$ GE, $S_5 = 60$ GE annehmen kann. Als sichere Anlage wird ein Bond mit aktuellem Kurs $B/r^* = 95$ GE betrachtet, der am Ende der Teilperiode den Wert $B = 100$ GE aufweist. Mit diesen Angaben ergeben sich, ausgehend von den aktuellen Kursen ($i = 0$), folgende mögliche Kurse für die einzelnen Wertpapiere in den Umweltzuständen i ($i = 1, 2, \ldots, 5$):

Wertpapier \ Zustand i	0	1	2	3	4	5
Option 1 ($E_1 = 130$)	$C_{0,1}$	10	0	0	0	0
Option 2 ($E_2 = 110$)	$C_{0,2}$	30	10	0	0	0
Option 3 ($E_3 = 90$)	$C_{0,3}$	50	30	10	0	0
Option 4 ($E_4 = 70$)	$C_{0,4}$	70	50	30	10	0
Aktie	100	140	120	100	80	60
Bond	95	100	100	100	100	100

Als Gleichgewichtsbedingung ergibt sich aus Gleichung (3.14):

$$C_{0,1} - C_{0,2} + C_{0,3} - C_{0,4} = -21.5.$$

Unter der Voraussetzung, daß die notwendige Gleichgewichtsbedingung $C_{0,1} - C_{0,2} + C_{0,3} - C_{0,4} = -21.5$ erfüllt ist, wird die Zusammensetzung des Hedgeportefeuilles bestimmt. Das gewünschte Hedgeportefeuille soll weiterhin $x_S = 950$ Aktien umfassen und bis zum Ende der Teilperiode die gleiche Rendite aufweisen wie die risikolose Anlage.[21] Die Zusammensetzung des gewünschten Portefeuilles $(x_1, \ldots, x_4, x_S, x_B)^T$ ergibt sich als Lösung des folgenden Gleichungssystems:

$$\begin{pmatrix} C_{0,1} & C_{0,2} & C_{0,3} & C_{0,4} & 100 & 95 \\ 10 & 30 & 50 & 70 & 140 & 100 \\ 0 & 10 & 30 & 50 & 120 & 100 \\ 0 & 0 & 10 & 30 & 100 & 100 \\ 0 & 0 & 0 & 10 & 80 & 100 \\ 0 & 0 & 0 & 0 & 60 & 100 \end{pmatrix} \cdot \begin{pmatrix} x_1 \\ x_2 \\ x_3 \\ x_4 \\ 950 \\ x_B \end{pmatrix} = \begin{pmatrix} 95\,000 \\ 100\,000 \\ 100\,000 \\ 100\,000 \\ 100\,000 \\ 100\,000 \end{pmatrix} \Longrightarrow \begin{pmatrix} x_1 \\ x_2 \\ x_3 \\ x_4 \\ x_S \\ x_B \end{pmatrix} = \begin{pmatrix} 1\,900 \\ -1\,900 \\ 1\,900 \\ -1\,900 \\ 950 \\ 430 \end{pmatrix}.$$

Zur Konstruktion des gewünschten Portefeuilles, das in jedem zukünftigen Zustand den Wert 100 000 GE besitzt, werden jeweils 1 900 Optionen mit den Ausübungspreisen $E_2 = 110$ GE bzw. $E_4 = 70$ GE leerverkauft. Ein Teil der aus dem Verkauf erhaltenen Optionsprämien muß für den Kauf von jeweils 1 900 Optionen mit den Ausübungspreisen $E_1 = 130$ GE bzw. $E_3 = 90$ GE verwendet werden. Insgesamt fließen beim Kauf bzw. Verkauf der Optionen Mittel in Höhe von $1\,900(-C_{0,1}+C_{0,2}-C_{0,3}+C_{0,4}) = 1\,900 \cdot 21.5 = 40\,850$ GE zu, falls sich der Markt im Gleichgewicht befindet. Dieser Betrag wird zum Kauf von $x_B = \frac{40\,850}{95} = 430$ Bonds verwendet. Aus der nachfolgenden Tabelle wird die Wertentwicklung der abgesicherten Aktienposition ersichtlich.

Position \ Zustand i		0	1	2	3	4	5
1 900	Optionen, $(E_1 = 130)$	$1\,900\ C_{0,1}$	19 000	0	0	0	0
−1 900	Optionen, $(E_2 = 110)$	$-1\,900\ C_{0,2}$	−57 000	−19 000	0	0	0
1 900	Optionen, $(E_3 = 90)$	$1\,900\ C_{0,3}$	95 000	57 000	19 000	0	0
−1 900	Optionen, $(E_4 = 70)$	$-1\,900\ C_{0,4}$	−133 000	−95 000	−57 000	−19 000	0
950	Aktien	$950 \cdot 100$	133 000	114 000	95 000	76 000	57 000
430	Bonds	$430 \cdot 95$	43 000	43 000	43 000	43 000	43 000
	Portefeuille	95 000	100 000	100 000	100 000	100 000	100 000

[21] Von der Konstruktion eines Hedgeportefeuilles wird dann gesprochen, wenn die zufälligen Wertschwankungen einer bereits bestehenden Position durch die Wertschwankungen von weiteren gekauften oder leerverkauften Wertpapieren teilweise kompensiert werden.

Ist der Finanzmarkt wegen $C_{0,1}^M < C_{0,2}^M - C_{0,3}^M + C_{0,4}^M - 21.5$ nicht im Gleichgewicht, so besitzt das konstruierte Portefeuille zum aktuellen Zeitpunkt einen Wert kleiner als 95 000 GE. In diesem Fall liegt eine Arbitragesituation vor, da das konstruierte Portefeuille die Wertanlage in Bonds in entsprechender Höhe im Sinne der starken stochastischen Dominanz null-ten Grades dominiert.

Diese Betrachtung macht nochmals die Äquivalenz des hier verwendeten Ansatzes und des Duplikationsprinzips zur Bewertung der Optionen deutlich. Weil das konstruierte Portefeuille am Ende der Teilperiode unabhängig vom Umweltzustand denselben Wert aufweist wie 1 000 Bonds, mußte bereits zum aktuellen Zeitpunkt der Wert des Portefeuilles mit dem Wert der 1 000 Bonds übereinstimmen. Hieraus ergibt sich ebenfalls die Gleichgewichtsbedingung:

$$1\,900\ C_{0,1} - 1\,900\ C_{0,2} + 1\,900\ C_{0,3} - 1\,900\ C_{0,4} + 950 \cdot 100 + 430 \cdot 95 = 1\,000 \cdot 95$$

$$\Longrightarrow \quad C_{0,1} - C_{0,2} + C_{0,3} - C_{0,4} = -21.5.$$

■

In diesem Unterabschnitt wurde für das Multinomialmodell eine notwendige Gleichgewichtsbedingung für den Finanzmarkt hergeleitet. Im folgenden Beispiel wird eine Datenkonstellation unterstellt, für die die notwendige Gleichgewichtsbedingung $det(A) = 0$ erfüllt ist und dennoch kein Gleichgewicht auf dem Finanzmarkt herrscht. Dieses Beispiel zeigt, daß $det(A) = 0$ keine hinreichende Gleichgewichtsbedingung darstellt.

Beispiel 3.3.5 Einem Investor stehen drei Anlageformen zur Verfügung, in die er sein Anfangsvermögen von 100 000 GE investieren kann. Neben einem Bond mit einer Restlaufzeit von einer Teilperiode und einer Aktie steht ihm die zugehörige Kaufoption mit dem Ausübungspreis $E = 11$ GE und einer Restlaufzeit von ebenfalls einer Teilperiode zur Verfügung. Ausgehend von der Annahme, daß sich der Aktienkursverlauf als Realisation eines Binomialprozesses ergibt, geht er zur Entscheidungsfindung von folgender Datenkonstellation aus:

Wertpapier	Aktueller Kurs	Kurs am Periodenende	
		Umweltzustand 1	Umweltzustand 2
Aktie	S = 11	$u\,S = 1.25 \cdot 11 = 13.75$	$d\,S = 1.15 \cdot 11 = 12.65$
Bond	B = 100	$r^*\,B = 1.10 \cdot 100 = 110$	$r^*\,B = 1.10 \cdot 100 = 110$
Option	$C^M = 1$	$C_u = \max\{0, uS - E\} = 2.75$	$C_d = \max\{0, dS - E\} = 1.65$

Als Menge der möglichen Zielwerte in den beiden Umweltzuständen ergibt sich:

$$M_{ziel} \;=\; \left\{w \in \mathbb{R}^2_{\geq 0} \;:\; A\,x = b,\;\; x \in \mathbb{R}^3\right\} \qquad \text{mit}$$

$$A := \begin{pmatrix} 11.00 & 100 & 1.00 \\ 13.75 & 110 & 2.75 \\ 12.65 & 110 & 1.65 \end{pmatrix}, \quad x := \begin{pmatrix} x_1 \\ x_2 \\ x_3 \end{pmatrix}, \quad w := \begin{pmatrix} W_{up} \\ W_{down} \end{pmatrix}, \quad b := \begin{pmatrix} 100\,000 \\ W_{up} \\ W_{down} \end{pmatrix}.$$

Die notwendige Gleichgewichtsbedingung $det(A) = 0$ ist erfüllt, obwohl sich der Finanzmarkt nicht im Gleichgewicht befindet. Daß eine Arbitragesituation vorliegt, wird durch die Betrachtung der Wertentwicklung des Portefeuilles deutlich, das aus 110 Aktien (long) und 11 Bonds (short) besteht. Zum Konstruktionszeitpunkt besitzt dieses Portefeuille einen Wert von $100\,S - 11\,B = 0$ GE, obwohl es am Ende der Teilperiode den Wert $W_{up} = 100 \cdot 13.75 - 11 \cdot 110 = 165$ GE bzw. $W_{down} = 100 \cdot 12.65 - 11 \cdot 110 = 55$ GE besitzt. Das betrachtete Portefeuille hat somit einen aktuellen Wert von Null und einen zukünftigen Wert von mindestens 55 GE. Insofern kann zum Konstruktionszeitpunkt ein Arbitragegewinn von $\frac{55}{1.10} = 50$ GE durch Leerverkauf von weiteren 0.5 Bonds realisiert werden. Die zukünftigen Verpflichtungen aus den Short–Positionen sind durch die Long–Positionen gedeckt.

Durch einfache Umformungen ist die Menge der möglichen Zielwertkombinationen in Analogie zu Beispiel 3.3.2 mit $\tilde{a} = \frac{(C_u - C_d)(r^* - u) - (r^* C^M - C_u)(u - d)}{r^* - d}$ auch wie folgt darstellbar:

$$\begin{aligned} M_{ziel} &= \{\begin{pmatrix} W_{up} \\ W_{down} \end{pmatrix} \in \mathbb{R}^2_{\geq 0} \;:\; W_{up} \;+\; W_{down}\frac{u - r^*}{r^* - d} \;=\; \tilde{a}\,x_3 \;+\; r^* W_0\,\frac{u-d}{r^* - d},\; x_3 \in \mathbb{R}\} \\ &= \{\begin{pmatrix} W_{up} \\ W_{down} \end{pmatrix} \in \mathbb{R}^2_{\geq 0} \;:\; W_{up} = 3W_{down} + 0\,x_3 - 220\,000;\; x_3 \in \mathbb{R}\}. \end{aligned}$$

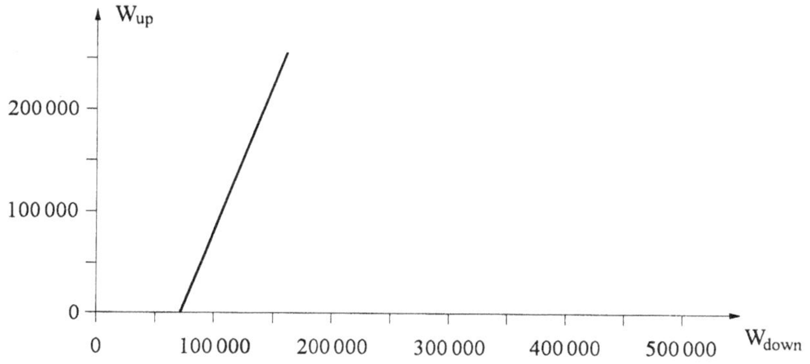

Abbildung 3.5: Mögliche Zielwertkombinationen bei Verletzung der Bedingung ($d < r^* < u$) des Binomialmodells

Im Unterschied zu Beispiel 3.3.2 ist der Faktor $\tilde{a} = 0$. Die Menge der möglichen Zielwertkombinationen hängt bei fester Wahl von x_3 nicht vom gewählten Wert für x_3 ab, so daß die Zielmenge M_{ziel} in dieser Situation nicht mit dem ersten Quadranten übereinstimmt (vgl. Abbildung 3.5). Eine Vergrößerung des Portefeuillewerts im ersten Umweltzustand führt zu einer Vergrößerung des Portefeuillewerts im zweiten Umweltzustand und umgekehrt. Die Maximierung der Endwerte in den beiden Umweltzuständen stellt somit keine konkurrierende Zielsetzung dar. Durch geeignete Wahl der Entscheidungsvariablen x_1 und x_2 kann ein beliebig hoher Mindestwert in beiden Umweltzuständen erreicht werden.

■

Im vorangehenden Beispiel stellt die Maximierung der beiden Zielfunktionen W_{up} und W_{down} keine konkurrierende Zielsetzung dar, so daß trotz $det(A) = 0$ kein Gleichgewicht auf dem Finanzmarkt herrscht. Dieses Beispiel liefert die Intuition für die Herleitung einer hinreichenden Gleichgewichtsbedingung. Hierzu werden im Multinomialmodell räumliche Überlegungen angestellt, wobei die Insolvenzrestriktionen $W_i \geq 0$ ($i = 1, 2, \ldots, m$) vorübergehend unberücksichtigt bleiben.

Bezeichnet m die Anzahl der möglichen Umweltzustände im Multinomialmodell und ist die notwendige Gleichgewichtsbedingung $det(A) = 0$ nicht erfüllt, so stimmt die

Zielmenge $M_{ziel} := \left\{w \in \mathbb{R}^m_{\geq 0} \ : \ A\,x = b\ ;\ x \in \mathbb{R}^{m+1}\right\}$ mit $\mathbb{R}^m_{\geq 0}$ überein. In diesem Fall kann ein Portefeuille konstruiert werden, das einen beliebig hohen Mindestwert in jedem Umweltzustand besitzt. Die Erfüllung der Bedingung $det(A) = 0$ bedeutet, daß der erweiterte Zielraum $\tilde{M}_{ziel} := \left\{w \in \mathbb{R}^m \ : \ A\,x = b\ ;\ x \in \mathbb{R}^{m+1}\right\}$ ein Unterraum des $\mathbb{R}^m$ mit $\dim(\tilde{M}_{ziel}) < m$ ist. Mit der notwendigen Gleichgewichtsbedingung $det(A) = 0$ wird also lediglich die mögliche Dimension des erweiterten Zielraums $\tilde{M}_{ziel}$ eingeschränkt.

Ob auf dem Finanzmarkt Gleichgewicht herrscht oder nicht, ist jedoch auch von der Lage des Zielraums $\tilde{M}_{ziel}$ im $\mathbb{R}^m$ abhängig. Das Ansteigen eines Zielfunktionswerts darf nicht mit einer Vergrößerung der übrigen Zielfunktionswerte vereinbar sein. Die Gültigkeit dieser Bedingung ist im Binomialmodell leicht zu überprüfen. Im Multinomialmodell wäre dies für $m > 2$ mit erheblichem Mehraufwand verbunden. Mit Hilfe von Dualitätsaussagen in der linearen Programmierung kann jedoch eine gut handhabbare hinreichende Gleichgewichtsbedingung für den Finanzmarkt formuliert werden.

Satz 3.3.6 *Seien die Bedingungen des Multinomialmodells erfüllt, d.h.:*

(1) die Marktbedingungen (M1) bis (M6) gelten,

(2) der Aktienkurs kann am Ende der Teilperiode lediglich die m verschiedenen Werte $S_1, S_2, \ldots, S_m$ annehmen und

(3) neben der Aktie stehen auf dem Finanzmarkt genau folgende Wertpapiere zur Verfügung:

(i) $m-1$ europäische Kaufoptionen mit der betrachteten Aktie als Basisobjekt (Der Kurs $C^M_{i,j}$ der Option j $(j = 1, 2, \ldots, m-1)$ im Zustand i $(i = 1, 2, \ldots, m)$ am Ende der Teilperiode ist bekannt.)

(ii) Bonds mit einer sicheren Verzinsung i^* pro Teilperiode

Mit den Definitionen

$$A_R := \begin{pmatrix} C^M_{1,1} & C^M_{1,2} & \cdots & C^M_{1,m-1} & S_1 & B \\ C^M_{2,1} & C^M_{2,2} & \cdots & C^M_{2,m-1} & S_2 & B \\ \vdots & \vdots & \ddots & \vdots & \vdots & \vdots \\ C^M_{m,1} & C^M_{m,2} & \cdots & C^M_{m,m-1} & S_m & B \end{pmatrix}, \quad x := \begin{pmatrix} x_1 \\ x_2 \\ \vdots \\ x_{m-1} \\ x_S \\ x_B \end{pmatrix}, \quad w := \begin{pmatrix} W_1 \\ W_2 \\ \vdots \\ W_m \end{pmatrix},$$

$$a := \begin{pmatrix} C^M_{0,1} & C^M_{0,2} & \cdots & C^M_{0,m-1} & S_0 & B/(1+i^*) \end{pmatrix}^T, \qquad A := \left(\frac{a^T}{A_R}\right)$$

ergibt sich als **notwendige und hinreichende Gleichgewichtsbedingung** *für den Finanzmarkt:*

$$\exists y \in I\!R^m_{\geq 0} \quad mit \quad A_R^T\, y = a. \tag{3.15}$$

Beweis: Um Gleichgewicht auf dem Finanzmarkt zu gewährleisten, muß eine Arbitragesituation ausgeschlossen werden. Daher darf es nicht möglich sein, ein Portefeuille konstruieren zu können, das in jedem zukünftigen Umweltzustand einen nichtnegativen und zum aktuellen Zeitpunkt einen negativen Wert besitzt. Um zu prüfen, ob eine Arbitragesituation vorliegt, werden das lineare Programm (LP) und das hierzu äquivalente primale Programm (P) formuliert.

$$\begin{array}{llll} & (\mathbf{LP}) & \min\limits_{x \in \mathbb{R}^{m+1}} & W_0 = a^T x \\ & & u.d.N. & A_R\, x \geqq 0 \\ \iff & (\mathbf{P}) & \max\limits_{x \in \mathbb{R}^{m+1}} & -a^T x \\ & & u.d.N. & -A_R\, x \leqq 0 \end{array}$$

Der Beweis des Satzes basiert auf der Überlegung, daß ausgehend von dieser Problemformulierung genau dann keine Arbitragesituation vorliegt, wenn der optimale Zielfunktionswert von (LP) bzw. von (P) nichtnegativ ist. Zur Bestimmung des Vorzeichens der optimalen Lösung wird auch auf das zu (P) gehörige duale Programm (D) zurückgegriffen:

$$\textbf{(D)} \qquad \min_{y \in \mathbb{R}^m_{\geq 0}} \quad 0$$

$$u.d.N. \quad A_R^T\, y = a$$

Das lineare Programm (LP) besitzt genau dann eine optimale Lösung, wenn die linearen Programme (P) und (D) mindestens je eine zulässige Lösung besitzen.[22] Da x = 0 im Zulässigkeitsbereich von (P) liegt, besitzt (P) und damit (LP) genau dann eine optimale Lösung, wenn ein $y \in \mathbb{R}^m_{\geq 0}$ existiert mit

$$A_R^T\, y \;=\; a.$$

Ist Bedingung (3.15) nicht erfüllt, besitzen (P) und (LP) keine optimalen Lösungen. In dieser speziellen Situation liegt eine nach unten unbeschränkte Zielfunktion in (LP) vor, und Arbitrage wäre möglich. Damit ist gezeigt, daß (3.15) eine notwendige Gleichgewichtsbedingung ist.

Um zu beweisen, daß diese Bedingung auch hinreichend für ein Gleichgewicht auf dem Finanzmarkt ist, wird die Situation betrachtet, bei der ein $y \in \mathbb{R}^m_{\geq 0}$ existiert mit $A_R^T\, y = a$. In diesem Fall ist der Zulässigkeitsbereich von (P) und (D) nichtleer. Daraus folgt, daß eine optimale Lösung x^* von (P) existiert. Ausgehend hiervon bleibt noch zu zeigen, daß der optimale Zielfunktionswert dann nichtnegativ ist.

Annahme: $W_0(x^*) < 0$

Mit $x^* \in \mathbb{R}^{m+1}_{\geq 0}$ ist auch $2x^* \in \mathbb{R}^{m+1}_{\geq 0}$ eine zulässige Lösung und besitzt wegen $W_0(2x^*) = 2W_0(x^*) < W_0(x^*)$ einen kleineren Zielfunktionswert als x^*, so daß x^* keine optimale Lösung des Entscheidungsproblems sein kann. Die Annahme $W_0(x^*) < 0$ führt somit zu einem Widerspruch, so daß $W_0(x^*) \geq 0$ gelten muß. Der optimale Zielfunktionswert $W_0(x^*)$ von (LP) ist demnach nichtnegativ, so daß kein Portefeuille mit negativem Wert konstruiert werden kann, das in jedem zukünftigen Umweltzustand einen nichtnegativen Wert besitzt. Da in diesem Fall keine Arbitragemöglichkeit besteht, ist Bedingung (3.15) auch hinreichend für ein Gleichgewicht auf dem Finanzmarkt. ■

---

[22] Vgl. hierzu Dinkelbach, W. (1992), Seite 18.

Eine Betrachtung der Beweisführung des vorangehenden Satzes deutet darauf hin, daß sich eine zu Gleichung (3.15) leicht modifizierte hinreichende und notwendige Bedingung für Arbitragefreiheit auch herleiten läßt, wenn m zukünftige Umweltzustände möglich sind und J Wertpapiere auf dem Finanzmarkt gehandelt werden. [23]

Folgerung 3.3.7 *Mit den Bezeichnungen und Bedingungen von Satz 3.3.6 ist*

$$det(A) = 0 \tag{3.16}$$

eine **notwendige Gleichgewichtsbedingung** *für den Finanzmarkt.*

Beweis: Damit Gleichgewicht auf dem Finanzmarkt herrscht, muß nach Satz 3.3.6 ein $y \in \mathbb{R}^m_{\geq 0}$ existieren mit $A_R^T y = a$, d.h. die erste Zeile von A muß sich als Linearkombination der restlichen Zeilen von A darstellen lassen. Gleichgewicht auf dem Finanzmarkt setzt voraus, daß die Matrix A singulär und folglich $det(A) = 0$ ist. ■

Beispiel 3.3.8 In diesem Beispiel wird untersucht, ob in der Situation von Beispiel 3.3.4 eine Arbitragemöglichkeit vorliegt. Für die europäischen Kaufoptionen mit einer Restlaufzeit von jeweils einer Teilperiode mit den Ausübungspreisen $E_1 = 130$ GE, $E_2 = 110$ GE, $E_3 = 90$ GE und $E_4 = 70$ GE sollen die Marktpreise $C^M_{0,1} = 18.5$ GE, $C^M_{0,2} = 29.5$ GE, $C^M_{0,3} = 40.0$ GE und $C^M_{0,4} = 50.5$ GE gelten. Für den Kurs der Basisaktie wird unterstellt, daß er fünf verschiedene Werte annehmen kann. In der folgenden Tabelle sind die möglichen Wertentwicklungen der einzelnen Wertpapiere dargestellt.

Wertpapier \ Zustand i	0	1	2	3	4	5
Option 1 ($E_1 = 130$)	18.5	10	0	0	0	0
Option 2 ($E_2 = 110$)	29.5	30	10	0	0	0
Option 3 ($E_3 = 90$)	40.0	50	30	10	0	0
Option 4 ($E_4 = 70$)	50.5	70	50	30	10	0
Aktie	100.0	140	120	100	80	60
Bond	95.0	100	100	100	100	100

[23] Diese Verallgemeinerung führt zu einer Gleichgewichtsbedingung, wie sie aus dem Arrow-Debreu Modell bekannt ist. Vgl. hierzu das Corrolar in Duffie, D. (1991), Seite 1626. Vgl. auch Spremann, K. (1996), Seite 561 f.

Wegen $det(A) = 0$ ist die notwendige Gleichgewichtsbedingung (3.16) erfüllt. Um zu überprüfen, ob Gleichgewicht auf dem Finanzmarkt besteht, muß die Lösung des folgenden Gleichungssystems berechnet werden:

$$\begin{pmatrix} 10 & 0 & 0 & 0 & 0 \\ 30 & 10 & 0 & 0 & 0 \\ 50 & 30 & 10 & 0 & 0 \\ 70 & 50 & 30 & 10 & 0 \\ 140 & 120 & 100 & 80 & 60 \\ 100 & 100 & 100 & 100 & 100 \end{pmatrix} \cdot \begin{pmatrix} y_1 \\ y_2 \\ y_3 \\ y_4 \\ y_5 \end{pmatrix} = \begin{pmatrix} 18.5 \\ 29.5 \\ 40.0 \\ 50.5 \\ 100.0 \\ 95.0 \end{pmatrix} \Longrightarrow \begin{pmatrix} y_1 \\ y_2 \\ y_3 \\ y_4 \\ y_5 \end{pmatrix} = \begin{pmatrix} 1.85 \\ -2.60 \\ 2.55 \\ -2.55 \\ 1.70 \end{pmatrix}.$$

Da die eindeutig bestimmte Lösung dieses Gleichungssystems nicht im positiven Quadranten liegt, ist die notwendige und hinreichende Gleichgewichtsbedingung (3.15) aus Satz 3.3.6 nicht erfüllt. Daß eine Arbitragesituation vorliegt, wird durch die Betrachtung der Wertentwicklung des Arbitrageportefeuilles deutlich, das aus einer Option mit dem Ausübungspreis $E_2 = 110$ GE (long) und drei Optionen mit Ausübungspreis $E_1 = 130$ GE (short) besteht.

Zustand i	0	1	2	3	4	5
Wert des Portefeuilles	-26.0	0	10	0	0	0

Dem Arbitrageur entsteht durch Konstruktion dieses Portefeuilles zum aktuellen Zeitpunkt ein Einzahlungsüberschuß in Höhe von 26 GE. Die zukünftigen Verpflichtungen aus dem Leerverkauf der drei Optionen mit dem Ausübungspreis $E_1 = 130$ GE sind durch die Option mit dem Ausübungspreis $E_2 = 110$ GE in allen Umweltzuständen gedeckt. Durch Konstruktion dieses Arbitrageportefeuilles entsteht ein Arbitragegewinn von 26 GE, so daß sich der Finanzmarkt nicht im Gleichgewicht befindet. Auch in Situationen, in denen die Existenz eines Arbitrageportefeuilles weniger offensichtlich ist, kann mit Satz 3.3.6 durch Lösen eines Gleichungssystems überprüft werden, ob eine Arbitragesituation vorliegt.

■

Abschließend wird in diesem Unterabschnitt untersucht, ob sich der Finanzmarkt im Binomialmodell im Gleichgewicht befindet, wenn der Kurs der europäischen Kaufoption die in Unterabschnitt 3.3.1.2 hergeleitete Beziehung

$$C = \frac{1}{r^*}\left[\frac{r^* - d}{u - d}\, C_u + \frac{u - r^*}{u - d}\, C_d\right]$$

erfüllt. Zur Überprüfung mit Hilfe von Satz 3.3.6 muß das folgende Gleichungssystem aufgestellt und die für $u \neq d$, $r^* \neq 0$ eindeutig bestimmte Lösung ermittelt werden:

$$\begin{pmatrix} u\,S & d\,S \\ r^*\,B & r^*\,B \\ C_u & C_d \end{pmatrix} \begin{pmatrix} y_1 \\ y_2 \end{pmatrix} = \begin{pmatrix} S \\ B \\ C \end{pmatrix} \quad \Longrightarrow \quad \begin{pmatrix} y_1 \\ y_2 \end{pmatrix} = \begin{pmatrix} \dfrac{r^* - d}{r^*(u-d)} \\ \dfrac{u - r^*}{r^*(u-d)} \end{pmatrix}.$$

Ausgehend von dem unterstellten Optionspreis und $r^* > 1$ existiert für $d \neq u$ eine Lösung y des aufgestellten Gleichungssystems, so daß die notwendige Gleichgewichtsbedingung $det(A) = 0$ erfüllt ist. Damit sich der Finanzmarkt im Gleichgewicht befindet, muß die Lösung y im ersten Quadranten liegen. Um hieraus die hinreichende Gleichgewichtsbedingung herzuleiten, kann o.B.d.A. angenommen werden, daß $d < u$ ist. Als Gleichgewichtsbedingung für den Finanzmarkt ergibt sich hieraus:

$$y_1 = \frac{r^* - d}{r^*(u-d)} \geq 0 \quad \wedge \quad y_2 = \frac{u - r^*}{r^*(u-d)} \geq 0$$

$$\Longleftrightarrow \quad r^* - d \geq 0 \quad \wedge \quad u - r^* \geq 0 \quad \wedge \quad u \neq d$$

$$\Longleftrightarrow \quad d \leq r^* \leq u \quad \wedge \quad u \neq d.$$

Der Finanzmarkt befindet sich nur dann im Gleichgewicht, wenn der Optionspreis die notwendige Gleichgewichtsbedingung (3.12) erfüllt und zusätzlich die Größenrelationen $d \leq r^* \leq u$ und $d \neq u$ gelten. Diese Bedingung ergibt sich hier als Gleichgewichtsbedingung, während sie bei der einführenden Darstellung des Binomialmodells in Anlehnung an die Ausführungen von Cox, Ross und Rubinstein als Voraussetzung formuliert werden mußte.[24]

[24] Vgl. Cox, J. C. / Ross, A. / Rubinstein, M. (1979), Seite 232.

3.3.2 Das Modell von Black/Scholes

3.3.2.1 Der unterstellte stochastische Prozeß

Die Annahmen des Modells von Black/Scholes unterscheiden sich von denen des Binomialmodells nur hinsichtlich des unterstellten Aktienkursprozesses. Im Black/Scholes-Modell wird der Aktienkursprozeß durch eine geometrische Brownsche Bewegung modelliert.

In Unterabschnitt 3.3.2.1.1 erfolgt zunächst die Betrachtung eines zeitdiskreten Prozesses $\{X(t_k) : t_k - t_{k-1} = \Delta t \in \mathbb{R}_{>0},\ k \in \mathbb{N}_0\}$. Hieraus wird die Brownsche Bewegung mit Hilfe der Grenzbetrachtung $\Delta t \to 0$ gewonnen.[25] Die dortigen Überlegungen sind zur späteren Interpretation der geometrischen Brownschen Bewegung hilfreich.[26]

Danach wird in Unterabschnitt 3.3.2.1.2 eine exakte Definition der geometrischen Brownschen Bewegung als spezieller Itô–Prozeß gegeben und durch die Betrachtung eines zeitdiskreten stochastischen Prozesses interpretiert. Abschließend wird der Satz von Itô aufgeführt, der als Kettenregel der stochastischen Differentialrechnung angesehen werden kann. Statt eines Beweises wird die Aussage des Satzes mittels einer heuristischen Betrachtung plausibel gemacht. Mit Hilfe dieses Satzes wird ein Verfahren zur Simulation des Aktienkurses bei Unterstellung der geometrischen Brownschen Bewegung entwickelt.

3.3.2.1.1 Entwicklung der Brownschen Bewegung aus einem zeitdiskreten Prozeß

Die Modellierung von Wertpapierkursen durch einen zeitdiskreten stochastischen Prozeß setzt voraus, daß die Kursnotierungen und der Handel jeweils nur zu abzählbar vielen Zeitpunkten stattfinden. Entsprechend wird bei der Modellierung durch einen zeitkontinuierlichen stochastischen Prozeß unterstellt, daß der Handel zu jedem beliebigen Zeitpunkt möglich ist.

---

[25] Eine ausführliche Darstellung findet man in Merton, R. C. (1994), Seite 57 - 93.

[26] Maßtheoretische Überlegungen werden hierbei außer acht gelassen.

Ausgehend von einer Folge zeitdiskreter stochastischer Prozesse $(\{X^{(K)}(t) : t = t_0 + k\Delta t^{(K)};\ \Delta t^{(K)} \in \mathbb{R}_{>0},\ k = 0, 1, \ldots, K\})_{K=1}^{\infty}$ werden die Eigenschaften des sich aus dem Grenzübergang $\Delta t^{(K)} \to 0$ ergebenden zeitkontinuierlichen stochastischen Grenzprozesses $\{X(t) : t \in [t_0, t^*]\}$ hergeleitet. Hierzu erfolgt die Zerlegung des Betrachtungszeitraums $[t_0, t^*]$ durch $K + 1$ äquidistante Zeitpunkte, die in der Menge $\mathcal{Z}^{(K)} \cup \{t_0\}$ mit

$$\mathcal{Z}^{(K)} := \{t_k^{(K)} :\ t_k^{(K)} = t_0 + k\Delta t^{(K)};\ k = 1, 2, \ldots, K\},$$
$$\Delta t^{(K)} := \frac{t^* - t_0}{K} \in \mathbb{R}_{>0}$$

zusammengefaßt sind. Die Veränderung von $X^{(K)}(t)$ innerhalb des Betrachtungszeitraums $[t_0, t^*]$ wird durch die Summe der Veränderungen von $X^{(K)}(t)$ zu den äquidistanten Zeitpunkten $t \in \mathcal{Z}^{(K)}$ beschrieben:

$$X^{(K)}(t^*) - X^{(K)}(t_0) = \sum_{t \in \mathcal{Z}^{(K)}} X^{(K)}(t) - X^{(K)}(t - \Delta t^{(K)}).$$

Die Veränderung $X^{(K)}(t) - X^{(K)}(t - \Delta t^{(K)})$ $(t \in \mathcal{Z}^{(K)})$ kann aufgeteilt werden in die zum Zeitpunkt $t - \Delta t^{(K)}$ antizipierte Veränderung $\mathrm{E}_{t-\Delta t^{(K)}}[X^{(K)}(t) - X^{(K)}(t - \Delta t^{(K)})]$ und die nicht antizipierte Veränderung

$$\epsilon^{(K)}(t) := X^{(K)}(t) - X^{(K)}(t - \Delta t^{(K)}) - \mathrm{E}_{t-\Delta t^{(K)}}[X^{(K)}(t) - X^{(K)}(t - \Delta t^{(K)})].$$

$\mathrm{E}_{t-\Delta t^{(K)}}$ bezeichnet hierbei den bedingten Erwartungswertoperator, bedingt auf die Informationsmenge zum Zeitpunkt $t - \Delta t^{(K)}$. Für die Veränderung von $X^{(K)}(t)$ innerhalb des Betrachtungszeitraums $[t_0, t^*]$ ergibt sich:

$$X^{(K)}(t^*) - X^{(K)}(t_0) = \sum_{t \in \mathcal{Z}^{(K)}} \mathrm{E}_{t-\Delta t^{(K)}}[X^{(K)}(t) - X^{(K)}(t - \Delta t^{(K)})] + \sum_{t \in \mathcal{Z}^{(K)}} \epsilon^{(K)}(t).$$

$\sum_{t \in \mathcal{Z}^{(K)}} \epsilon^{(K)}(t)$ beschreibt die Summe der nicht erwarteten Kursveränderungen von $X^{(K)}(t)$ zu den Zeitpunkten $t \in \mathcal{Z}^{(K)}$, bedingt auf die jeweilige Informationsmenge zum Zeitpunkt $t - \Delta t^{(K)}$. Durch eine zunehmend feine Unterteilung des festen Beobachtungszeitraums $[t_0, t^*]$ in K Teilintervalle der Länge $\Delta t^{(K)}$ wird durch die Grenzbetrachtung $K \to \infty$ $(\Delta t^{(K)} = (t^* - t_0)/K \to 0)$ ein zeitkontinuierlicher Prozeß gewonnen.[27]

---

[27]Die hier angestellten Überlegungen dienen nur der Interpretation. Bei einer exakten Beweisführung müßte auf Sätze der Funktionentheorie zurückgegriffen werden.

Um Aussagen über das asymptotische Verhalten des sich ergebenden zeitkontinuierlichen Prozesses $\{X(t) : t \in [t_0, t^*]\}$ zu erhalten, werden folgende Annahmen über die nicht antizipierten Veränderungen $\epsilon^{(K)}(t)$ $(t \in \mathcal{Z}^{(K)})$ getroffen.

(A1) Die Unsicherheit bzgl. der nicht antizipierten Veränderungen von $X^{(K)}(t)$ innerhalb des Betrachtungszeitraums $[t_0, t^*]$ bleibt für eine beliebig feine Unterteilung des Betrachtungszeitraums erhalten und beschränkt:

$$\exists A_1 > 0 \;\; \forall K \in \mathbb{N}: \quad \operatorname{Var}[\sum_{t \in \mathcal{Z}^{(K)}} \epsilon^{(K)}(t)] \geq A_1,$$
$$\exists A_2 > 0 \;\; \forall K \in \mathbb{N}: \quad \operatorname{Var}[\sum_{t \in \mathcal{Z}^{(K)}} \epsilon^{(K)}(t)] \leq A_2.$$

(A2) Für jedes $K \in \mathbb{N}$ bleibt die Unsicherheit über die nicht antizipierte Veränderung von $X^{(K)}(t)$ in jedem Zeitpunkt $t \in \mathcal{Z}^{(K)}$ bestehen:

$$\exists A_3 > 0 \;\; \forall K \in \mathbb{N} \;\; \forall t \in \mathcal{Z}^{(K)}: \quad \frac{\operatorname{Var}[\epsilon^{(K)}(t)]}{\max\limits_{\tau \in \mathcal{Z}^{(K)}} \operatorname{Var}[\epsilon^{(K)}(\tau)]} \geq A_3.$$

Unter den Annahmen (A1) und (A2) ist die Varianz der Veränderung von $X^{(K)}(t)$ innerhalb eines Teilintervalls asymptotisch proportional zur Intervallbreite $\Delta t^{(K)}$: [28]

$$\operatorname{Var}[\epsilon^{(K)}(t)] \stackrel{\bullet}{\sim} \Delta t^{(K)}, \quad \text{d.h.} \quad \operatorname{Var}[\epsilon^{(K)}(t)] = O(\Delta t^{(K)}) \wedge \operatorname{Var}[\epsilon^{(K)}(t)] \neq o(\Delta t^{(K)}).$$ [29]

Im Verlauf dieses Unterabschnitts werden die zusätzlichen Prämissen (Z1) bis (Z4) getroffen, obwohl die entsprechenden Aussagen auch unter schwächeren Voraussetzungen gelten. Diese Annahmen vereinfachen jedoch die weiteren Betrachtungen. In diesem Zusammenhang wird für die zufällige, nichtantizipierte Veränderung $\epsilon^{(K)}(t)$ $(t \in \mathcal{Z}^{(K)})$ unterstellt, daß sie

---

[28]Zum Beweis vgl. Merton, R. C. (1994), Seite 63.

[29]O bzw. o bezeichnen die Laudau-Symbole. Für Funktionen f und g sind diese wie folgt definiert:

$$f(x) = O(g(x)) \;\; \text{für } x \to x_0 \quad \Longleftrightarrow \quad \left|\frac{f(x)}{g(x)}\right| < M \;\; \text{für } x \to x_0, \;\; M \in \mathbb{R}$$
$$f(x) = o(g(x)) \;\; \text{für } x \to x_0 \quad \Longleftrightarrow \quad \lim_{x \to x_0} \frac{f(x)}{g(x)} = 0$$

Zur Definition vgl. Bronstein, I. N. / Semendjajew, K. A. (1989), Seite 257.

(Z1) genau $J \in \mathbb{N}$ Realisationen $\epsilon_j^{(K)}(t)$ mit Wahrscheinlichkeit $p_j^{(K)}(t)$ $(j = 1, 2, \ldots, J)$ annehmen kann und

(Z2) daß diese Realisationen beschränkt sind: $\exists M \in \mathbb{R}_{\geq 0}\ \forall K \in \mathbb{N} : \ |\epsilon_j^{(K)}(t)| \leq M$.

Zur Vereinfachung der Schreibweise wird im folgenden statt $\epsilon^{(K)}$, $p^{(K)}$ und $\Delta t^{(K)}$ die Notation ϵ, p und Δt verwendet. Im Gegensatz zu $X^{(K)}$ werden diese Größen nicht mehr für die Beschreibung des zeitkontinuierlichen Grenzprozesses benötigt, so daß durch die abkürzende Schreibweise keine Verwechslungsgefahr besteht.

Unter den Annahmen (Z1), (Z2), (A1) und (A2) läßt sich aus $\text{Var}[\epsilon(t)] \overset{\bullet}{\sim} \Delta t$ folgern, daß

$$\sum_{j=1}^{J} p_j(t)\epsilon_j^2(t) \overset{\bullet}{\sim} \Delta t$$

gilt. Wegen $\sum_{j=1}^{J} p_j(t)\epsilon_j^2(t) = O(\Delta t)$ sind alle Summanden von der Ordung $O(\Delta t)$, und wegen $\sum_{j=1}^{J} p_j(t)\epsilon_j^2(t) \neq o(\Delta t)$ muß es mindestens zwei Summanden geben mit $p_j(t)\epsilon_j^2(t) \neq o(\Delta t)$. Da die möglichen Realisationen mit $p_j(t)\epsilon_j^2(t) = o(\Delta t)$ asymptotisch vernachlässigt werden können, werden diese bei der Grenzbetrachtung für $K \to \infty$ $(\Delta t \to 0)$ nicht mehr berücksichtigt, d.h. es wird o.B.d.A. unterstellt, daß:

$$\forall j = 1, 2, \ldots, J : \ p_j(t)\epsilon_j^2(t) \overset{\bullet}{\sim} \Delta t\,.$$

Hierbei sind insbesondere drei einfach zu interpretierende Fälle möglich, für die speziell $p_j(t) \overset{\bullet}{\sim} \Delta t^{q_j}$ und $\epsilon_j(t) \overset{\bullet}{\sim} \Delta t^{r_j}$ mit $q_j + 2r_j = 1$ und $q_j, r_j \geq 0$ gilt $(\Rightarrow \ p_j(t)\epsilon_j^2(t) \overset{\bullet}{\sim} \Delta t^{q_j + 2r_j} = \Delta t)$.

1. Realisationstyp: $r_j = 0.5$, $q_j = 0$
Die Realisation $\epsilon_j(t)$ tritt wegen $p_j(t) \overset{\bullet}{\sim} 1$ für $\Delta t \to 0$ mit einer positiven Wahrscheinlichkeit auf. Der Wert der Realisation $\epsilon_j(t)$ konvergiert jedoch für $K \to \infty$ $(\Delta t \to 0)$ gegen Null. Für den zeitkontinuierlichen Grenzprozeß bedeutet dies, daß keine Sprungstelle im realisierten Zeitpfad entstehen kann.[30]

2. Realisationstyp: $r_j \in]0, 0.5[$, $q_j = 1 - 2r_j$
Für $\Delta t \to 0$ konvergiert die Realisation $\epsilon_j(t)$ sowie die Wahrscheinlichkeit für das Auftreten der Realisation $\epsilon_j(t)$ gegen Null. Der realisierte Zeitpfad wird aufgrund solcher

[30] Zum Beweis vgl. Merton, R. C. (1994), Seite 66.

Realisationen ebenfalls keine Sprungstelle aufweisen. Die typischen Verteilungseigenschaften des Prozesses, die durch diese Realisationen hervorgerufen werden, sind für die Grenzbetrachtung asymptotisch nicht unterscheidbar von den Verteilungseigenschaften, die durch Realisationen des ersten Typs hervorgerufen werden.[31]

3. Realisationstyp: $r_j = 0,\ q_j = 1$
Der realisierte Zeitpfad des zeitkontinuierlichen Grenzprozesses weist durch das Auftreten einer Realisation $\epsilon_j(t) \overset{\bullet}{\sim} 1$ eine Sprungstelle auf. Zu einem festen Zeitpunkt t wird eine Unstetigkeitsstelle im Zeitpfad des zeitkontinuierlichen Prozesses wegen $p_j(t) \overset{\bullet}{\sim} \Delta t$ nur mit einer Wahrscheinlichkeit von Null auftreten.[32]

Beispiel 3.3.9 Zur Veranschaulichung des Konvergenzverhaltens der Folge zeitdiskreter stochastischer Prozesse

$$\left(\{X^{(K)}(t) : t \in \mathcal{Z}^{(K)} \cup \{t_0\}\}\right)_{K=1}^{\infty}$$

gegen den zeitkontinuierlichen stochastischen Prozeß $\{X(t) : t \in [0,1]\}$ werden die zu $K = 10, 100, 1000$ zugehörigen Folgeglieder des zeitdiskreten stochastischen Prozesses näher betrachtet. Für die Veränderungen $X^{(K)}(t) - X^{(K)}(t - \Delta t)$ im Betrachtungszeitraum $[0,1]$ zu den Zeitpunkten $t \in \mathcal{Z}^{(K)}$ mit $\Delta t = 1/K$ werden folgende Annahmen getroffen:

- $\mathrm{E}_{t-\Delta t}[X^{(K)}(t) - X^{(K)}(t - \Delta t)] = 0.$
- Die unabhängig identisch verteilten, nicht antizipierten Veränderungen $\epsilon(t)$ besitzen folgende Wahrscheinlichkeitverteilung:

j	1	2	3	4	5
ϵ_j	$5\sqrt{\Delta t}$	$3\sqrt{\Delta t}$	$-\frac{29}{5}\sqrt{\Delta t}$	$\frac{8}{5} + \frac{27}{5}\sqrt{\Delta t}$	-5
p_j	$\frac{1}{3} - \frac{9}{5}\Delta t$	$\frac{1}{4} - \frac{3}{2}\Delta t$	$\frac{5}{12}$	$\frac{5}{2}\Delta t$	$\frac{4}{5}\Delta t$

[31] Zur ausführlichen Darstellung vgl. Merton, R. C. (1994), Seite 81 - 86.

[32] Weitere Ausführungen zu diesem Fall, bei dem sich unter gewissen Annahmen ein Poisson–Prozeß ergibt, findet man in Merton, R. C. (1994), Seite 86 - 93.

Hieraus ergibt sich insbesondere die Gültigkeit der Annahmen (A1), (A2), (Z1) und (Z2). Wie leicht zu überprüfen ist, sind die Realisationen ϵ_1, ϵ_2 und ϵ_3 vom ersten Realisationstyp, während die Realisationen ϵ_4 und ϵ_5 vom dritten Typ sind.

In den folgenden Tabellen sind die zu den zeitdiskreten Prozessen $\{X^{(K)}(t) : t \in \mathcal{Z}^{(K)} \cup \{t_0\}\}$ für $K = 10, 100, 1000$ zugehörigen Wahrscheinlichkeitsverteilungen der nicht antizipierten Veränderungen $\epsilon(t)$ ($t \in \mathcal{Z}^{(K)}$) aufgeführt.

$K = 10$ $(\Delta t = 0.1)$

j	1	2	3	4	5
ϵ_j	1.5811	0.9487	−1.8341	3.3076	−5.0000
p_j	0.1533	0.1000	0.4167	0.2500	0.0800

$K = 100$ $(\Delta t = 0.01)$

j	1	2	3	4	5
ϵ_j	0.5000	0.3000	−0.5800	2.1400	−5.0000
p_j	0.3153	0.2350	0.4167	0.0250	0.0080

$K = 1000$ $(\Delta t = 0.001)$

j	1	2	3	4	5
ϵ_j	0.1581	0.0949	−0.1834	1.7708	−5.0000
p_j	0.3315	0.2485	0.4167	0.0025	0.0008

Mit zunehmend feiner Unterteilung des Betrachtungszeitraums wird die Wahrscheinlichkeit für das Auftreten der Realisationen ϵ_4 bzw. ϵ_5 zunehmend kleiner und konvergiert für $\Delta t \to 0$ gegen Null.

In Abbildung 3.6 auf Seite 68 sind die aus einer Simulation gewonnenen Realisationen der zeitdiskreten Prozesse dargestellt.[33] Hieraus werden einige Eigenschaften eines zeitkontinuierlichen Grenzprozesses ersichtlich, der aus dem Grenzübergang $K \to \infty$ ($\Delta t \to 0$) resultiert, wenn die Realisationen $\epsilon_j(t)$ ($t \in \mathcal{Z}^{(K)}$) lediglich vom Typ Eins oder Drei sind.

[33] Bei der Darstellung der realisierten Zeitpfade wurde ein zum Zeitpunkt $t \in \mathcal{Z}^{(K)}$ erreichter Wert für den gesamten Zeitraum bis zur nächsten Änderung zum Zeitpunkt $t + \Delta t$ eingezeichnet.

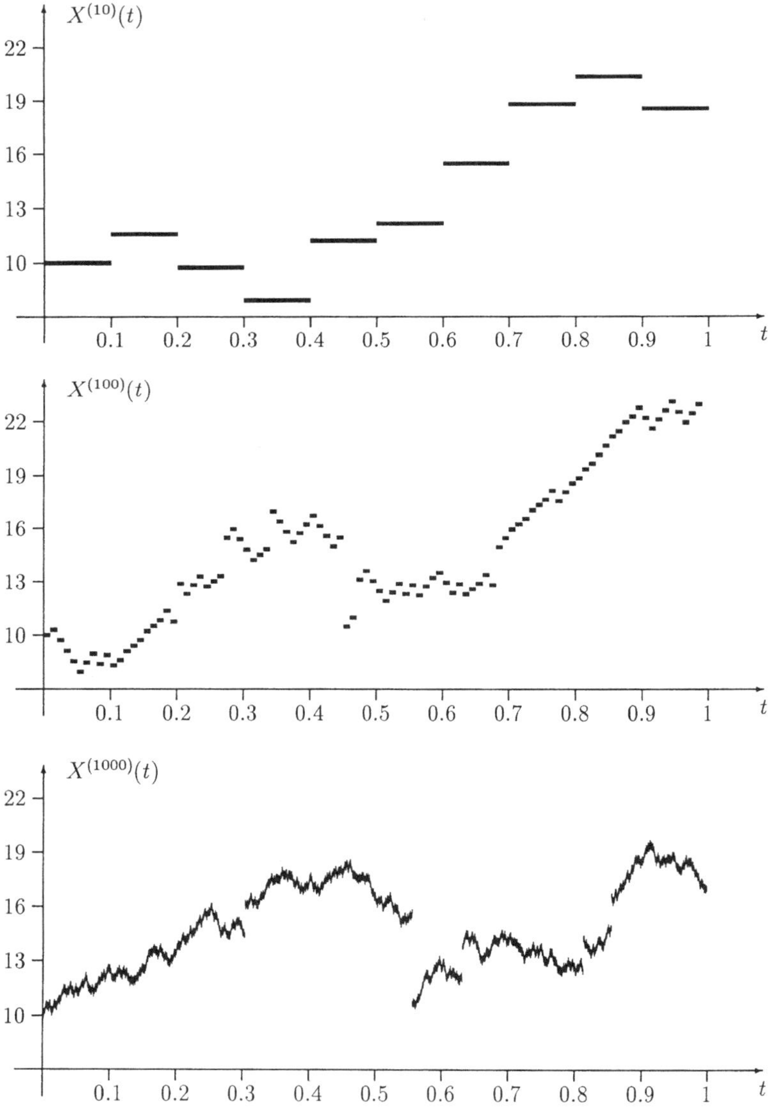

Abbildung 3.6: Simulierte Zeitpfade zeitdiskreter stochastischer Prozesse

Für $\Delta t = 0.001$ ist ein Großteil der Realisationen vom ersten Typ, so daß sich $X^{(K)}(t)$ innerhalb eines kurzen Teilintervalls meist nur sehr geringfügig ändert. Die seltener auftretenden starken Veränderungen von $X^{(K)}(t)$ werden durch die Realisationen ϵ_4 bzw. ϵ_5 hervorgerufen.

Für $K \to \infty$ ($\Delta t \to 0$) konvergiert schließlich die Wahrscheinlichkeit gegen Null, daß zu einem bestimmten Zeitpunkt $t \in \mathcal{Z}^{(K)}$ eine Realisation vom Typ Drei auftritt. Für den zeitkontinuierlichen Grenzprozeß bedeutet dies, daß zu einem festen Zeitpunkt t mit Wahrscheinlichkeit Eins keine Unstetigkeitsstelle im realisierten Zeitpfad auftritt. Hierbei muß jedoch beachtet werden, daß die Verkleinerung der Länge eines Teilintervalls Δt mit einer Erhöhung der Anzahl K der Zeitpunkte $t \in \mathcal{Z}^{(K)}$ einhergeht. Die Wahrscheinlichkeit für das Auftreten mindestens einer Realisation vom Typ Drei innerhalb des gesamten Betrachtungszeitraums wird daher im allgemeinen für $K \to \infty$ ($\Delta t \to 0$) nicht gegen Null konvergieren. ■

Soll der Wertverlauf eines Finanzinstruments durch einen zeitkontinuierlichen stochastischen Prozeß beschrieben werden, können mögliche Kurssprünge infolge plötzlich verfügbarer Informationen durch einen zeitkontinuierlichen Grenzprozeß modelliert werden, der aus einer Grenzbetrachtung $\Delta t \to 0$ eines zeitdiskreten Prozesses mit Realisationen vom Typ Drei hervorgeht.[34]

Die Ausführungen dieses Unterabschnitts zielen jedoch insbesondere darauf ab, einen Itô–Prozeß aus einer Folge von zeitdiskreten stochastischen Prozessen aus der Grenzbetrachtung $K \to 0$ ($\Delta t \to 0$) zu entwickeln.[35] Hierzu wird angenommen, daß jede mögliche Realisation vom ersten Typ ist, d.h. es wird für die weiteren Ausführungen neben den Annahmen (Z1), (Z2), (A1) und (A2) die Annahme (Z3) zugrunde gelegt:

$$\text{(Z3)} \qquad p_j(t) \overset{\bullet}{\sim} 1 \qquad \wedge \qquad \epsilon_j(t) \overset{\bullet}{\sim} \sqrt{\Delta t}.$$

[34] Unter weiteren Annahmen ergibt sich als zeitkontinuierlicher Grenzprozeß eines zeitdiskreten Prozesses, bei dem Realisationen vom Fall Eins und Drei auftreten, eine Mischung aus Diffusions- und Poisson–Prozeß. Vgl. hierzu Merton, R. C. (1994), Seite 92.

[35] Eine exakte Definition eines Itô–Prozesses erfolgt in Unterabschnitt 3.3.2.1.2.

Mit den Definitionen

$$\mu_t^{(K)} := \frac{\mathrm{E}_{t-\Delta t}[X^{(K)}(t) - X^{(K)}(t-\Delta t)]}{\Delta t},$$

$$(\sigma_t^{(K)})^2 := \mathrm{E}_{t-\Delta t}[\frac{\epsilon^2(t)}{\Delta t}] = \mathrm{Var}_{t-\Delta t}[\frac{\epsilon(t)}{\sqrt{\Delta t}}] \overset{\bullet}{\sim} 1,$$

$$U^{(K)}(t) := \frac{\epsilon(t)}{\sqrt{(\sigma_t^{(K)})^2\Delta t}} \implies u_j^{(K)}(t) = \frac{\epsilon_j(t)}{\sqrt{(\sigma_t^{(K)})^2\Delta t}} \overset{\bullet}{\sim} 1$$

ergibt sich für $t \in \mathcal{Z}^{(K)}$ unter der Annahme

$$\text{(Z4)} \qquad \exists \mu \in \mathbb{R}_{\geq 0}\ \forall K \in \mathbb{N}\ \forall t \in \mathcal{Z}^{(K)}: \qquad |\mu_t^{(K)}| \leq \mu$$

aus $X^{(K)}(t) - X^{(K)}(t-\Delta t) = \mathrm{E}_{t-\Delta t}[X^{(K)}(t) - X^{(K)}(t-\Delta t)] + \epsilon(t)$ die folgende bedingte stochastische Differenzengleichung: [36]

$$X^{(K)}(t) - X^{(K)}(t-\Delta t) = \mu_t^{(K)}\Delta t + \sigma_t^{(K)} U^{(K)}(t)\sqrt{\Delta t} \tag{3.17}$$

mit

$$u_j^{(K)}(t) := \frac{\epsilon_j(t)}{\sqrt{(\sigma_t^{(K)})^2\Delta t}} \overset{\bullet}{\sim} 1, \quad \mathrm{E}_{t-\Delta t}[U^{(K)}(t)] = 0,$$

$$(\sigma_t^{(K)})^2 \overset{\bullet}{\sim} 1, \quad \mathrm{E}_{t-\Delta t}[(U^{(K)}(t))^2] = 1,$$

$$\mu_t^{(K)} \overset{\bullet}{\sim} 1, \quad \mathrm{E}_{t-\Delta t}[|U^{(K)}(t)|^N] = o(1) \quad \text{für} \quad N > 2.$$

Die bedingte stochastische Differenzengleichung (3.17) beschreibt die Veränderung von $X^{(K)}(t)$ zum Zeitpunkt $t \in \mathcal{Z}^{(K)}$, bedingt auf die Informationsmenge zum Zeitpunkt $t - \Delta t$.[37] Zum Zeitpunkt $t - \Delta t$ sind die bedingte Varianz $(\sigma_t^{(K)})^2$ sowie die bedingte erwartete Rendite $\mu_t^{(K)}$ deterministisch, so daß die bedingte zufällige Veränderung $X^{(K)}(t) - X^{(K)}(t-\Delta t)$ lediglich durch die Zufallsvariable $U^{(K)}(t)$ verursacht wird.

[36] Vgl. Merton, R. C. (1994), Seite 68.

[37] Die bisherigen Ausführungen zielen auf das Änderungsverhalten des Prozesses $\{X^{(K)}(t) : t \in \mathcal{Z}^{(K)}\}$ zwischen den benachbarten Zerlegungszeitpunkten $t_k^{(K)}$ und $t_{k-1}^{(K)}$ ($k \in \mathbb{N}$) mit $t_k^{(K)} := t_0 + k\Delta t \in \mathcal{Z}^{(K)}$ ab. Um Aussagen über die asymptotische Verteilung von $X(\tau)$ aus der Grenzbetrachtung von $\left(\{X^{(K)}(t) : t \in \mathcal{Z}^{(K)} \cup t_0\}\right)_{K=1}^{\infty}$ für $K \to \infty$ ($\Delta t \to 0$) für einen festen Beobachtungszeitpunkt τ herzuleiten, wird eine entsprechende Teilfolge betrachtet. Für $\tau = t_0 + \frac{n_1}{n_2}(t^* - t_0)$, $n_1 \leq n_2$, $n_1, n_2 \in \mathbb{N}$

Die bedingte erwartete Rendite $\mu_t^{(K)}$ und die bedingte Varianz $(\sigma_t^{(K)})^2$ können zu einem Zeitpunkt $t'' < t - \Delta t$ Zufallsvariablen sein. Hängt $(\sigma_t^{(K)})^2$ beispielsweise vom Wert $X^{(K)}(t - \Delta t)$ ab, so ist $(\sigma_t^{(K)})^2$ zum Zeitpunkt $t - \Delta t$ deterministisch. Zum Zeitpunkt $t'' < t - \Delta t$ ist $X^{(K)}(t - \Delta t)$ noch stochastisch und damit auch die bedingte Varianz $(\sigma_t^{(K)})^2$.

Die in Gleichung (3.17) auftretenden Größen $\mu_t^{(K)}, (\sigma_t^{(K)})^2$ und $U^{(K)}(t)$ sind von der Größenordnung $O(1)$. Konvergiert die rechte Seite der Summendarstellung

$$\sum_{t\in\mathcal{Z}^{(K)}} X^{(K)}(t) - X^{(K)}(t - \Delta t^{(K)}) \quad = \quad \sum_{t\in\mathcal{Z}^{(K)}} \mu_t^{(K)} \Delta t^{(K)} + \sum_{t\in\mathcal{Z}^{(K)}} \sigma_t^{(K)} U^{(K)}(t) \sqrt{\Delta t^{(K)}} \qquad (3.18)$$

beim Grenzübergang $K \to \infty$ ($\Delta t^{(K)} \to 0$) mit Wahrscheinlichkeit Eins (P–fast–sichere Konvergenz), so kann der sich ergebende zeitkontinuierliche Grenzprozeß $\{X(t) : t \in [t_0, \infty)\}$ durch die stochastische Integralgleichung

$$X(t) - X(t_0) \quad = \quad \int_{t_0}^{t} \mu_\tau d\tau + \int_{t_0}^{t} \sigma_\tau U(\tau)\sqrt{d\tau} \qquad (3.19)$$

beschrieben werden.[38]

gilt:

$$\tau = t_{i\,n_1}^{(i\,n_2)} \in \mathcal{Z}^{(i\,n_2)} \qquad (i \in \mathbb{N}).$$

Die asymptotischen Eigenschaften der Änderung $X(\tau) - X(t_0)$ für einen Zeitpunkt $\tau = t_0 + q(t^* - t_0)$ mit $q \in \mathbb{Q} \cap [0, 1]$ ergeben sich daher aus der Grenzbetrachtung $i \to \infty$ der zugehörigen Teilfolge:

$$\left(\{X^{(i\,n_2)}(t) : t \in \mathcal{Z}^{(i\,n_2)} \cup t_0\}\right)_{i=1}^{\infty}.$$

Da unter den bisher getroffenen Annahmen keine Sprungstelle im realisierten Zeitpfad für $i \to \infty$ auftreten kann und die rationalen Zahlen dicht liegen, läßt sich der Prozeß für alle reellen Zeitpunkte $t \in [t_0, t^*]$ stetig fortsetzen. Hierdurch ist die asymptotische Verteilung von $X(\tau) - X(t_0)$ schließlich für jeden Betrachtungszeitpunkt $\tau \in [t_0, t^*]$ festgelegt.

[38] Bei Fehlen der stochastischen Komponente $U(t)$ könnten diese Integrale als Riemann–Stieltjes–Integrale interpretiert werden. Zur Definition von stochastischen Integralen wird auf wahrscheinlichkeitstheoretische Konvergenzkriterien zurückgegriffen. Bei Verwendung des Konzepts der P–fast–sicheren Konvergenz und bei äquidistanter Zerlegung des Betrachtungszeitraums wird definiert:

$$\int_{t_0}^{t^*} \sigma_\tau U(\tau)\sqrt{d\tau} := Z \qquad \Longleftrightarrow \qquad \sum_{\tau\in\mathcal{Z}^{(K)}} \sigma_\tau^{(K)} U^{(K)}(\tau)\sqrt{\Delta\tau^{(K)}} \ \stackrel{\text{a.s.}}{\longrightarrow}\ Z \quad \text{für } K \to \infty.$$

Als Lösung der Integration ergibt sich eine Zufallvariable Z, gegen die $\sum_{\tau\in\mathcal{Z}^{(K)}} \sigma_\tau^{(K)} U^{(K)}(\tau)\sqrt{\Delta\tau^{(K)}}$

Äquivalent zur Integralgleichung (3.19) kann die Beschreibung des zeitkontinuierlichen stochastischen Prozesses $\{X(t) : t \in [t_0, \infty)\}$ durch das stochastische Differential $dX(t)$ erfolgen: [39]

$$dX(t) \quad = \quad \mu_t dt + \sigma_t U(t)\sqrt{dt}. \tag{3.20}$$

Für einen durch das stochastische Differential gemäß (3.20) definierten stochastischen Prozeß gilt in Analogie zur Beschreibung im deterministischen Fall: [40]

$$\Delta X(t) \quad = \quad \mu_t \Delta t + \sigma_t U(t)\sqrt{\Delta t} \; + \; o(\Delta t). \tag{3.21}$$

Wird zusätzlich die Gültigkeit der nachfolgend aufgeführten Annahme (A3) unterstellt, so ergibt sich als stetiger Grenzprozeß ein Itô–Prozeß. Dieser Prozeßtyp besitzt insbesondere im Optionsbewertungsmodell von Black und Scholes eine zentrale Bedeutung, da die für den Aktienkursprozeß unterstellte geometrische Brownsche Bewegung ein spezieller Itô–Prozeß ist.

(A3) $\{X^{(K)}(t) : t \in \mathcal{Z}^{(K)} \cup \{t_0\}\}$ ist ein Markov–Prozeß, d.h. die bedingte Wahrscheinlichkeitsverteilung der zukünftigen Wertveränderungen von $X^{(K)}(t)$, bedingt auf die Informationsmenge zum Zeitpunkt $t' \in \mathcal{Z}^{(K)}$, hängt neben $X^{(K)}(t')$ von keinem weiter zurückliegenden Wert $X^{(K)}(t'')$ mit $t'' \in \mathcal{Z}^{(K)} \cup \{t_0\} \; \wedge \; (t'' < t')$ ab.[41]

Ist $\{X^{(K)}(t) : t = t_0 + k\Delta t;\; \Delta t \in \mathbb{R}_{>0},\; k \in \mathbb{N}_0\}$ für beliebiges $K \in \mathbb{N}$ und damit auch der zeitkontinuierliche Grenzprozeß $\{X(t) : t \in [t_0, \infty)\}$ ein Markov–Prozeß, so hängen die bedingten Momente μ_t und σ_t nicht mehr von der gesamten Informationsmenge bis zum Zeitpunkt t ab, sondern i.a. lediglich vom aktuellen Prozeßwert $X(t)$ und ggf. vom aktuellen Zeitpunkt t. Um diese Abhängigkeit explizit zum Ausdruck zu bringen, wird für die bedingten Momente μ_t und σ_t die Notation $\mu(X(t), t)$ bzw. $\sigma(X(t), t)$ verwendet.

P–fast–sicher (almost sure) konvergiert. Zur exakten Definition und Existenz des stochastischen Integrals vgl. Arnold, L. (1973), Seite 79 – 85.

[39] In Anlehnung an Merton, R. C. (1994), Seite 73 - 74. Zur Definition des stochastischen Differentials vgl. Arnold, L. (1973), Seite 102.

[40] Vgl. Malliaris, A. G. / Brock, W. A. (1990), Seite 67 – 68.

[41] Zur formalen Definition vgl. u.a. Billingsley P. (1986), Seite 107.

Unter diesen Annahmen kann gezeigt werden, daß die asymptotische Verteilung von $X(t') - X(t'')$ $(t', t'' \in [t_0, \infty))$ des zeitkontinuierlichen Grenzprozesses $\{X(t) : t \in [t_0, \infty)\}$ durch die Angabe der bedingten Momente $\mu(X(t), t)$ und $\sigma(X(t), t)$ $(\forall t \in [t_0, \infty))$ eindeutig festgelegt ist.[42] Aufgrund dieser Eindeutigkeit kann die Verteilung des Grenzprozesses o.B.d.A. für eine spezielle Folge von Zufallsvariablen $U(t)$ hergeleitet werden, die die entsprechenden bedingten Momente besitzt. Mit der Normierung des Prozesses durch $\mu(X(t), t)$ und $\sigma(X(t), t)$ ergibt sich $\mathrm{E}_{t^-}[U(t)] = 0$, $\mathrm{E}_{t^-}[U^2(t)] = 1$. Ausgehend hiervon werden zur Vereinfachung im folgenden die $U(t)$ $(t \in [t_0, \infty))$ o.B.d.A. als unabhängig identisch verteilt betrachtet.[43]

Zusammenfassend kann unter den Annahmen (A1) bis (A3) und den in dieser Strenge nicht zwingend notwendigen Annahmen (Z1) bis (Z4) folgendes festgehalten werden:

- Die Folge zeitdiskreter stochastischer Prozesse $(\{X^{(K)}(t) : t = t_0 + k\Delta t;\ \Delta t \in \mathbb{R}_{>0},\ k \in \mathbb{N}_0\})_{K=1}^{\infty}$ konvergiert für $K \to \infty$ $(\Delta t \to 0)$ gegen den zeitkontinuierlichen stochastischen Prozeß $\{X(t) : t \in [t_0, \infty)\}$. In Analogie zu (3.19) wird der zeitkontinuierliche Grenzprozeß mit Wahrscheinlichkeit Eins durch folgende Integraldarstellung beschrieben:

$$X(t) = X(t_0) + \int_{t_0}^{t} \mu(X(\tau), \tau) d\tau + \int_{t_0}^{t} \sigma(X(\tau), \tau) U(\tau) \sqrt{d\tau} \,. \tag{3.22}$$

- Eine Interpretation des lokalen Verhaltens des zeitkontinuierlichen stochastischen Prozesses kann aus dem stochastischen Differential

$$dX(t) = \mu(X(t), t)dt + \sigma(X(t), t)U(t)\sqrt{dt} \tag{3.23}$$

  gewonnen werden. Die infinitesimal kleine Veränderung $dX(t)$ zum Zeitpunkt t besitzt, bedingt auf die Informationsmenge unmittelbar vor dem Zeitpunkt t, die deterministische Komponente $\mu(X(t), t)dt$ und die stochastische Komponente $\sigma(X(t), t)U(t)\sqrt{dt}$. Die bedingten stochastischen Veränderungen zu den Zeitpunkten $t \in [t_0, \infty)$ werden durch die Zufallsvariablen $U(t)$ $(t \in [t_0, \infty))$ verursacht.

[42] Vgl. Merton, R. C. (1994), Seite 76.

[43] Der bedingte Erwartungswert ist hierbei zu verstehen als: $\mathrm{E}_{t^-}[U(t)] := \lim_{\substack{\Delta t \to 0 \\ \Delta t \in \mathbb{R}_{>0}}} \mathrm{E}_{t-\Delta t}[U(t)]$.

- Die Zufallsvariablen $U(t)$ $(t \in [t_0, \infty))$ können hierbei o.B.d.A. als unabhängig identisch verteilt mit $\mathrm{E}_{t^-}[U(t)] = 0$ und $\mathrm{E}_{t^-}[U^2(t)] = 1$ unterstellt werden. Des weiteren wird die asymptotische Verteilung von $X(t') - X(t'')$ $(t', t'' \in [t_0, \infty))$ des zeitkontinuierlichen Grenzprozesses $\{X(t) : t \in [t_0, \infty)\}$ durch die bedingten Momente $\mu(X(t), t)$ und $\sigma(X(t), t)$ $(\forall t \in [t_0, \infty))$ eindeutig festgelegt. Weitere Verteilungseigenschaften der Zufallsvariablen $U(t)$ $(t \in [t_0, \infty))$ besitzen keinen Einfluß auf die asymptotische Verteilung.[44] Insofern kann für den zeitkontinuierlichen Prozeß $\{U(t) : t \in [t_0, \infty)\}$ ein White-Noise-Prozeß unterstellt werden, bei dem die zu den Zeitpunkten $t \in [t_0, \infty)$ zugehörigen Zufallsvariablen $U(t)$ o.B.d.A. als standardnormalverteilt angesehen werden können.

Im folgenden wird die Brownsche Bewegung aus einer Grenzbetrachtung des zeitdiskreten Prozesses $\{Z^{(K)}(t) : t \in \mathcal{Z}^{(K)} \cup \{t_0\}\}$ entwickelt. Hierzu wird für den zeitdiskreten Prozeß neben den in diesem Unterabschnitt getroffenen Annahmen unterstellt, daß $\mu_t^{(K)} = 0$, $(\sigma_t^{(K)})^2 = 1$ für $t \in \mathcal{Z}^{(K)}$ und $Z^{(K)}(t_0) = z_0$ gilt. Unter diesen Voraussetzungen ergibt sich für die Veränderung von $Z^{(K)}(t)$ im Betrachtungszeitraum $[t_0, t^*]$:

$$\begin{aligned} Z^{(K)}(t^*) - Z^{(K)}(t_0) &= \sum_{t \in \mathcal{Z}^{(K)}} Z^{(K)}(t) - Z^{(K)}(t - \Delta t) \\ &= \sum_{t \in \mathcal{Z}^{(K)}} \mu_t^{(K)} \Delta t + \sum_{t \in \mathcal{Z}^{(K)}} \sigma_t^{(K)} U^{(K)}(t) \sqrt{\Delta t} \\ &= \sum_{t \in \mathcal{Z}^{(K)}} U^{(K)}(t) \sqrt{\frac{t^* - t_0}{K}} \\ &= \sqrt{(t^* - t_0)} \frac{\sum_{t \in \mathcal{Z}^{(K)}} U^{(K)}(t)}{\sqrt{K}}. \end{aligned}$$

Da die K Zufallsvariablen $U^{(K)}(t)$ $(t \in \mathcal{Z}^{(K)})$ o.B.d.A. als unabhängig identisch verteilt angesehen werden können, folgt aus dem zentralen Grenzwertsatz, daß $\frac{1}{\sqrt{K}} \sum_{t \in \mathcal{Z}^{(K)}} U^{(K)}(t)$ für $K \to \infty$ $(\Delta t \to 0)$ unabhängig von dem unterstellten Verteilungstyp der $U^{(K)}$ $(K \in \mathbb{N})$ asymptotisch standardnormalverteilt ist.

---

[44] Es ist zu beachten, daß die Unabhängigkeit der Zufallsvariablen $U(t)$ $(t \in [t_0, \infty))$ nicht die Unabhängigkeit der Veränderungen von $X(t)$ $(t \in [t_0, \infty))$ impliziert. Die Modellierung einer Abhängigkeit kann durch entsprechende Wahl der bedingten Momente $\mu(X(t), t)$ und $\sigma(X(t), t)$ erfolgen.

Dies zeigt, daß bzgl. der Verteilung des Grenzprozesses die normierten nichtantizipierten Veränderungen $U^{(K)}(t)$ $(t \in \mathcal{Z}^{(K)})$ als standardnormalverteilt vorausgesetzt werden können.

Der sich aus dem Grenzübergang ergebende Grenzprozeß $\{Z(t) : t \in [t_0, \infty)\}$ besitzt somit folgende Eigenschaften:

- Die Veränderung $Z(t^*) - Z(t_0)$ des zeitkontinuierlichen Grenzprozesses $\{Z(t) : t \in [t_0, t^*)\}$ ist asymptotisch $N(0, \sqrt{t^* - t_0}^2)$-verteilt.
- $Z(t)$ ist nach Annahme (A3) ein Markov-Prozeß.
- Jede Realisation des Zeitpfades von $Z(t)$ ist stetig.[45]
- $Z(t_0) = z_0$.

3.3.2.1.2 Die geometrische Brownsche Bewegung

Die Eigenschaften des sich zum Ende des vorherigen Unterabschnitts ergebenden zeitkontinuierlichen Grenzprozesses charakterisieren die Brownsche Bewegung, wie aus der folgenden Definition hervorgeht.

Definition 3.3.10 *Ein stochastischer Prozeß* $\{Z(t) : t \in [t_0, \infty)\}$ *heißt* **Wiener Prozeß** *oder auch* **Brownsche Bewegung mit Startwert** z_0, *wenn gilt:* [46]

(1) $P\{Z(t_0) = z_0\} = 1$, *d.h. es wird angenommen, daß der Prozeß mit einem Anfangswert* z_0 *beginnt.*

(2) Für $t_0 \leq t_1 \leq \ldots \leq t_K$ *sind die Differenzen* $\Delta Z_k := Z(t_k) - Z(t_{k-1})$ $(k = 1, 2, \ldots, K)$ *unabhängige Zufallsvariablen (= Markov-Eigenschaft), d.h. für* $t_0 \leq t_1 \leq \ldots \leq t_K \leq t$ *und reelle* $x_0, x_1, \ldots x_K, x$ *gilt:*

$$P\{Z(t) \leq x | Z(t_0) = x_0, \ldots, Z(t_K) = x_K\} = P\{Z(t) \leq x | Z(t_K) = x_K\}.$$

---

[45] Vgl. Ausführungen zum 1. Realisationstyp.

[46] Vgl. Malliaris, A. G. / Brock, W. A. (1990), Seite 36.

(3) Für $t_j - t_i \in \mathbb{R}_{>0}$ *:* $Z(t_j) - Z(t_i) \sim N(0, \sigma^2\,(t_j - t_i))$ *mit* $\sigma^2 = 1$.

(4) Jede mögliche Realisation des Prozesses $\{Z(t) : t \in [t_0, \infty)\}$ *ist eine stetige Funktion* $z: \; [t_0, \infty) \to \mathbb{R}$.

Gilt für den Startwert speziell $z_0 = 0$*, so spricht man auch kurz von dem* **standardisierten Wiener Prozeß** *oder der* **standardisierten Brownschen Bewegung**. ■

Die in Definition 3.3.10 (3) formulierte Normalverteilungseigenschaft wurde am Ende des vorangehenden Unterabschnitts unter den dort getroffenen Annahmen für den zeitkontinuierlichen Grenzprozeß mit Hilfe des zentralen Grenzwertsatzes für $\mu_t = 0$ und $\sigma_t = 1$ gewonnen. Daher kann die Brownsche Bewegung in Analogie zur standardnormalverteilten Zufallsvariablen als ein standardisierter Prozeß interpretiert werden. Im Gegensatz zu einer reellwertigen Zufallsvariablen, bei der sich als Realisation eine reelle Zahl ergibt, ist die Realisation eines zeitkontinuierlichen stochastischen Prozesses eine reelle Funktion mit bestimmten Eigenschaften über dem Intervall $[t_0, \infty)$.

Aufgrund der Markov–Eigenschaft (2) sind die normalverteilten Veränderungen $\Delta Z(t_k) := Z(t_k) - Z(t_{k-1})$ zu den äquidistanten Zeitpunkten $t_k = t_0 + k\Delta t$ ($k \in \mathbb{N}$) unabhängige Zufallsvariablen. Die unabhängig $N(0, \sqrt{\Delta t}^2)$-verteilten Veränderungen $\Delta Z(t_k)$ können aus der Transformation $\Delta Z(t_k) = U(t_k)\sqrt{\Delta t}$ mit $U(t_k) \overset{\text{iid}}{\sim} N(0,1)$ ($k \in \mathbb{N}$) gewonnen werden. Ausgehend vom vorgegebenen Startwert $Z(t_0) = z_0$ ergeben sich die zufälligen Werte der Brownschen Bewegung zu den äquidistanten Zeitpunkten $t_j = t_0 + j\Delta t$ ($j \in \mathbb{N}$) wie folgt durch Kumulation der entsprechenden Veränderungen $\Delta Z(t_k)$:

$$Z(t_j) = Z(t_0) + \sum_{k=1}^{j} \Delta Z(t_k) = Z(t_0) + \sum_{k=1}^{j} U(t_k)\sqrt{\Delta t}, \qquad U(t_k) \overset{\text{iid}}{\sim} N(0,1). \tag{3.24}$$

Mit Hilfe von Zufallszahlengeneratoren, aus denen Realisationen von unabhängig standardnormalverteilten Zufallsvariablen gewonnen werden, kann eine mögliche Realisation der Brownschen Bewegung mit Startwert $Z(t_0) = z_0$ zu den äquidistanten Zeitpunkten $t_1, t_2, \ldots, t_K$ ($K \in \mathbb{N}$) erzeugt werden.[47]

---

[47] Abweichend zur Notation im vorherigen Unterabschnitt wird in diesem Unterabschnitt meist die einfachere Schreibweise $\{X(t_k) : t_k - t_{k-1} = \Delta t \in \mathbb{R}_{>0},\; k \in \mathbb{N}_0\}$ zur Beschreibung eines zeitdiskreten stochastischen Prozesses verwendet.

Beispiel 3.3.11 Für den Zeitraum $[t_0, t^*] = [0, 0.5]$ soll eine Realisation der standardisierten Brownschen Bewegung zu endlich vielen Zeitpunkten erzeugt werden. Hierzu wird der Betrachtungszeitraum $[0, 0.5]$ durch die äquidistanten Zeitpunkte $t_k = k\Delta t$ $(k = 0, 1, \ldots, K)$ mit $\Delta t = (t^* - t_0)/K$ in $K = 546$ Teilintervalle zerlegt. Die Erzeugung einer entsprechenden Zeitreihe kann in drei Schritten erfolgen:

(1) Erzeugen der Realisationen $u(t_k)$ $(k = 1, 2, \ldots, K)$ von unabhängig standardnormalverteilten Zufallsvariablen.

(2) Berechnung der Wertveränderungen von $z(t)$ in den Teilintervallen $[t_{k-1}, t_k]$ für $k \in \mathbb{N}_K := \{1, 2, \ldots, K\}$ gemäß $\Delta z(t_k) = u(t_k)\sqrt{\Delta t}$.

(3) Berechnung der Zeitreihenwerte $z(t_k) = z(t_{k-1}) + \Delta z(t_k)$ $(k \in \mathbb{N}_K)$, ausgehend vom Startwert $z(t_0) = 0$.

In der folgenden Tabelle sind die ersten Realisationen der standardnormalverteilten Zufallsvariablen sowie die Berechnungen zur Erzeugung einer Realisation der Brownschen Bewegung zu den Zeitpunkten $t_0, t_1, \ldots, t_5$ exemplarisch aufgeführt. In Abbildung 3.7 ist schließlich die erzeugte Zeitreihe für den gesamten Betrachtungszeitraum grafisch dargestellt.

k	$u(t_k)$	$\Delta z(t_k) = u(t_k)\sqrt{\Delta t}$	$z(t_k)$
0	——	——	0.00000
1	0.83838	$0.83838\sqrt{0.5/546} = +0.02537$	0.02537
2	−1.08552	$-1.08552\sqrt{0.5/546} = -0.03285$	−0.00748
3	−1.96427	$-1.96427\sqrt{0.5/546} = -0.05944$	−0.06692
4	−0.56176	$-0.56176\sqrt{0.5/546} = -0.01700$	−0.08392
5	0.07905	$0.07905\sqrt{0.5/546} = +0.00239$	−0.08153

In Unterabschnitt 3.3.2.1.1 wurde ein zeitkontinuierlicher Grenzprozeß durch die Grenzbetrachtung $K \to \infty$ $(\Delta t \to 0)$ für eine Folge $(\{X^{(K)}(t) : t = t_0 + k\Delta t;\ \Delta t \in \mathbb{R}_{>0},\ k \in \mathbb{N}_0\})_{K=1}^{\infty}$ zeitdiskreter stochastischer Prozesse hergeleitet. Diese aufwendigere Notation wurde gewählt, um den jeweiligen zeitdiskreten stochastischen Prozeß als entsprechendes Folgeglied identifizieren zu können.

Bei der Betrachtung eines zeitdiskreten stochastischen Prozesses mit fest vorgegebener Teilintervallänge Δt ist diese Unterscheidung nicht notwendig. Die aufwendige Notation wird jedoch noch verwendet, wenn in Anlehnung an Unterabschnitt 3.3.2.1.1 eine Grenzbetrachtung für eine Folge von zeitdiskreten stochastischen Prozessen erfolgt.

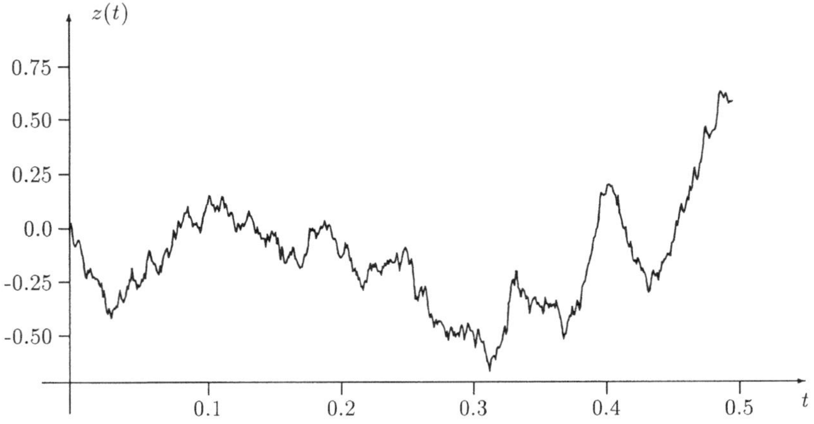

Abbildung 3.7: Realisation einer standardisierten Brownschen Bewegung

Diese Realisation der Brownschen Bewegung wird in Beispiel 3.3.17 zur Erzeugung einer möglichen Realisation des Aktienkursprozesses benutzt. In zahlreichen später folgenden Simulationsbeispielen wird auf diese Realisation zurückgegriffen. ■

Die Wahrscheinlichkeitsverteilung der Prozeßwerte des zeitdiskreten Prozesses $\{Z(t_k) : t_k - t_{k-1} = \Delta t \in \mathbb{R}_{>0},\ k \in \mathbb{N}_0\}$ mit $Z(t_j) = Z(t_0) + \sum_{k=1}^{j} U(t_k)\sqrt{\Delta t}$ $(j \in \mathbb{N}_0)$ und $U(t_k) \overset{\text{iid}}{\sim} N(0,1)$ $(k \in \mathbb{N})$ stimmt zu den diskreten Zeitpunkten t_k $(k \in \mathbb{N}_0)$ mit der entsprechenden Wahrscheinlichkeitsverteilung bei Unterstellung der Brownschen Bewegung überein. Für hinreichend kleines Δt läßt sich die Brownsche Bewegung demnach beliebig genau durch einen zeitdiskreten stochastischen Prozeß approximieren. In Anlehnung an die Überlegungen des vorherigen Unterabschnitts ergibt sich aus Gleichung (3.24) mit Hilfe einer entsprechenden Grenzbetrachtung für die Brownsche Bewegung die Integraldarstellung:

$$Z(t) - Z(t_0) = \int_{t_0}^{t} U(\tau)\sqrt{d\tau} \qquad \text{bzw.} \qquad dZ(t) = U(t)\sqrt{dt}. \tag{3.25}$$

Eine Realisation der Brownschen Bewegung kann somit als eine Funktion aufgefaßt werden, bei der sich die infinitesimalen Änderungen des Funktionswerts zu den Zeitpunkten $t \in [t_0, \infty)$ aus Realisationen von unabhängig standardnormalverteilten Zufallsvariablen ergeben. Soll neben der zufälligen Bewegung auch ein möglicher Trend im stochastischen Prozeß berücksichtigt werden und sind für σ^2 auch Werte ungleich Eins zulässig, so führt dies zu folgender Definition:

Definition 3.3.12 *Ein stochastischer Prozeß* $\{X(t) : t \in [t_0, \infty)\}$ *heißt* **allgemeiner Wiener Prozeß** *oder auch* **allgemeine Brownsche Bewegung** *mit* **Driftrate** μ *und* **Varianzrate** σ^2, *wenn die Eigenschaften (1), (2) und (4) des Wiener Prozesses gelten und anstatt (3) nun allgemeiner gilt:* [48]

(3') Für $t_j - t_i \in \mathbb{R}_{>0}$: $\quad X(t_j) - X(t_i) \sim N(\mu, \sigma^2 (t_j - t_i)) \quad$ *mit* $\mu \in \mathbb{R}$, $\sigma^2 \in \mathbb{R}_{>0}$. ■

In Analogie zur Brownschen Bewegung kann auch die allgemeine Brownsche Bewegung zu den äquidistanten Zeitpunkten $t_j = t_0 + j\Delta t$ $(j \in \mathbb{N})$ als Summe der unabhängig normalverteilten Veränderungen $\Delta X(t_k) := X(t_k) - X(t_{k-1})$ $(k = 1, 2, \ldots, j)$ dargestellt werden:

$$X(t_k) - X(t_{k-1}) = \mu\Delta t + \sigma U(t_k)\sqrt{\Delta t}$$

$$\Longrightarrow \quad X(t_j) - X(t_0) = \mu t \sum_{k=1}^{j} \Delta t + \sigma \sum_{k=1}^{j} U(t_k)\sqrt{\Delta t} = \mu(t_j - t_0) + \sigma\,(Z(t_j) - Z(t_0)),$$

$$\text{wobei} \quad U(t_k) \overset{\text{iid}}{\sim} N(0, 1^2).$$

Durch eine entsprechende Grenzwertbetrachtung ergibt sich für die allgemeine Brownsche Bewegung folgende Integraldarstellung:

$$X(t) - X(t_0) = \mu t + \sigma \int_{t_0}^{t} U(\tau)\sqrt{d\tau} = \mu(t - t_0) + \sigma\,(Z(t) - Z(t_0))$$

bzw.

$$dX(t) = \mu dt + \sigma U(t)\sqrt{dt} = \mu dt + \sigma dZ(t).$$

[48] Die Verallgemeinerung besteht darin, daß μ und σ^2 von Null bzw. Eins verschieden sein können. Zur Unterscheidung vom Wiener Prozeß mit Standardisierung $\mu = 0$ und $\sigma^2 = 1$ wird daher von einem allgemeinen Wiener Prozeß gesprochen. Vgl. Welcker, J. / Kloy, J. W. / Schindler, K. (1992), Seite 121.

Eine allgemeine Brownsche Bewegung $\{X(t) : t \in [t_0, \infty)\}$ kann somit durch die Transformation $X(t) = X(t_0) + \mu(t - t_0) + \sigma Z(t)$ aus der standardisierten Brownschen Bewegung $\{Z(t) : t \in [t_0, \infty)\}$ gewonnen werden. Mit Hilfe dieser Transformation kann in Analogie zur Brownschen Bewegung, ausgehend von dem vorgegebenen Startwert $X(t_0) = x_0$, eine mögliche Realisation der allgemeinen Brownschen Bewegung zu den äquidistanten Zeitpunkten $t_1, t_2, \ldots, t_K$ $(K \in \mathbb{N})$ erzeugt werden.

Die Wertveränderung $X(t) - X(t_0)$ besitzt die deterministische Komponente $\mu(t - t_0)$ und die zufällige Komponente $\sigma\ (Z(t) - Z(t_0))$. Die bedingten Momente μ und σ^2 werden bei einer allgemeinen Brownschen Bewegung weiterhin als deterministisch und über den gesamten Betrachtungszeitraum als konstant angenommen. In der folgenden Definition wird diese strenge Annahme gelockert, indem die bedingten Momente als Funktionen von $X(t)$ und t modelliert werden. Zur Definition des Prozesses wird hierbei direkt auf die beschreibende stochastische Differentialgleichung zurückgegriffen.

Definition 3.3.13 *Sei $dZ(t)$ das Differential einer Brownschen Bewegung. Ein stochastischer Prozeß $\{X(t) : t \in [t_0, \infty)\}$ mit*

$$dX(t) = \mu(X(t), t)dt + \sigma(X(t), t)dZ(t), \qquad X(t_0) = x_0 \in \mathbb{R} \tag{3.26}$$

heißt **Itô–Prozeß**.[49] ■

Der durch ein stochastisches Differential festgelegte Prozeß $\{X(t) : t \in [t_0, \infty)\}$ ist definiert als Lösung der Integralgleichung:

$$X(t) = x_0 + \int_{t_0}^{t} \mu(X(\tau), \tau)d\tau + \int_{t_0}^{t} \sigma(X(\tau), \tau)dZ(\tau).$$

Eine Lösung dieser stochastischen Differential- bzw. Integralgleichung ist insbesondere dadurch gekennzeichnet, daß die Integralgleichung für alle $t \in [t_0, \infty)$ mit Wahrscheinlichkeit Eins erfüllt ist. Für eine Lösung dürfen also durchaus Realisationen aus einer Nullmenge existieren, für die die Integralgleichung nicht gilt. Das in Gleichung (3.26) angegebene stochastische Differential kann als eine durch μ und σ festgelegte

[49] Vgl. Malliaris, A. G. / Brock, W. A. (1990), Seite 68.

Vorschrift aufgefaßt werden, mit deren Hilfe aus der standardisierten Brownschen Bewegung $\{Z(t) : t \in [t_0, \infty)\}$ ein Itô–Prozeß $\{X(t) : t \in [t_0, \infty)\}$ konstruiert wird.[50]

Zur Beschreibung des Aktienkursprozesses $\{S(t) : t \in [t_0, \infty)\}$ wird im Black/Scholes–Modell ein spezieller Itô–Prozeß unterstellt. Bei der Beschreibung des Aktienkursprozesses durch die bedingte stochastische Differentialgleichung

$$dS(t) = \mu(S(t), t)dt + \sigma(S(t), t)dZ(t)$$

werden $\mu(S(t), t)$ und $\sigma(S(t), t)$ als Funktionen von $S(t)$ und t so gewählt, daß die erwartete Rendite und die Varianz der relativen Kursveränderung unabhängig von der Höhe des Aktienkurses sind, d.h.:

$$\begin{aligned} \mu(S(t), t)/S(t) =: \mu \quad &\Longleftrightarrow \quad \mu(S(t), t) = S(t)\mu, \\ \sigma(S(t), t)/S(t) =: \sigma \quad &\Longleftrightarrow \quad \sigma(S(t), t) = S(t)\sigma. \end{aligned}$$

Der sich aus dieser Festlegung von $\mu(S, t)$ und $\sigma(S, t)$ ergebende Prozeß entspricht einer geometrischen Brownschen Bewegung.

Definition 3.3.14 *Sei $dZ(t)$ das Differential einer Brownschen Bewegung. Ein stochastischer Prozeß $\{S(t) : t \in [t_0, \infty)\}$ mit*

$$dS(t) = \mu S(t)dt + \sigma S(t)dZ(t), \qquad S(t_0) = s_0 \in \mathbb{R}_{>0}$$

heißt **geometrische Brownsche Bewegung** *mit* **Driftrate** μ *und* **Volatilität** σ.[51] ■

Der zeitkontinuierliche Aktienkursprozeß $\{S(t) : t \in [t_0, \infty)\}$ mit der Differentialgleichung $dS(t) = \mu S(t)dt + \sigma S(t)dZ(t)$ kann als zeitkontinuierlicher Grenzprozeß des zeitdiskreten Prozesses $\{S^{(K)}(t) : t = t_0 + k\Delta t;\ \Delta t \in \mathbb{R}_{>0},\ k \in \mathbb{N}_0\}$ für $K \to \infty$ $(\Delta t \to 0)$ interpretiert werden, bei dem sich die Veränderungen $\Delta S^{(K)}(t) := S^{(K)}(t) - S^{(K)}(t - \Delta t)$ zu den äquidistanten Zeitpunkten $t = t_0 + k\Delta t$ $(k \in \mathbb{N})$ gemäß der folgenden bedingten stochastischen Differenzengleichung ergeben:

$$\begin{aligned} \Delta S^{(K)}(t) &= \mu S^{(K)}(t - \Delta t)\Delta t + \sigma S^{(K)}(t - \Delta t)\Delta Z(t) \\ &\text{mit} \quad \Delta Z(t) = U(t)\sqrt{\Delta t}. \end{aligned}$$

[50] Zur exakten Definition, Existenz und Eindeutigkeit einer Lösung dieser stochastischen Differential– bzw. Integralgleichung vgl. u.a. Arnold, L. (1973), Seite 113 - 128.

[51] Dixit, A. K. / Pindyck, R. S. (1994), Seite 71.

Das Heranziehen des zeitdiskreten Prozesses $\{S^{(K)}(t) : t = t_0+k\Delta t;\ \Delta t \in \mathbb{R}_{>0},\ k \in \mathbb{N}_0\}$ als Approximation des Aktienkursprozesses $\{S(t) : t \in [t_0, \infty)\}$ ist insofern problematisch, als die Verteilungen der Prozesse nur asymptotisch übereinstimmen. Für jedes positive Δt würde eine Simulation der geometrischen Brownschen Bewegung $\{S(t) : t \in [t_0, \infty)\}$ zu den äquidistanten Zeitpunkten $t = t_0+k\Delta t$ $(k = 0, 1, \ldots, K)$ durch Erzeugen von Realisationen des zeitdiskreten Prozesses $\{S^{(K)}(t) : t = t_0 + k\Delta t;\ \Delta t \in \mathbb{R}_{>0},\ k = 0, 1, \ldots, K\}$ zu einem Approximationsfehler führen.

Mit Hilfe des nachfolgend aufgeführten Satzes wird eine Folgerung formuliert, anhand derer eine Transformationsvorschrift entwickelt wird, um die für den Aktienkursprozeß unterstellte geometrische Brownsche Bewegung aus einer Transformation einer standardisierten Brownschen Bewegung zu gewinnen. Hierdurch ergibt sich eine Möglichkeit, die geometrische Brownsche Bewegung zu endlich vielen Zeitpunkten ohne Approximationsfehler zu simulieren.

Satz 3.3.15 (Itô) *Sei $\{X(t) : t \in [t_0, \infty)\}$ ein Itô-Prozeß:*

$$dX(t) = \mu(X(t), t)dt + \sigma(X(t), t)dZ(t), \qquad X(t_0) = x_0 \in \mathbb{R},$$

und sei $v : \mathbb{R} \times [t_0, t^*] \to \mathbb{R}$ mit $(x, t)' \mapsto v(x, t)$ eine stetige Funktion mit den stetigen partiellen Ableitungen v_1, v_2 und v_{11}. Dann besitzt $\{Y(t) : t \in [t_0, t^*]\}$ mit $Y(t) := v(X(t), t)$ das folgende stochastische Differential: [52]

$$\begin{aligned} dY(t) = & \left[v_1(X(t), t)\mu(X(t), t) + v_2(X(t), t) + \frac{1}{2}v_{11}(X(t), t)\sigma^2(X(t), t)\right] dt \\ & + v_1(X(t), t)\ \sigma(X(t), t)\ dZ(t). \end{aligned} \tag{3.27}$$

■

[52] Zum Beweis vgl. u.a. Arnold, L. (1973), Seite 108 - 112.

Statt eines exakten Beweises wird die Aussage des Satzes durch heuristische Überlegungen plausibel gemacht. Wird für die Funktion v vorausgesetzt, daß sie dreimal differenzierbar ist, so ergibt sich folgende Taylorreihenentwicklung:

$$\begin{aligned} v(x+\Delta x, t+\Delta t) - v(x,t) &= v_1(x,t)\Delta x + v_2(x,t)\Delta t + 0.5 v_{11}(x,t)\Delta x^2 \\ &+ 0.5 v_{22}(x,t)\Delta t^2 + v_{12}(x,t)\Delta x \Delta t + \text{Rest}. \end{aligned}$$

Hierbei bezeichnen v_1, v_2, v_{11}, v_{22} und v_{12} die entsprechenden partiellen Ableitungen von v nach der ersten bzw. zweiten Komponente. Die Veränderung von $Y(t) = v(X(t), t)$ innerhalb eines Zeitintervalls der Länge Δt wird unter anderem durch die Veränderung von $X(t)$ verursacht. Die betrachteten Wertänderungen können durch die standardnormalverteilte Zufallsvariable $U(t)$ wie folgt dargestellt werden:

$$\begin{aligned} &(1) \quad \Delta X := X(t+\Delta t) - X(t) = \mu(t, X(t))\Delta t + \sigma(t, X(t))U(t)\sqrt{\Delta t} + o(\Delta t), \\ &(2) \quad \Delta X^2 = [\, X(t+\Delta t) - X(t)\,]^2 = \sigma^2(t, X(t))U^2(t)\Delta t + o(\Delta t), \\ &(3) \quad \Delta X \Delta t = [X(t+\Delta t) - X(t)]\,\Delta t = o(\Delta t) \\ &\Longrightarrow \quad \Delta X^3 = o(\Delta t), \quad \Delta t^2 = o(\Delta t), \quad \text{Rest} = o(\Delta t). \end{aligned}$$

Die gesuchte stochastische Differentialgleichung für $\{Y(t) : t \in [t_0, t^*]\}$ ergibt sich aus der Grenzbetrachtung von $Y(t+\Delta t) - Y(t) = v(X(t+\Delta t), t+\Delta t) - v(X(t), t)$ für $\Delta t \to 0$. Durch den Grenzübergang $\Delta t \to 0$ ergibt sich unter Vernachlässigung von Termen der Größenordnung $o(\Delta t)$:

$$\begin{aligned} dY(t) = v_1(X(t), t)\Big[\mu(X(t), t)dt + \sigma(X(t), t)\underbrace{U(t)\sqrt{dt}}_{dZ(t)}\Big] + v_2(X(t), t)dt \\ + \frac{1}{2} v_{11}(X(t), t)\sigma^2(X(t), t)\underbrace{U^2(t)dt}_{(dZ(t))^2}. \end{aligned}$$

Wird in der vorangehenden stochastischen Differentialgleichung $(dZ(t))^2$ durch dt ersetzt, ergibt sich schließlich das in Satz 3.3.15 angegebene stochastische Differential:[53]

$$dY(t) = \left[v_1(X(t),t)\mu(X(t),t) + v_2(X(t),t) + \frac{1}{2}v_{11}(X(t),t)\sigma^2(X(t),t)\right] dt \\ + v_1(X(t),t)\,\sigma(X(t),t)\,dZ(t).$$

Der aus der Transformation $Y(t) := v(X(t),t)$ in der Situation von Satz 3.3.15 hervorgehende Prozeß $\{Y(t) : t \in [t_0, t^*]\}$ ist somit ein Itô–Prozeß bzgl. derselben Brownschen Bewegung $Z(t)$. Des weiteren muß bei der Interpretation des Satzes darauf geachtet werden, daß der durch ein stochastisches Differential beschriebene stochastische Prozeß lediglich mit Wahrscheinlichkeit Eins eindeutig beschrieben wird. Es ist daher durchaus denkbar, daß die dem Differential aus Satz 3.3.15 zugehörige Integralgleichung für eine spezielle Realisation nicht erfüllt ist.

Folgerung 3.3.16 *Wird für den Aktienkursprozeß $\{S(t) : t \in [t_0, \infty)\}$ eine geometrische Brownsche Bewegung mit Volatilität σ und Driftrate μ unterstellt:*

$$dS(t) = \mu S(t)dt + \sigma S(t)dZ(t), \qquad S(t_0) = s_0 \in I\!R,$$

so besitzt der durch die Funktion $v : I\!R_{\geq 0} \times [t_0, t^*] \to I\!R$ mit $(x,t)' \mapsto \ln(x)$ definierte Prozeß $\{Y(t) : t \in [t_0, t^*]\}$ mit $Y(t) := v(X(t),t)$ das stochastische Differential einer allgemeinen Brownschen Bewegung:

$$dY(t) = (\mu - \sigma^2/2)dt + \sigma dZ(t).$$

[53]Um die Rechenregel $(dZ(t))^2 = dt$ aus der stochastischen Differentialrechnung plausibel zu machen, werden die mit Hilfe dieser Differentiale definierten Prozesse

$$X(t^*) - X(t_0) = \int_{t_0}^{t^*} (dZ(t))^2 = \int_{t_0}^{t^*} U^2(t)dt, \\ Y(t^*) - Y(t_0) = \int_{t_0}^{t^*} dt \qquad = t^* - t_0$$

betrachtet. Aufgrund der Definition der stochastischen Integrale ergibt sich $X(t^*) - X(t_0) = \int_{t_0}^{t^*} U^2(t)dt$ aus der folgenden Grenzbetrachtung $K \to \infty$ $(\Delta t := (t^* - t_0)/K \to 0)$:

$$\sum_{t \in Z^{(K)}} U^2(t)\Delta t \;=\; K\Delta t \frac{1}{K} \sum_{t \in Z^{(K)}} U^2(t) \;\overset{\text{a.s.}}{\longrightarrow}\; K\,\Delta t\,\mathrm{E}[U^2(t)] \;=\; t^* - t_0 \;=:\; \int_{t_0}^{t^*} U^2(t)dt.$$

Die P–fast–sichere Konvergenz ergibt sich aus dem starken Gesetz der großen Zahlen, da die Zufallsvariablen $U(t_k)$ unabhängig identisch verteilt sind. Diese heuristische Betrachtung macht plausibel, daß ein durch das Differential $(dZ(t))^2$ definierter stochastischer Prozeß mit einem durch das Differential dt definierten Prozeß P–fast–sicher übereinstimmt.

Beweis: Da die Voraussetzungen für den Satz von Itô erfüllt sind, werden zur Bestimmung des stochastischen Differentials von $\{Y(t) : t \in [t_0, t^*]\}$ die hierzu notwendigen partiellen Ableitungen von v bestimmt. Durch Einsetzen von

$$v_1(S(t),t) = \frac{1}{S(t)}, \qquad v_2(S(t),t) = 0, \qquad v_{11}(S(t),t) = \frac{-1}{S^2(t)},$$
$$\mu(S(t),t) = \mu S(t), \qquad \sigma^2(S(t),t) = \sigma^2 S(t)$$

in Gleichung (3.27) ergibt sich:

$$\begin{aligned} dY(t) &= [\frac{1}{S(t)}\mu S(t) + 0 + \frac{1}{2}\frac{-1}{S^2(t)}\sigma^2 S^2(t)]dt + \frac{1}{S(t)}\sigma S(t) dZ(t) \\ &= (\mu - \sigma^2/2)dt + \sigma dZ(t). \end{aligned}$$

■

Wird für den Aktienkursprozeß $\{S(t) : t \in [t_0, \infty)\}$ eine geometrische Brownsche Bewegung mit Volatilität σ und Driftrate μ unterstellt, so folgt $\{\ln(S(t)) : t \in [t_0, \infty)\}$ einer allgemeinen Brownschen Bewegung mit Driftrate $\mu - \sigma^2/2$ und Varianzrate σ^2. Aus der allgemeinen Brownschen Bewegung $\{X(t) : t \in [t_0, \infty)\}$ mit Driftrate $\mu - \sigma^2/2$ und Varianzrate σ^2 kann umgekehrt durch die Transformation $S(t) := e^{X(t)}$ die geometrische Brownsche Bewegung $\{S(t) : t \in [t_0, \infty)\}$ mit Driftrate μ und Volatilität σ erzeugt werden. Aus Folgerung 3.3.16 ergibt sich wegen

$$\ln(\frac{S(t+\Delta t)}{S(t)}) = \ln(S(t+\Delta t)) - \ln(S(t)) \sim N((\mu - \sigma^2/2)\,\Delta t, \sigma^2 \Delta t), \tag{3.28}$$

daß das Aktienkursverhältnis lognormalverteilt ist.

Beispiel 3.3.17 Für den Aktienkursprozeß wird eine geometrische Brownsche Bewegung mit Volatilität $\sigma = 0.20$ und Driftrate $\mu = 0.09$ unterstellt. Die Erzeugung einer Realisation des Aktienkursprozesses mit Anfangskurs $S(t_0) = 500$ im interessierenden Zeitintervall $[0, 0.5]$ zu den Zeitpunkten $t_k = k\Delta t$ $(k = 0, 1, \ldots, K = 546)$ mit $\Delta t = (t^* - t_0)/K = 0.5/546$ kann in folgenden Schritten durchgeführt werden:

(1) Erzeugen der Realisationen $z(t_k)$ $(k = 0, 1, \ldots, K)$ zur standardisierten Brownschen Bewegung, wie in Beispiel 3.3.11 beschrieben.

(2) Berechnung der Realisationen zur allgemeinen Brownschen Bewegung mit Hilfe der Transformation: $x(t_k) = (\mu - \sigma^2/2)t_k + \sigma z(t_k)$ $(k = 0, 1, \ldots, K)$.

(3) Berechnung der Aktienkurse: $S(t_k) = S(t_0)\,e^{x(t_k)}$ $(k = 0, 1, \ldots, K)$.

Ausgehend von den Simulationsergebnissen aus Beispiel 3.3.11 sind in der folgenden Tabelle einzelne Schritte zur Erzeugung einer Realisation des Aktienkursprozesses für die ersten Beobachtungszeitpunkte exemplarisch aufgeführt. In Abbildung 3.8 ist der Aktienkursverlauf über den gesamten Betrachtungszeitraum dargestellt.

k	u_k	$z(t_k)$	$x(t_k) = (\mu - \sigma^2/2)t_k + \sigma z(t_k)$	$S(t_k) = S(t_0)\,e^{x(t_k)}$
0	——	0.00000	0.00000	500.00
1	0.83838	0.02537	0.00514	502.58
2	−1.08552	−0.00748	−0.00137	499.32
3	−1.96427	−0.06692	−0.01319	493.45
4	−0.56176	−0.08392	−0.01653	491.80
5	0.07905	−0.08153	−0.01599	492.07

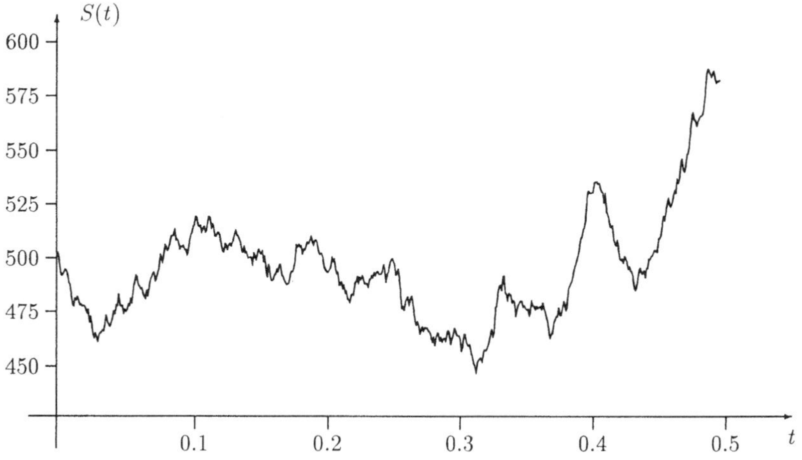

Abbildung 3.8: Simulierter Aktienkursverlauf ($S(t_0) = 500$, $\mu = 0.09$, $\sigma = 0.20$) ■

3.3.2.2 Herleitung der Bewertungsgleichung

Neben den in Abschnitt 3.1 aufgeführten Marktbedingungen (M1) bis (M6) unterstellen Black und Scholes in ihrem Modell für den Aktienkursprozeß eine geometrische Brownsche Bewegung mit Driftrate μ und Volatilität σ. Dieser stochastische Prozeß wird durch das folgende stochastische Differential beschrieben:

$$dS(t) = \mu S(t)dt + \sigma S(t)dZ(t).$$

Zur Herleitung einer Bewertungsgleichung einer europäischen Kaufoption wird unter Einbeziehung einer entsprechenden Optionsposition ein risikoloses Hedgeportefeuille konstruiert. Dieses Hedgeportefeuille muß nach dem Duplikationsprinzip dieselbe Rendite aufweisen wie die risikolose Anlage in Bonds. Hieraus ergibt sich dann der Wert der europäischen Kaufoption.

Ausgangspunkt der Herleitung durch Black und Scholes ist die Betrachtung des Wertverlaufs $W(t)$ eines Portefeuilles, bestehend aus genau einer Aktie und einer konstanten Anzahl von $-a$ europäischen Kaufoptionen mit Ausübungspreis E und Restlaufzeit $T = t^* - t$. Im ersten Schritt wird die Anzahl der Optionen bestimmt, die leer zu verkaufen sind, damit die marginale Änderung des Portefeuillewerts nicht von der marginalen Aktienkursänderung beeinflußt wird. Hierzu wird das stochastische Differential $dW(t)$ betrachtet. Unter der Annahme, daß der Optionswert $C(S,T)$ eine zweimal stetig differenzierbare Funktion ist, kann mit Hilfe des Satzes von Itô das stochastische Differential $dW(t)$ für den Wertverlauf $W(t) := v(S(t),t) = S(t) - aC(S(t), t^* - t)$ bestimmt werden: [54]

$$\begin{aligned} dW(t) &= \left(v_1(S,t)\mu S + v_2(S,t) + \frac{1}{2}v_{11}(S,t)\sigma^2 S^2\right) dt + v_1(S,t)\sigma S dZ(t) \\ &= \left(\left[1 - a\frac{\partial C}{\partial S}(S,t^*-t)\right]\mu S - a\frac{\partial C}{\partial t}(S,t^*-t) - \frac{1}{2}a\frac{\partial^2 C}{\partial S^2}(S,t^*-t)\sigma^2 S^2\right) dt \\ &+ \left(1 - a\frac{\partial C}{\partial S}(S,t^*-t)\right)\sigma S dZ(t). \end{aligned}$$

---

[54] In den nachfolgenden Ausführungen wird für den aktuellen Aktienkurs $S(t)$ zur Vereinfachung der Schreibweise das Symbol S verwendet.

Die Wertveränderung des Portefeuilles, bestehend aus einer Aktie (long) und a europäischen Kaufoptionen (short), kann gedanklich in zwei Komponenten aufgeteilt werden:

- Eine zeitliche Komponente aufgrund der Abhängigkeit des Optionswertes von der sich verkürzenden Restlaufzeit.
- Eine stochastische Komponente aufgrund der Abhängigkeit von der stochastischen Veränderung des Aktienkurses.

Wird $a = \left[\frac{\partial C}{\partial S}(S, t^* - t)\right]^{-1}$ gewählt, so entfällt die stochastische Komponente des Differentials $dW(t)$, die das marginale Änderungsverhalten des Portefeuillewerts $W(t)$ zum Zeitpunkt t beschreibt.

Beispiel 3.3.18 Der Wert einer europäischen Kaufoption mit dem Optionsdelta $\frac{\partial C}{\partial S}(S,T) = 0.5$ wird sich aufgrund einer isolierten Veränderung des Aktienkurses um $\Delta S = 10$ GE approximativ um $\Delta C := C(S + \Delta S, T) - C(S,T) \approx \frac{\partial C}{\partial S}\Delta S = 0.5 \cdot 10 = 5$ GE verändern.[55] Ein Hedgeportefeuille, bestehend aus $-a = -\left[\frac{\partial C}{\partial S}(S, t^* - t)\right]^{-1} = -2$ Kaufoptionen und einer Aktie, besitzt approximativ folgende Wertveränderung:

$$\Delta W = \Delta S - a\Delta C \approx 10 - 2 \cdot 5 = 0.$$

Kleine Wertveränderungen in der Aktienposition werden durch eine entgegengesetzte Wertveränderung in der Optionsposition nahezu kompensiert. ■

Wie das Beispiel verdeutlicht, wird bei der Grenzbetrachtung $\Delta t \to 0$ die marginale Wertveränderung des Hedgeportefeuilles im Zeitpunkt t lediglich von der sich verringernden Restlaufzeit abhängen und nicht durch die marginale Veränderung des Aktienkurses beeinflußt. Aufgrund der Verringerung der Restlaufzeit oder der Verände-

[55] Die Approximation der Wertveränderung der Option aufgrund einer Aktienkursänderung ergibt sich aus einer Taylorreihenentwicklung:

$$C(S + \Delta S, T) - C(S,T) = \frac{\partial C}{\partial S}\Delta S + O(\Delta S^2).$$

Da der Aktienkursverlauf als Realisation der unterstellten geometrischen Brownschen Bewegung stetig ist, wird sich der Aktienkurs innerhalb hinreichend kleiner Zeitintervalle der Länge Δt nur um einen kleinen Betrag $|\Delta S|$ verändern. Die Veränderung des Optionswertes kann somit innerhalb eines hinreichend kleinen Zeitintervalls durch die Linearisierung $C_{lin}(S + \Delta S, T) = C(S,T) + \frac{\partial C}{\partial S}\Delta S$ beliebig genau beschrieben werden.

rung des Aktienkurses wird sich jedoch das Optionsdelta verändern. Ein zum Zeitpunkt t konstruiertes statisches Hedgeportefeuille, bestehend aus genau einer Aktie und $-a = -[\frac{\partial C}{\partial S}(S, t^* - t)]^{-1}$ europäischen Kaufoptionen, wäre zu einem späteren Zeitpunkt t' $(t' > t)$ gegebenenfalls risikobehaftet.

Black und Scholes argumentieren, daß bei kontinuierlicher Anpassung der Optionsanzahl $a(S, t^* - t)$ an den aktuellen Aktienkurs S und an die sich verkürzende Restlaufzeit $T = t^* - t$ das Hedgeportefeuille risikolos ist.[56] Soll Arbitrage unmöglich sein, folgt hieraus, daß die stetige Rendite des Hedgeportefeuilles zu allen Zeitpunkten mit der stetigen Rendite i der risikolosen Anlage übereinstimmt. Aus dieser Überlegung läßt sich eine partielle Differentialgleichung entwickeln:

$$\begin{aligned}
\left(\left[1 - a\frac{\partial C}{\partial S}\right]\mu S - a\frac{\partial C}{\partial t} - \frac{1}{2}a\frac{\partial^2 C}{\partial S^2}\sigma^2 S^2\right) dt &= i(S - aC)dt \\
\Longleftrightarrow \qquad \frac{\partial C}{\partial T} - \frac{1}{2}\frac{\partial^2 C}{\partial S^2}\sigma^2 S^2 &= iS\frac{\partial C}{\partial S} - iC \\
\Longleftrightarrow \qquad -iC + iS\frac{\partial C}{\partial S} + \frac{1}{2}\frac{\partial^2 C}{\partial S^2}\sigma^2 S^2 &= \frac{\partial C}{\partial T}. \qquad (3.29)
\end{aligned}$$

Als Lösung dieser Differentialgleichung ergibt sich schließlich unter Beachtung der Randbedingung $C(S, T = 0) = \max\{0, S - E\}$ die Optionsbewertungsgleichung von Black und Scholes.[57] Das Ergebnis dieser Ausführungen ist in Satz 3.3.19 festgehalten.

Satz 3.3.19 *Gelten die Marktbedingungen (M1) bis (M6) und wird für den Aktienkursprozeß $\{S(t) : t \in [t_0, \infty)\}$ eine geometrische Brownsche Bewegung mit Driftrate μ, Volatilität σ und aktuellem Aktienkurs S unterstellt, so besitzt die zugehörige europäische Kaufoption mit Restlaufzeit T und Ausübungspreis E den Wert:*[58]

$$C(S,T) = S\ \Phi(x(S,T)) - E\ e^{-iT}\ \Phi(x(S,T) - \sigma\sqrt{T}) \qquad (3.30)$$

$$\textit{mit} \quad x(S,T) = \frac{\ln(S/E) + (i + \frac{\sigma^2}{2})T}{\sigma\sqrt{T}}.$$

Hierbei bezeichnet i die stetige Rendite einer risikolosen Anlage. ■

[56] Zu einer kritischen Diskussion dieser Argumentation von Black und Scholes vgl. 91 f.

[57] Zur Lösung dieser Differentialgleichung vgl. u.a. Black, F. / Scholes, M. (1973), Seite 643 - 644 und Welcker, J. / Kloy, J. W. / Schindler, K. (1992), Seite 134 - 139.

[58] Vgl. Black, F. / Scholes, M. (1973), Seite 644.

Der aktuelle Aktienkurs S, der Wert des Bonds Ee^{-iT} und der Wert der europäischen Kaufoption $C(S,T)$ stehen in der durch Gleichung (3.30) festgelegten Beziehung zueinander. Das Verhältnis der Werte dieser Wertpapiere wird durch i, σ und T festgelegt. Die Driftrate μ des Akienkurses beeinflußt die durch Gleichung (3.30) festgelegte Wertbeziehung nicht. Es wird unmittelbar deutlich, daß die Optionsbewertungsgleichung nach Black und Scholes eine präferenzfreie Bewertung von europäischen Kaufoptionen darstellt, da sie unabhängig von der erwarteten Rendite der Aktie und damit unabhängig von der erwarteten Rendite der Option ist.

Beispiel 3.3.20 Betrachtet wird eine europäische Kaufoption mit dem Ausübungspreis $E = 500$ GE und der Restlaufzeit $T = 1$ Jahr. Die der Option zugrundeliegende Aktie besitzt den aktuellen Kurs $S = 500$ GE bei einer zukünftigen Volatilität $\sigma = 0.20$ $\sqrt{\text{p.a.}}$. Zur Bewertung wird die Gültigkeit der Annahmen des Black/Scholes-Modells unterstellt und die stetige Rendite $i = 0.07$ p.a. für die risikolose Anlage zugrunde gelegt. Gemäß Bewertungsgleichung (3.30) läßt sich der Wert der europäischen Kaufoption wie folgt bestimmen:

$$x(S=500,T=1) = \frac{\ln(500/500) + (0.07 + \frac{0.20^2}{2}) \cdot 1}{0.20\sqrt{1}} = 0.45$$

$$\Longrightarrow \quad C(S=500,T=1) = 500\ \Phi(0.45) - 500\ \mathrm{e}^{-0.07}\ \Phi(0.45 - 0.2\sqrt{1}) = 57.69.$$

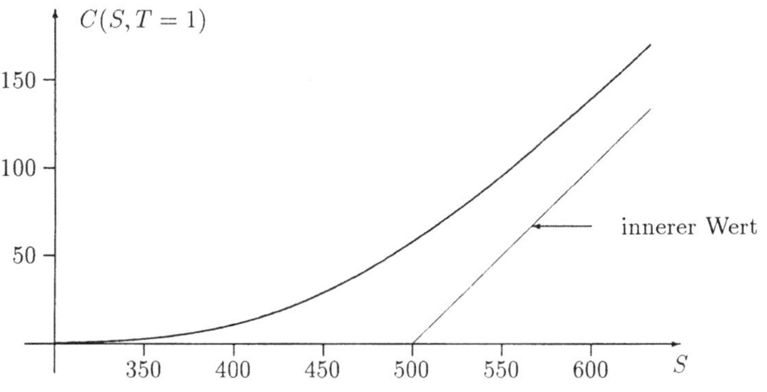

Abbildung 3.9: Wert einer europäischen Kaufoption und innerer Wert $\max\{0, S - E\}$ $(E = 500, T = 1, i = 0.07, \sigma = 0.20)$

■

Die Herleitung der Optionsbewertungsgleichung (3.30) durch Black und Scholes (1973) basiert auf der Betrachtung des Wertverlauf $W(t)$ eines Portefeuilles, bestehend aus einer Aktie (long) und der konstanten Anzahl von $a = [\partial C/\partial S]^{-1}$ europäischen Kaufoptionen (short). Der stochastische Prozeß, der den Portefeuillewertverlauf $W(t) := v(S(t), t) = S(t) - aC(S(t), t^* - t)$ beschreibt, besitzt zum Anpassungszeitpunkt das stochastische Differential: [59]

$$-\left(\frac{\partial C}{\partial t} + \frac{1}{2}\frac{\partial^2 C}{\partial S^2}\sigma^2 S^2\right)[\partial C/\partial S]^{-1}\,dt, \tag{3.31}$$

d.h. zum Anpassungszeitpunkt wird die marginale Portefeuillewertänderung nicht von der marginalen Änderung des Aktienkurses beeinflußt. Hieraus folgern Black und Scholes für die Wertänderung $W(t + \Delta t) - W(t)$:[60]

> *" Since the return on the equity in the hedged position is certain, the return must be equal to $r\Delta t$."*

Für dieses statische Hedgeportefeuille ist jedoch nur zum Anpassungszeitpunkt sichergestellt, daß die marginale Änderung des Hedgeportefeuillewerts risikolos ist. Um dies auch für die Folgezeit sicherzustellen fordern Black und Scholes, daß das Hedgeportefeuille kontinuierlich anzupassen ist.[61]

> *" Thus the risk in the hedged position is zero if the short position in the option is adjusted continuously. "*

Diese Argumentation ist jedoch nicht widerspruchsfrei, da das zuvor bestimmte Differential auf der Annahme beruht, daß die Anzahl an Optionen im Portefeuille konstant ist.

---

[59] Als zugehörige Differentialgleichung ergibt sich für $W(t) := v(S(t), t) = S(t) - aC(S(t), t^* - t)$:

$$\begin{aligned} dW &= \left(v_1 \mu S + v_2 + \tfrac{1}{2} v_{11}\sigma^2 S^2\right)dt + v_1 \sigma S dZ \\ &= \left(\left[1 - a\frac{\partial C}{\partial S}\right]\mu S - a\frac{\partial C}{\partial t} - \frac{1}{2}a\frac{\partial^2 C}{\partial S^2}\sigma^2 S^2\right)dt + \left(1 - a\frac{\partial C}{\partial S}\right)\sigma S dZ \\ &= -\left(\frac{\partial C}{\partial t} + \frac{1}{2}\frac{\partial^2 C}{\partial S^2}\sigma^2 S^2\right) a\,dt + 0\,dZ = -\left(\frac{\partial C}{\partial t} + \frac{1}{2}\frac{\partial^2 C}{\partial S^2}\sigma^2 S^2\right)[\partial C/\partial S]^{-1}\,dt. \end{aligned}$$

[60] Black, F. / Scholes, M. (1973), Seite 642.

[61] Black, F. / Scholes, M. (1973), Seite 642.

Wird beachtet, daß die Optionsanzahl bei zeitkontinuierlicher Anpassung als Funktion von S und t zu behandeln ist, so ergibt sich folgende stochastische Komponente des Differentials von $W(t) := v(S(t), t) = S(t) - a(S(t), t^* - t)C(S(t), t^* - t)$:

$$\begin{aligned} v_1(S,t)\sigma S dZ(t) &= \left(1 - a(S, t^* - t)\frac{\partial C}{\partial S}(S, t^* - t) - \frac{\partial a}{\partial S}(S, t^* - t)C(S, t^* - t)\right)\sigma S dZ(t) \\ &= -\frac{\partial a}{\partial S}(S,T)\; C(S,T)\sigma S dZ(t). \end{aligned} \tag{3.32}$$

Der stochastische Aktienkurs besitzt somit weiterhin einen Einfluß auf den Wertverlauf des dynamisch angepaßten Hedgeportefeuilles, das aus einer Aktie und $-a(S, t^* - t) = -[\frac{\partial C}{\partial S}(S, t^* - t)]^{-1}$ europäischen Kaufoptionen besteht. Durch dieses zeitkontinuierlich angepaßte Hedgeportefeuille wird demnach kein Bond mit festem Nominalwert dupliziert.[62]

Diese Betrachtung läßt jedoch außer acht, daß durch den Leerverkauf der Optionen Einzahlungsüberschüsse entstehen. Werden diese Einzahlungsüberschüsse zum Kauf von Bonds verwendet, so sollte zur Beurteilung des Risikos neben der Aktien- und Optionsposition auch die Bondposition berücksichtigt werden, die durch den Leerverkauf der Optionen konstruiert und durch die spätere Anpassung der Optionsposition dynamisch verändert wird. Das sich aus der Aktien-, Options- und Bondposition zusammensetzende Portefeuille ist schließlich risikolos und besitzt die risikolose Rendite i.

Die Ausführungen in Unterabschnitt 3.3.2.3 zeigen, daß mit Wahrscheinlichkeit Eins folgender Zusammenhang gilt: Der Wert einer europäischen Kaufoption mit Ausübungspreis E und Restlaufzeit $T := t^* - t_0$ stimmt mit dem Wert eines dynamisch angepaßten Portefeuilles, bestehend aus

- $\frac{\partial C}{\partial S}(S,T) = \Phi(x(S,T))$Aktien,
- einer Bondposition in Höhe von $-\,E\mathrm{e}^{-iT}\Phi(x(S,T) - \sigma\sqrt{T})$,

überein und die zeitkontinuierlichen Anpassungen an das Optionsdelta $\partial C/\partial S$ können durch Umschichtungen zwischen der Aktien- und Bondposition vorgenommen werden.[63] Aufgrund des Duplikationsprinzips folgt hieraus die Gültigkeit der von Black und Scholes gewonnenen Optionsbewertungsgleichung.

[62]Dies wird allerdings auch an keiner Stelle der Originalarbeit von Black/Scholes (1973) behauptet.

[63]Vgl. hierzu auch Leland, H. E. (1985), Seite 1286 - 1287.

Exkurs: Übertragung der Ergebnisse auf Verkaufsoptionen

Die Bewertungsgleichung einer europäischen Verkaufsoption kann wie die Bewertungsgleichung einer europäischen Kaufoption als Lösung der Differentialgleichung

$$iP - iS\frac{\partial P}{\partial S} + \frac{1}{2}\frac{\partial^2 P}{\partial S^2}\sigma^2 S^2 \; = \; \frac{\partial P}{\partial T}$$

unter Beachtung der Randbedingung $P(S, T = 0) = \max\{0, E - S\}$ bestimmt werden (vgl. Gleichung (3.29)). Der Ansatz zur Herleitung der Bewertungsgleichung einer europäischen Verkaufsoption unterscheidet sich von der einer europäischen Kaufoption nur hinsichtlich der zugrundeliegenden Randbedingung. Der Wert einer europäischen Verkaufsoption kann jedoch auch aus der Bewertungsgleichung der entsprechenden europäischen Kaufoption mit Hilfe der Put-Call-Parität gewonnen werden.

Satz 3.3.21 *Gelten die Marktbedingungen (M1) bis (M6) und wird für den Aktienkursprozeß* $\{S(t) : t \in [t_0, \infty)\}$ *eine geometrische Brownsche Bewegung mit Driftrate* μ *und Volatilität* σ *unterstellt, so besitzt die zugehörige europäische Verkaufsoption mit Restlaufzeit* T *und Ausübungspreis* E *den Wert:* [64]

$$P(S,T) = E\ e^{-iT}\ \Phi(-x(S,T) + \sigma\sqrt{T}) - S\ \Phi(-x(S,T)) \tag{3.33}$$

$$mit \quad x(S,T) \; = \; \frac{\ln(S/E) + (i + \frac{\sigma^2}{2})T}{\sigma\sqrt{T}}.$$

Hierbei bezeichnet i die stetige Rendite einer risikolosen Anlage.

Beweis: Nach der in Satz 3.2.4 formulierten Put-Call-Parität gilt für den Wert $C(S,T)$ der europäischen Kaufoption und den Wert $P(S,T)$ der entsprechenden europäischen Verkaufsoption die Wertbeziehung

$$C(S,T) - P(S,T) = S - E\mathrm{e}^{-iT}\ .$$

Unter Verwendung der in Satz 3.3.19 hergeleiteten Bewertungsgleichung der europäischen Kaufoption resultiert für den Wert der europäischen Verkaufsoption:

---

[64] Vgl. Welcker, J. / Kloy, J. W. / Schindler, K. (1992), Seite 139.

$$\begin{aligned} P(S,T) &= C(S,T) - S + E\mathrm{e}^{-iT} \qquad (3.34) \\ &= S\ \Phi(x(S,T)) - E\ \mathrm{e}^{-iT}\ \Phi(x(S,T) - \sigma\sqrt{T}) \quad - S + E\mathrm{e}^{-iT} \\ &= S\ [\Phi(x(S,T)) - 1] - E\ \mathrm{e}^{-iT}\ [\Phi(x(S,T) - \sigma\sqrt{T}) - 1] \\ &= E\ \mathrm{e}^{-iT}\ [1 - \Phi(x(S,T) - \sigma\sqrt{T})] - S\ [1 - \Phi(x(S,T))] \\ &= E\ \mathrm{e}^{-iT}\ \Phi(-x(S,T) + \sigma\sqrt{T}) - S\ \Phi(-x(S,T))] \\ &\text{mit} \quad x(S,T) \ = \ \frac{\ln(S/E) + (i + \frac{\sigma^2}{2})T}{\sigma\sqrt{T}}. \end{aligned}$$

Die im letzten Schritt vorgenommene Umformung ergibt sich aufgrund von $\Phi(x) = 1 - \Phi(-x)$. ■

Beispiel 3.3.22 Betrachtet wird eine europäische Verkaufsoption mit den gleichen Ausgestaltungsmerkmalen wie die entsprechende Kaufoption aus Beispiel 3.3.20. Für das der Option zugrundeliegende Basisobjekt mit aktuellem Kurs $S = 500$ werden die Annahmen aus Beispiel 3.3.20 beibehalten:

Kurs der Basisaktie:	$S = 500$	GE
Ausübungspreis:	$E = 500$	GE
Restlaufzeit:	$T = 1$	Jahr
Volatilität:	$\sigma = 0.20$	$\sqrt{\text{p.a.}}$
Stetiger Zinssatz:	$i = 0.07$	p.a.

Unter den Annahmen des Black/Scholes-Modells ergibt sich für die europäische Verkaufsoption gemäß Gleichung (3.33) der Wert:

$$P(S,T) = E\ \mathrm{e}^{-iT}\ \Phi(-x(S,T) + \sigma\sqrt{T}) - S\ \Phi(-x(S,T))$$

$$\text{mit} \quad x(S,T) \ = \ \frac{\ln(S/E) + (i + \frac{\sigma^2}{2})T}{\sigma\sqrt{T}}$$

$$\Longrightarrow \quad P(S,T) \ = \ 500\ \mathrm{e}^{-0.07}\ \Phi(-0.45 + 0.20) - 500\ \Phi(-0.45)) \ = \ 23.89.$$

Aus dem in Beispiel 3.3.20 ermittelten Wert $C(500,1) = 57.69$ GE läßt sich der Wert der Verkaufsoption auch unmittelbar mit Hilfe der Put-Call-Parität bestimmen:

$$P(S,T) \ = \ C(S,T) - S + E\ \mathrm{e}^{-iT} \ = \ 57.69 - 500 + 500\ \mathrm{e}^{-0.07} \ = \ 23.89.$$

In Abbildung 3.10 ist der Wert der betrachteten europäischen Verkaufsoption in Abhängigkeit vom Aktienkurs S grafisch dargestellt.

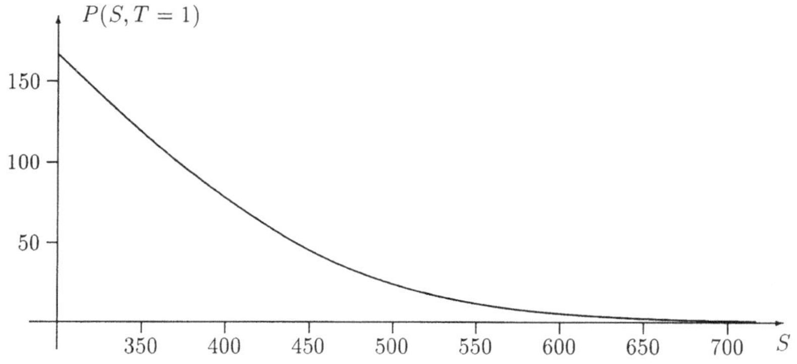

Abbildung 3.10: Wert einer europäischen Verkaufsoption
($E = 500$, $T = 1$, $i = 0.07$, $\sigma = 0.20$)

■

Der Ansatz zur Herleitung der Bewertungsgleichung einer europäischen Option läßt sich ohne größere Modifikation auch zur Bewertung von beliebigen derivativen Finanzinstrumenten übertragen, wenn die entsprechenden Annahmen des Black/Scholes-Modells unterstellt werden. Die zur Optionsbewertung hergeleitete Differentialgleichung (3.29) kann dann auch zur Bestimmung des Werts $f(S, t)$ eines beliebigen derivativen Finanzinstruments verwendet werden:

$$if - iS\frac{\partial f}{\partial S} + \frac{1}{2}\frac{\partial^2 f}{\partial S^2}\sigma^2 S^2 = -\frac{\partial f}{\partial t}. \tag{3.35}$$

Die Unterschiede zwischen den Bewertungsgleichungen für die verschiedenen Finanzinstrumente, die sich als Lösungen der Differentialgleichung (3.35) ergeben, resultieren lediglich aufgrund der unterschiedlich zu formulierenden Randbedingungen.

3.3.2.3 Interpretationen der Bewertungsgleichung

Zur Interpretation der Optionsbewertungsgleichung nach Black und Scholes werden spezielle partielle Ableitungen benötigt. Satz 3.3.23 stellt eine Zusammenfassung wichtiger Ergebnisse dar.

Satz 3.3.23 [65] *Für die Funktionen*

$$x: \quad I\!R^2_{>0} \longrightarrow I\!R, \quad (S,T) \longmapsto x(S,T) := \frac{\ln(S/E) + (i + \frac{\sigma^2}{2})T}{\sigma\sqrt{T}},$$

$$C: \quad I\!R^2_{>0} \longrightarrow I\!R, \quad (S,T) \longmapsto C(S,T) := S\ \Phi(x(S,T)) - E\ e^{-iT}\ \Phi(x(S,T) - \sigma\sqrt{T})$$

gilt:

$$(1) \qquad S\ \varphi(x(S,T)) = E\ e^{-iT}\ \varphi(x(S,T) - \sigma\sqrt{T}) \tag{3.36}$$

$$(2) \qquad \frac{\partial C}{\partial S}(S,T) = \Phi(x(S,T)) \tag{3.37}$$

$$(3) \qquad \frac{\partial C^2}{\partial^2 S}(S,T) = \frac{\varphi(x(S,T))}{S\sigma\sqrt{T}} \tag{3.38}$$

$$(4) \qquad \frac{\partial C}{\partial T}(S,T) = E\ e^{-iT}\left(i\Phi(x(S,T) - \sigma\sqrt{T}) + \frac{\sigma\varphi(x(S,T) - \sigma\sqrt{T})}{2\sqrt{T}}\right) \tag{3.39}$$

Hierbei bezeichnet Φ die Verteilungsfunktion und φ die Wahrscheinlichkeitsdichte einer standardnormalverteilten Zufallsvariablen.

■

Von besonderem Interesse ist die erste partielle Ableitung von $C(S,T)$ nach der Variablen S. Mit Hilfe des sogenannten **Optionsdeltas**

$$\frac{\partial C}{\partial S}(S,T) = \Phi(x(S,T))$$

kann die Wertveränderung einer europäischen Kaufoption aufgrund einer Veränderung des Aktienkurses beschrieben werden. Bei einer Veränderung des Aktienkurses um ΔS

[65] Der Beweis dieses Satzes ist im Anhang aufgeführt.

wird sich der Optionswert approximativ um $\partial C/\partial S \cdot \Delta S$ verändern. Eine Beschreibung des Zusammenhangs ergibt sich mit Hilfe einer Taylorreihenentwicklung:

$$C(S + \Delta S, T) \; = \; C(S,T) + \frac{\partial C}{\partial S}(S,T)\Delta S + O(\Delta S^2). \tag{3.40}$$

Wegen $\frac{\partial C}{\partial S}(S,T) = \Phi(x(S,T))$ kann der Optionswert für hinreichend kleine Veränderungen des Aktienkurses approximativ durch folgende Linearisierung berechnet werden:

$$C_{lin}(S + \Delta S, T) = C(S,T) + \Phi(x(S,T))\Delta S. \tag{3.41}$$

Beispiel 3.3.24 Im Mittelpunkt der Betrachtung steht die in Beispiel 3.3.20 betrachtete europäische Kaufoption, für die folgende Daten unterstellt werden:

Kurs der Basisaktie:	$S = 500$	GE
Ausübungspreis:	$E = 500$	GE
Restlaufzeit:	$T = 1$	Jahr
Volatilität:	$\sigma = 0.20$	$\sqrt{\text{p.a.}}$
Stetiger Zinssatz:	$i = 0.07$	p.a.

Aus Bewertungsgleichung (3.30) und Gleichung (3.37) ergeben sich für das Optionsdelta $\Phi(x(S,T))$ und den Optionswert C(S,T):

$$\frac{\partial C}{\partial S}(500,1) = \Phi(x(500,1)) = \Phi\left(\frac{\ln(500/500) + (0.07 + \frac{0.20^2}{2})}{0.20}\right) = \Phi(0.45) \; = \; 0.6736,$$

$$C(500,1) = 500\;\Phi(0.45) - 500\;\mathrm{e}^{-0.07}\;\Phi(0.45 - 0.2\sqrt{1}) \; = \; 57.69.$$

Eine isolierte Veränderung des Aktienkurses in Höhe von $\Delta S = -10$ GE führt zu einer Veränderung des Optionswerts von $C(500,1) = 57.69$ GE auf $C(500-10,1) = 51.14$ GE. Eine Abschätzung des Optionswerts mit Hilfe von Gleichung (3.41) würde eine Veränderung auf $C_{lin}(500-10,1) = C(500,1) + \Phi(x(500,1))(-10) = 50.95$ GE ergeben. Anhand der nachfolgenden Tabelle und Abbildung 3.11 wird ersichtlich, daß Gleichung (3.41) für kleine Veränderungen des Aktienkurses eine gute Approximation zur Bestimmung des Optionswerts darstellt.

ΔS	$C(S+\Delta S,1)$	$C_{lin}(S+\Delta S,1)$	$C(S+\Delta S,1)-C_{lin}(S+\Delta S,1)$
−50.00	28.96	24.01	4.95
−10.00	51.15	50.95	0.20
−5.00	54.38	54.32	0.06
−1.00	57.04	57.02	0.02
0.00	57.69	57.69	0.00
1.00	58.38	58.36	0.02
5.00	61.12	61.06	0.06
10.00	64.62	64.43	0.19
50.00	95.38	91.37	4.01

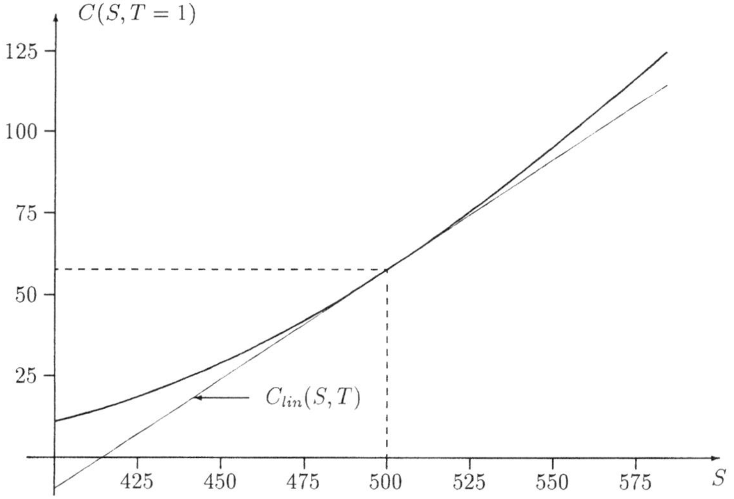

Abbildung 3.11: Optionswert $C(S, T = 1)$ und Approximation $C_{lin}(S, T = 1)$

Aus den vorangehenden Ausführungen läßt sich ableiten, wie der Wertverlauf der europäischen Kaufoption durch ein Portefeuille, bestehend aus Aktien und Bonds, dupliziert werden kann. Durch den Kauf von $\Phi(x(S,T)) = 0.6736$ Aktien, der teilweise durch eine Kreditaufnahme in Höhe von $-B = 279.11$ GE finanziert wird, wird ein Portefeuille D konstruiert, das in Abhängigkeit von der Aktienkursänderung ΔS folgenden Wert besitzt:

$$W_D(500+\Delta S, 1) = -279.11+0.6736\cdot(500+\Delta S) = 57.69+0.6736\cdot\Delta S = C_{lin}(500+\Delta S, 1).$$

Für kleine Aktienkursänderungen ist die Differenz zwischen dem Optionswert $C(S+\Delta S, 1)$ und dem Portefeuillewert $W_D(500+\Delta S, 1) = C_{lin}(500+\Delta S, 1)$ annähernd Null. Durch eine Gegenüberstellung von Gleichung (3.41) und Gleichung (3.40) wird deutlich, daß die Differenz von der Größenordnung $O(\Delta S^2)$ ist.

Entsprechend besitzt ein Portefeuille A, bestehend aus einer europäischen Kaufoption (long), 0.6736 Aktien (short) und einer Anlage in Bonds in Höhe von $B = 0.6736 \cdot 500 - 57.69 = 279.11$ GE, den Wert $W_A(S+\Delta S, 1) = C(S+\Delta S, 1) - C_{lin}(S+\Delta S, 1)$.

Kleine Aktienkursänderungen führen nur zu einer geringfügigen Änderung des Portefeuillewerts. Aufgrund der Konvexität der Optionsbewertungsgleichung bzgl. des Aktienkurses ist jedoch der Optionswert $C(S+\Delta S, T)$ für jede Aktienkursänderung $\Delta S \neq 0$ größer als dessen Approximation durch $C_{lin}(S+\Delta S, T)$. Jede Veränderung des Aktienkurses wirkt sich demnach positiv auf den Wert dieses Portefeuilles aus. ■

Im vorangehenden Beispiel wurde lediglich der Einfluß einer Aktienkursänderung auf den Optionswert berücksichtigt. Um den Einfluß der sich verkürzenden Restlaufzeit der Option sowie die Wertzunahme der Bonds zu berücksichtigen, wird im folgenden die Wertentwicklung $W_A(t)$ eines Portefeuilles, bestehend aus

- einer europäischen Kaufoption mit Ausübungspreis E und Restlaufzeit $T := t^* - t$,
- $\Phi(x(S,T))$ Aktien (short), (3.42)
- einer Bondposition in Höhe von $Ee^{-iT}\Phi(x(S,T) - \sigma\sqrt{T})$,

bestimmt. Abweichend von der Annahme einer zeitkontinuierlichen Anpassung wird zunächst die Wertentwicklung bei zeitdiskreter Anpassung gemäß (3.42) zu den Zeitpunkten $t \in \mathcal{Z}^{(K)} \cup \{t_0\}$ betrachtet. Wie aus Beispiel 3.3.24 hervorgeht, wirkt sich jede Aktienkursänderung zwischen zwei Anpassungszeitpunkten positiv auf die Wertentwicklung des Portefeuilles aus. Diesem Wertzuwachs steht jedoch die Verringerung des Optionswerts aufgrund der sich verkürzenden Restlaufzeit gegenüber.

Im folgenden Satz wird die Wertentwicklung eines zum Zeitpunkt t_1 gemäß (3.42) konstruierten Portefeuilles betrachtet. Hierbei wird insbesondere angenommen, daß im Teilintervall $[t_1, t_2]$ der Länge Δt keine zwischenzeitlichen Portefeuilleumschichtungen erfolgen.[66]

Satz 3.3.25 *Der aus Sicht des Betrachtungszeitpunkts t_1 stochastische Aktienkurs $\tilde{S} := S(t_2)$ kann, ausgehend von den Annahmen und Bezeichnungen aus Satz 3.3.19, wie folgt durch eine standardnormalverteilte Zufallsvariable U beschrieben werden:*

$$(1) \quad \tilde{S} = S\, e^{(\mu - \sigma^2/2)\Delta t + \sigma U \sqrt{\Delta t}} \qquad \textit{mit} \quad \Delta t := t_2 - t_1 > 0.$$

Ausgehend hiervon läßt sich die Veränderung des Optionswerts $\Delta C := C(\tilde{S}, T - \Delta t) - C(S,T)$ mit $T - \Delta t > 0$ und $\Delta S := \tilde{S} - S$ darstellen als:

$$(2) \quad \Delta C = \frac{\partial C}{\partial S}(S,T)\,\Delta S - \frac{\partial C}{\partial T}(S,T)\,\Delta t + \frac{1}{2}\frac{\partial^2 C}{\partial S^2}(S,T)\,\sigma^2 S^2 U^2 \Delta t + O(\Delta t^{3/2}).$$

Bezeichnet $W_A(t)$ den Wert des Hedgeportefeuilles zum Zeitpunkt t, das zum Zeitpunkt t_1 gemäß (3.42) konstruiert und zwischenzeitlich nicht angepaßt wird, so gilt für die Wertänderung $\Delta W_A := W_A(t_2) - W_A(t_1)$:

$$(3) \quad \Delta W_A = \lambda\,(U^2 - 1)\,\Delta t + O(\Delta t^{3/2}) \qquad \textit{mit} \quad \lambda := \frac{\sigma\, S\, \varphi(x(S,T))}{2\sqrt{T}}.$$

Beweis: Die Beweise zu den Aussagen (1) und (2) sind im Anhang aufgeführt. Aussage (3) ergibt sich unmittelbar aus Aussage (1) von Satz 4.3.5, wenn entsprechend der dort getroffenen Notation der Anpassungszeitpunkt t_0 mit dem Betrachtungszeitpunkt t_1 gleichgesetzt wird.[67] ∎

[66] Dieses Portefeuille ist so konstruiert, daß es zum Konstruktionszeitpunkt t_1 bei aktuellem Aktienkurs $S := S(t_1)$ einen Wert von Null besitzt.

[67] Vgl. hierzu auch Boyle, P.P. / Emanuel, D. (1980), Seite 263.

Die Wertveränderung von Portefeuille A über einen festen Zeitraum $[t_0, t^*]$ bei einer zeitdiskreten Anpassung zu den äquidistanten Zeitpunkten $t \in \mathcal{Z}^{(K)} \cup \{t_0\}$ ergibt sich aus der Summe der Wertveränderungen $\Delta W_A^{(K)}(t) := W_A^{(K)}(t) - W_A^{(K)}(t - \Delta t)$ des Portefeuilles über die Teilintervalle $[t - \Delta t, t]$ $(t \in \mathcal{Z}^{(K)})$:

$$\begin{aligned} W_A^{(K)}(t^*) - W_A^{(K)}(t_0) &= \sum_{t \in \mathcal{Z}^{(K)}} \lambda(t - \Delta t) \cdot (U^2(t) - 1)\, \Delta t + \sum_{t \in \mathcal{Z}^{(K)}} O(\Delta t^{3/2}) \\ \text{mit} \quad \lambda(t) &= \frac{\sigma\, S(t)\, \varphi(x(S(t), T))}{2\sqrt{T}}. \end{aligned}$$

$U(t)$ $(t \in \mathcal{Z}^{(K)})$ sind die unabhängig standardnormalverteilten Zufallsvariablen, aus denen sich in Analogie zu Aussage (1) des vorigen Satzes, ausgehend von $S(t_0)$, die Aktienkurse $S(t)$ $(t \in \mathcal{Z}^{(K)})$ ergeben.[68] Wegen der Unabhängigkeit der $U(t)$ $(t \in \mathcal{Z}^{(K)})$ sind die $\Delta W_A^{(K)}(t)$ unkorreliert, und aus $\mathrm{E}[U^2(t) - 1] = 0$ folgt daher:

$$\begin{aligned} \mathrm{E}[W_A^{(K)}(t^*) - W_A^{(K)}(t_0)] &= O(K\, \Delta t^{3/2}) = O(\frac{t^* - t_0}{\Delta t}\, \Delta t^{3/2}) = O(\Delta t^{1/2}), \\ \mathrm{Var}[W_A^{(K)}(t^*) - W_A^{(K)}(t_0)] &= O(K\, \Delta t^2) = O(\frac{t^* - t_0}{\Delta t}\, \Delta t^2) = O(\Delta t). \end{aligned}$$

Ausgehend von dieser Größenabschätzung folgert Leland mit Hilfe der Grenzbetrachtung $K \to \infty$ $(\Delta t \to 0)$, daß bei zeitkontinuierlicher Anpassung der Aktienanzahl gemäß (3.42) an das sich ändernde Optionsdelta $\Phi(x(S, T))$ die Wertveränderung $W_A^{(K)}(t^*) - W_A^{(K)}(t_0)$ mit Wahrscheinlichkeit Eins gegen Null konvergiert.[69] Da der Portefeuillewert zum Zeitpunkt t_0 Null beträgt, wird bei zeitkontinuierlicher Anpassung auch der Portefeuillewert zum Zeitpunkt t^* mit Wahrscheinlichkeit Eins Null betragen.

Eine europäische Kaufoption kann demnach durch ein zeitkontinuierlich angepaßtes Portefeuille, bestehend aus $\Phi(x(S, T))$ Aktien (long) und einer Kreditaufnahme in Höhe von $Ee^{-iT}\Phi(x(S, T) - \sigma\sqrt{T})$, dupliziert werden. Diese Zusammenhänge führen zur Interpretation der Option als teilweise fremdfinanzierte Aktienposition. Die Zusammensetzung des duplizierenden Portefeuilles spiegelt sich auch in Bewertungsgleichung (3.30) wieder. Dies wird anhand der folgenden Gegenüberstellung deutlich:

---

[68]In Beispiel 3.3.17 wurde bereits beschrieben, wie ein möglicher Aktienkursverlauf aus unabhängig standardnormalverteilten Zufallsvariablen gewonnen werden kann.

[69]Vgl. Leland, H. E. (1985), Seite 1286 - 1287.

$$\begin{array}{ccccccc} C(S,T) & = & S & \cdot & \Phi(x(S,T)) & - & E\,\mathrm{e}^{-iT}\Phi(x(S,T)-\sigma\sqrt{T}), \\ \text{Kaufoption} & = & \text{Aktie} & \cdot & \text{Delta} & - & \text{Kreditaufnahme.} \end{array}$$

Der Kauf einer europäischen Kaufoption führt zwischen dem Kauf- und Verfallzeitpunkt zu keinen weiteren Zahlungsströmen. Von einer Duplikation der Option durch das beschriebene Portefeuille an Aktien und Bonds kann daher nur gesprochen werden, wenn das Portefeuille selbstfinanzierend ist, d.h. wenn die notwendigen Anpassungen der Aktienposition durch Umschichtungen zwischen den Portefeuillepositionen finanziert werden.

Beispiel 3.3.26 Aus Satz 3.3.25 (3) geht lediglich die asymptotische Verteilung der Wertveränderung des beschriebenen Hedgeportefeuilles bzgl. des Grenzübergangs $\Delta t \to 0$ hervor. Für eine spezielle Situation kann die Wertveränderung ΔW_A auch über ein festes Zeitintervall numerisch exakt bestimmt werden.

In diesem Beispiel wird überprüft, inwiefern die Wertveränderung ΔW_A über einen Zeitraum der Länge $\Delta t = 1$ Jahr gut durch Satz 3.3.25 beschrieben wird. Für den Aktienkursprozeß wird hierbei eine geometrische Brownsche Bewegung mit Driftrate $\mu = 0.09$ p.a. und Volatilität $\sigma = 0.20\ \sqrt{\text{p.a.}}$ mit dem aktuellen Kurs $S := S(t_1) = 500$ GE unterstellt. Ausgehend von dieser Verteilungsannahme und dem risikolosen Zinssatz $i = 0.07$ p.a. wird die Wertveränderung ΔW_A eines Portefeuilles untersucht, das sich zum Betrachtungszeitpunkt t_1 aus folgenden Positionen zusammensetzt:

- eine europäische Kaufoption (long) mit $E = 500$ GE, $T = 2$ Jahre,
- $\Phi(x(S,T)) = 0.7377$ Aktien (short),
- risikolose Anlage in Höhe $E\,\mathrm{e}^{-iT}\Phi(x(S,T)-\sigma\sqrt{T}) = 277.38$ GE.

Dieses Portefeuille ist zum Zeitpunkt t_1 an das aktuelle Optionsdelta angepaßt und besitzt den Wert $W_A(t_1) = 91.47 - 0.7377 \cdot 500 + 277.38 = 0$ GE, d.h. zum Aufbau der Portefeuillepositionen ist kein Anfangsvermögen notwendig. Der Kauf der Option sowie der Kauf der Bonds wird mit Hilfe der aus dem Leerverkauf der Aktien zufließenden Mittel finanziert. Der Wert der Optionsposition sowie der Wert der Aktien- und Bondposition zum Zeitpunkt t_1 bzw. $t_2 = t_1 + \Delta t$ in Abhängigkeit von dem jeweils herrschenden Aktienkurs S werden aus Abbildung 3.12 für $\Delta t = 1$ Jahr ersichtlich.

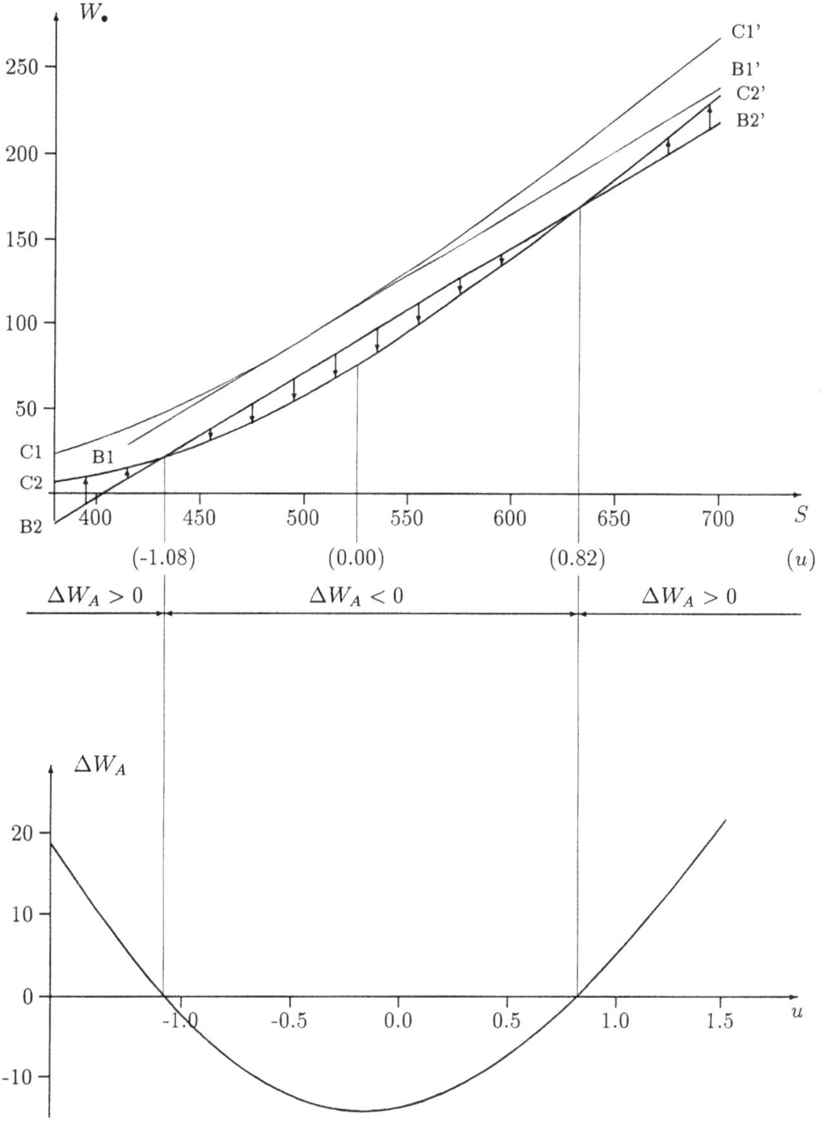

Abbildung 3.12: Wertveränderung eines Hedgeportefeuilles, das eine europäische Kaufoption (long) umfaßt

C1 — C1' zeigt die Abhängigkeit des Optionswertes vom Aktienkurs zum Anpassungszeitpunkt t_1, C2 — C2' die Abhängigkeit zum Anpassungszeitpunkt t_2. Durch die Verringerung der Restlaufzeit der Option sinkt der Optionswert bei ansonsten gleichen Bedingungen. Dies kommt in Abbildung 3.12 dadurch zum Ausdruck, daß die Kurve C2 — C2' unter der Kurve C1 — C1' liegt.

Diesem Wertverlust steht der Wertzuwachs bei der risikolosen Anlage gegenüber. Der negative Wert der Aktien- und Bondposition zum Zeitpunkt t_1 wird durch B1 — B1', der negative Wert zum Zeitpunkt t_2 durch A2 — A2' dargestellt. Die Werterhöhung der Bondposition um $277.38 \cdot (e^{0.07} - 1) = 20.11$ GE führt zu einer Verschiebung der Strecke B1 — B1' nach unten, da der negative Wert der Aktienposition (short) hierdurch teilweise kompensiert wird.

Der Wert des gesamten Portefeuilles $W_A(t_2)$ und damit die Wertveränderung ΔW_A entspricht der Differenz zwischen dem Wert der Optionspositon (C2 — C2') und dem negativen Wert der Aktien- und Bondposition (A2 — A2'). Kleine Aktienkursänderungen führen zu einem negativen Portefeuillewert. Sinkt der Aktienkurs unter 432.10 GE ($u = -1.08$) oder steigt der Aktienkurs über 631.62 GE ($u = 0.82$), so ergibt sich ein positives Portefeuillevermögen.

Kleine Aktienkursänderungen zwischen den Anpassungszeitpunkten t_1 und t_2 führen also zu einem Wertverlust, große Aktienkursänderungen zu einer Wertzunahme. Dieses Verhalten des Portefeuillewerts kann durch Aussage (3) des vorangehenden Satzes erklärt werden. ■

Die bisherigen Ausführungen zeigen, daß aufgrund der Konvexität der Optionsbewertungsgleichung der Wert eines zu den Zeitpunkten $t \in \mathcal{Z}^{(K)} \cup \{t_0\}$ gemäß (3.42) angepaßten Hedgeportefeuilles durch eine Aktienkursveränderung $|\Delta S| > 0$ zwischen den Anpassungszeitpunkten positiv beeinflußt wird (vgl. Beispiel 3.3.24). Dem steht ein Wertrückgang infolge der sich verringernden Restlaufzeit der Option gegenüber. Als Gesamteffekt ergibt sich das in Satz 3.3.25 festgehaltene Ergebnis:

$$\begin{aligned}\Delta W_A^{(K)}(t) := W_A^{(K)}(t) - W_A^{(K)}(t-\Delta t) &= \lambda(t-\Delta t)\cdot\left(U^2(t)-1\right)\cdot\Delta t + O(\Delta t^{3/2})\\ &= \lambda(t-\Delta t)\cdot U^2(t)\cdot\Delta t - \lambda(t-\Delta t)\cdot\Delta t + O(\Delta t^{3/2})\\ &= \lambda(t-\Delta t)\cdot\Delta Z^2(t) \quad - \lambda(t-\Delta t)\cdot\Delta t + O(\Delta t^{3/2}).\end{aligned}$$

Die Ausführungen zu Satz 3.3.25 zeigen, daß beim Grenzübergang zur zeitkontinuierlichen Anpassung die Summe der unkorrelierten Wertänderungen $\sum_{t \in \mathcal{Z}^{(K)}} \Delta W_A^{(K)}(t)$ mit Wahrscheinlichkeit Eins gegen Null konvergiert. Dies wird insbesondere durch die Betrachtung des stochastischen Differentials deutlich, das die lokale Wertveränderung eines gemäß (3.42) angepaßten Portefeuilles beschreibt:

$$\begin{aligned} dW_A(t) &= \lambda(t-dt) \cdot dZ^2(t) &&- \lambda(t-dt) \cdot dt \\ &= \lambda(t-dt) \cdot dt &&- \lambda(t-dt) \cdot dt \\ &= 0. \end{aligned}$$

Der resultierende Prozeß $\{W_A(t) : t \in [t_0, t^*]\}$ wird durch das stochastische Differential $dW_A(t)$ auf einer Menge mit Wahrscheinlichkeit Eins korrekt beschrieben. Damit beträgt die Wahrscheinlichkeit Null, daß eine Realisation der Brownschen Bewegung auftritt, durch die sich der Portefeuillewert $W_A(t)$ ausgehend vom Wert $W_A(t_0) = 0$ innerhalb des Betrachtungszeitraums auf $W_A(t^*) \neq 0$ verändert. In den weiteren Ausführungen wird untersucht, ob eine Realisation der Brownschen Bewegung aus der Menge mit Wahrscheinlichkeitsmaß Null existiert, bei der der Portefeuillewert von Null abweicht.

Hierzu wird in Satz 3.3.27 die Wirkung eines über den Betrachtungszeitraum $[t_0, t^*]$ konstanten Aktienkurses auf den Portefeuillewert betrachtet. Ein konstanter Aktienkurs als Realisation der geometrischen Brownschen Bewegung tritt beispielsweise dann auf, wenn als Driftrate $\mu = \sigma^2/2$ unterstellt wird und die Realisationen der Zufallsvariablen $U(t)$ $(t \in [t_0, t^*])$, die zu den Zeitpunkten $t \in \mathcal{Z}^{(K)}$ die Veränderungen des Aktienkurses gemäß Satz 3.3.25 (1) hervorrufen, den Wert Null annehmen.[70] Aufgrund von Satz 3.3.25 (3) ist daher bei zeitdiskreter Anpassung die Wertänderung des Portefeuilles zwischen je zwei Anpassungzeitpunkten negativ. Diese Überlegung macht deutlich, warum gerade ein konstanter Aktienkurs als möglicher Repräsentant aus der Nullmenge ausgewählt wird.

---

[70] Strenggenommen ergibt sich die geometrische Brownsche Bewegung aus einer Grenzbetrachtung. Ausgehend von der Folge der White-Noise-Prozesse $\left(\{U^{(K)}(t) : t \in \mathcal{Z}^{(K)} \cup \{t_0\}\}\right)_{K=1}^{\infty}$ resultiert die geometrische Brownsche Bewegung $\{S(t) : t \in [t_0, t^*]\}$ aus der Grenzbetrachtung $K \to \infty$ $(\Delta t \to 0)$ von $\left(\{S^{(K)}(t) : t \in \mathcal{Z}^{(K)} \cup \{t_0\}\}\right)_{K=1}^{\infty}$ mit

$$S^{(K)}(t) = S^{(K)}(t - \Delta t) \cdot e^{(\mu - \sigma^2/2)\Delta t + \sigma U^{(K)}(t)\sqrt{\Delta t}}.$$

Satz 3.3.27 *Hedgeportefeuille A, das zu Betrachtungsbeginn t_0 aus einer europäischen Kaufoption (Restlaufzeit $T_0 = t^* - t_0$, Ausübungspreis E), $-\Phi(x(S(t_0), T_0))$ Aktien und einer Bondposition in Höhe $\Phi(x(S(t_0), T_0))S(t_0) - C(S(t_0), T_0)$ besteht, werde über den gesamten Betrachtungszeitraum $[t_0, t^*]$ durch zeitkontinuierliche Portefeuilleumschichtungen zwischen der Aktien- und Bondposition so angepaßt, daß zu jedem Zeitpunkt $t \in [t_0, t^*]$ genau $\Phi(x(S(t), t^* - t)$ Aktien (short) im Portefeuille enthalten sind.*

Werden die Marktbedingungen (M1) bis (M6) zugrunde gelegt und die Option gemäß Gleichung (3.30) bewertet, so ergibt sich für die Realisation $S(t) \equiv S_0$ folgende Realisation des Portefeuillewertverlaufs $\{W_A(t) : t \in [t_0, t^*]\}$:

$$W_A(t) = B(t^* - t) - \Phi(x(S_0, t^* - t))S_0 + C(S_0, t^* - t) \tag{3.43}$$

$$\text{mit} \quad B(T) = -S_0 e^{-iT} \int_T^{T_0} \frac{\partial \Phi}{\partial \tau}(x(S_0, \tau))e^{i\tau} d\tau \; + \; \Big(\Phi(x(S_0, T_0))S_0 - C(S_0, T_0)\Big) e^{i(T_0 - T)}.$$

Beweis: Der Beweis des Satzes erfolgt in 4 Schritten:

(i) Betrachtung der Wertänderungen der einzelnen Portefeuillepositionen zwischen zwei Anpassungszeitpunkten bei zeitdiskreter Anpassung und Bestimmung der Differenzengleichung zur Beschreibung der Wertänderung der Bondposition;

(ii) Herleitung der Differentialgleichung zur Bestimmung des Wertverlaufs der Bondposition bei zeitkontinuierlicher Anpassung aus der in (i) gewonnenen Differenzengleichung mit Hilfe der Grenzbetrachtung $\Delta t \to 0$;

(iii) Lösen der Differentialgleichung aus (ii) unter Berücksichtigung der Randwertbedingung, die sich aus der Betrachtung der Bondposition zum Zeitpunkt t_0 ergibt;

(iv) Addition der Werte der einzelnen Portefeuillepositionen.

Da der Aktienkurs konstant gleich S_0 ist, wird in den nachfolgenden Ausführungen zur Vereinfachung statt $\Phi(x(S_0, T))$ die Notation $\tilde{\Phi}(T)$ verwendet.

Zu (i): Bei der Bestimmung der Wertveränderungen der Portefeuillepositionen innerhalb eines Teilintervalls der Länge $\Delta t = -\Delta T > 0$ wird zunächst unterstellt, daß das Hedgeportefeuille nicht kontinuierlich, sondern lediglich zu Beginn und am Ende des Teilintervalls wie im Satz formuliert angepaßt wird. Bei einer Verkürzung der Restlaufzeit von T auf $T + \Delta T$ ergeben sich dann folgende Wertveränderungen für die Options- und Aktienposition:

Position	Wertveränderung bei $T \to T + \Delta T$
Option	$C(S_0, T + \Delta T) - C(S_0, T)$
Aktien	$-\left(\tilde{\Phi}(T + \Delta T) - \tilde{\Phi}(T)\right)\, S_0$

Die Anpassung der Aktienposition am Ende des Teilintervalls wird durch eine Portefeuilleumschichtung zwischen Aktien- und Bondposition finanziert. Hierdurch findet eine zur Aktienposition gegenläufige Veränderung in der Bondposition statt. Eine positive Wertänderung der Bondposition wird durch die Verzinsung des Bondbestandes $B(T)$ bewirkt. Aufgrund dieser Überlegungen ergibt sich für die Bondposition folgende Änderung:

$$
\begin{aligned}
B(T + \Delta T) - B(T) &= -i\Delta T\, B(T) + (\tilde{\Phi}(T + \Delta T) - \tilde{\Phi}(T))\, S_0 \\
\Longleftrightarrow \quad \frac{B(T + \Delta T) - B(T)}{\Delta T} &= -\, i\, B(T) + \frac{\tilde{\Phi}(T + \Delta T)) - \tilde{\Phi}(T)}{\Delta T}\, S_0.
\end{aligned}
$$

Zu (ii): Mit Hilfe der Grenzbetrachtung $\Delta T \to 0$ ergibt sich hieraus die inhomogene lineare Differentialgleichung erster Ordnung:

$$
\frac{\partial B}{\partial T}(T) = -\, i\, B(T) + \frac{\partial \tilde{\Phi}}{\partial T}(T)\, S_0. \tag{3.44}
$$

Diese Differentialgleichung beschreibt den Wertverlauf der Bondposition in Abhängigkeit von der Restlaufzeit $T = t^* - t$ für den Grenzfall der zeitkontinuierlichen Anpassung.

Zu (iii): Unter Berücksichtiung der Randwertbedingung

$$
B(T_0) = \tilde{\Phi}(T_0) S_0 - C(S_0, T_0) \tag{3.45}
$$

ergibt sich als Lösung der Differentialgleichung:[71]

$$B(T) = -S_0 e^{-iT} \int_T^{T_0} \frac{\partial \tilde{\Phi}}{\partial \tau}(\tau) e^{i\tau} d\tau \; + \; \left(\tilde{\Phi}(T_0) S_0 - C(S_0, T_0)\right) e^{i(T_0 - T)}.$$

Zu (iv): Bei zeitkontinuierlicher Anpassung sind im Portefeuille zu jedem Zeitpunkt $t \in [t_0, t^*]$ neben der Bondposition genau eine europäischen Kaufoption und $-\tilde{\Phi}(t^* - t)$ Aktien enthalten. Damit ergibt sich:

$$W_A(t) = B(t^* - t) - \tilde{\Phi}(t^* - t) S_0 + C(S_0, t^* - t).$$

■

Beispiel 3.3.28 Bei der Berechnung des Wertverlaufs des zeitkontinuierlich angepaßten Hedgeportefeuilles bei Realisation eines konstanten Aktienkurses über die gesamte Laufzeit der europäischen Kaufoption wird von folgenden Daten ausgegangen:

Kurs der Basisaktie:	S_0	=	500	GE	Restlaufzeit:	T_0	=	1	Jahr
Ausübungspreis:	E	=	500	GE	Stetiger Zinssatz:	i	=	0.07	p.a.
					Volatilität:	σ	=	0.20	$\sqrt{\text{p.a.}}$

Erfolgt eine zeitkontinuierliche Anpassung der Aktienanzahl, dann ergeben sich aus Satz 3.3.27 die in der folgenden Tabelle aufgeführten Hedgeportefeuillewerte sowie der in Abbildung 3.13 dargestellte Wertverlauf des Hedgeportefeuilles. Mit fortschreitender Zeit nimmt der Wert des Hedgeportefeuilles kontinuierlich ab.

T	1.0	0.8	0.5	0.4	0.3	0.2	0.1	0.0
$W(T)$	0.00	−3.87	−11.03	−13.96	−17.33	−21.38	−26.69	−39.48

■

Beispiel 3.3.28 zeigt, daß sich auch bei zeitkontinuierlicher Anpassung des Hedgeportefeuilles gemäß (3.42) für eine spezielle Realisation des Aktienkursprozesses ein negativer Endwert ergeben kann, obwohl alle Annahmen des Black/Scholes–Modells erfüllt sind. Für diesen speziellen Fall wird die den stochastische Prozeß $\{W_A(t) : t \in [t_0, t^*]\}$ definierende Integralgleichung $W_A(t) = W_A(t_0) + \int_{t_0}^{t} 0 \, dt$ nicht durch die Realisation erfüllt.

[71] Die Lösung der Differentialgleichung ist im Anhang aufgeführt.

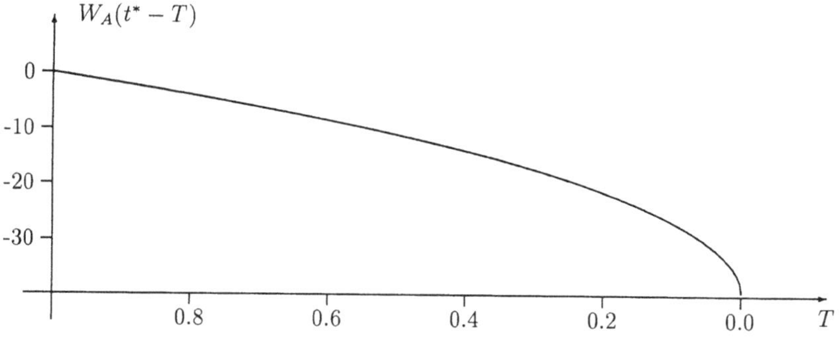

Abbildung 3.13: Wertentwicklung eines Hedgeportefeuilles, das eine europäische Kaufoption (long) umfaßt, bei Realisation eines konstanten Aktienkursverlaufs

Eine Begründung, daß diese Situation gerade bei der Realisation eines konstanten Aktienkurses auftritt, liefert Satz 3.3.25. Wegen $u(t) \equiv 0$ ist die Änderung des Portefeuillewerts zwischen den Anpassungszeitpunkten $t \in \mathcal{Z}^{(K)} \cup \{t_0\}$ immer negativ. Die im Grenzfall $\Delta t \to 0$ infinitesimal kleinen negativen Wertänderungen werden daher nicht durch entsprechende positive Änderungen kompensiert.

Dies steht jedoch nicht im Widerspruch zur Beschreibung des Prozesses $\{W_A(t) : t \in [t_0, t^*]\}$ durch das stochastische Differential $dW_A(t) = 0$, da die zugehörige Integralgleichung den Prozeß lediglich auf einer Menge mit Wahrscheinlichkeit Eins korrekt beschreibt.

Zur Veranschaulichung der vorliegenden Situation, die zu einem Wertverlust führt, kann auf die Ausführungen in den Unterabschnitten 3.3.2.1.1 und 3.3.2.1.2 zurückgegriffen werden. So wurde zur Berechnung des Differentials $dW_A(t)$ auf Seite 105 u.a. die Rechenregel $dZ^2(t) = dt$ verwendet. Wie aus den Ausführungen auf Seite 84 hervorgeht, basiert die auf die zugehörige Integraldarstellung zurückgehende Rechenregel auf dem Konzept der P-fast-sicheren Konvergenz:

$$\int_{t_0}^{t^*} dZ^2(t) = \int_{t_0}^{t^*} U^2(t)dt := \lim_{K\to\infty} \sum_{t\in\mathcal{Z}^{(K)}} U^2(t)\Delta t = \lim_{K\to\infty} \frac{t^*-t_0}{K} \sum_{t\in\mathcal{Z}^{(K)}} U^2(t)$$
$$= (t^*-t_0)\,\mathrm{E}[U^2(t)] = t^*-t_0 = \int_{t_0}^{t^*} dt.$$

Die auf das starke Gesetz der großen Zahlen zurückgehende P–fast–sichere Konvergenz des empirischen Moments $1/K \cdot \sum_{t \in \mathcal{Z}^{(K)}} U^2(t)$ gegen das theoretische Moment $\mathrm{E}[U^2(t)] = 1$ beruht u.a. auf der Unabhängigkeit der $U(t)$ $(t \in \mathcal{Z}^{(K)})$. Für die spezielle Realisation $u(t) \equiv 0$ ist jedoch das erste empirische Moment der $u^2(t)$ $(t \in \mathcal{Z}^{(K)})$ gleich Null. Daher erfüllt die Realisation des stochastischen Prozesses $\{W_A(t) : t \in [t_0, t^*]\}$ nicht die zu $dW_A(t) = 0$ zugehörige Integralgleichung $W_A(t) = W_A(t_0) + \int_{t_0}^t 0\, dt$.

Dieser Zusammenhang wird auch anhand einer heuristischen Betrachtung, basierend auf dem Ergebnis aus Satz 3.3.25, deutlich. Bezeichnet $W_A^{(K)}(t)$ den Wert des Hedgeportefeuilles, das gemäß (3.42) zu den Zeitpunkten $t \in \mathcal{Z}^{(K)} \cup \{t_0\}$ angepaßt wird, so ergibt sich die Veränderung $W_A(t^*) - W_A(t_0)$ bei zeitkontinuierlicher Anpassung aus der Grenzbetrachtung $K \to \infty$ für:

$$W_A^{(K)}(t^*) - W_A^{(K)}(t_0) = \sum_{t \in \mathcal{Z}^{(K)}} \lambda(t - \Delta t) \left(U^2(t) - 1\right) \Delta t + \underbrace{\sum_{t \in \mathcal{Z}^{(K)}} O(\Delta t^{3/2})}_{O(\Delta t^{1/2})}.$$

Das Ergebnis $W_A(t^*) - W_A(t_0) = \lim_{K \to 0} W_A^{(K)}(t^*) - W_A^{(K)}(t_0) = 0$ ergibt sich aufgrund der P-fast-sicheren Konvergenz der empirischen Momente gegen die theoretischen Momente. Gilt jedoch für einen beliebigen Betrachtungszeitraum

$$1/T \cdot \sum_{t \in \mathcal{Z}^{(K)}} u^2(t) \longrightarrow a \neq 1,$$

so wird der Hedgeportefeuillewert $W(t^*)$ für $a > 1$ nach oben und für $a < 1$ nach unten von Null abweichen. Stärkere Aktienkursschwankungen als erwartet führen zu einer Wertsteigerung des betrachteten Hedgeportefeuilles, kleinere Aktienkursschwankungen zu einem Wertverlust. Dies verdeutlicht, daß der Wert des gemäß (3.42) zeitkontinuierlich angepaßten Hedgeportefeuilles steigt, wenn die der Optionsbewertung zugrunde gelegte Volatilität unterschätzt wird und umgekehrt.

Die Wertänderungen lassen sich auf zwei, in unterschiedliche Richtung wirkende Ursachen, zurückführen. Zum einen wirkt sich jede Aktienkursänderung positiv auf den Portefeuillewert aus, da die Optionsbewertungsfunktion $C(S, T)$ streng konvex in S ist und der tatsächliche Optionswert somit über dem linearisierten Optionswert liegt. Dem steht die Wertminderung aufgrund der abnehmenden Restlaufzeit vermindert um die Zinserträge in der Bondposition gegenüber. Erfolgt eine zeitkontinuierliche Anpassung, so heben sich diese Wertänderungen bei korrekter Einschätzung der Volatilität mit Wahrscheinlichkeit Eins auf. Eine europäische Kaufoption kann daher auch als **Bewertung der erwarteten zukünftigen Volatilität** des Basisinstruments interpretiert werden.

Eine weitere Interpretation ergibt sich aus der Betrachtung der Zahlungs- und Wertströme bei einer möglichen Ausübung einer europäischen Kaufoption zum Verfallzeitpunkt t^*. Wird die Kaufoption wegen $S(t^*) > E$ ausgeübt, so erhält der Optionsinhaber gegen Zahlung des Ausübungspreises E eine Aktie mit dem Kurs $S(t^*)$. Ist hingegen $S(t^*) \leq E$, so wird die Kaufoption nicht ausgeübt. Mit der Definition

$$E^* := \begin{cases} E & \text{für } S(t^*) > E \\ 0 & \text{sonst} \end{cases} \qquad S^* := \begin{cases} S(t^*) & \text{für } S(t^*) > E \\ 0 & \text{sonst} \end{cases} \tag{3.46}$$

kann der Optionswert für $\mu = i$ als diskontierter Erwartungswert von $S^* - E^* = \max\{0, S(t^*) - E\}$ interpretiert werden, wie aus Punkt (4) des nachfolgenden Satzes hervorgeht.

Satz 3.3.29 *Unter den Annahmen des Black/Scholes-Modells mit $\mu = i$ und aktuellem Aktienkurs $S := S(t)$ sowie den Definitionen für E^* und S^* gemäß Gleichung (3.46) gilt:*

(1) $\mathrm{P}\{S(t^*) > E\} = \Phi(x(S,T) - \sigma\sqrt{T})$,

(2) $\mathrm{E}(E^*) = E\,\Phi(x(S,T) - \sigma\sqrt{T})$,

(3) $\mathrm{E}(S^*) = S\,e^{iT}\,\Phi(x(S,T))$,

(4) $\mathrm{E}(S^* - E^*) = e^{iT} C(S,T)$

mit $$C(S,T) = S\,\Phi(x(S,T)) - E\,e^{-iT}\,\Phi(x(S,T) - \sigma\sqrt{T}),$$
$$x(S,T) = \frac{\ln(S/E) + (i + \frac{\sigma^2}{2})T}{\sigma\sqrt{T}}.$$

Beweis: Aufgrund der für den Aktienkursprozeß unterstellten geometrischen Brownschen Bewegung gilt gemäß Ausdruck (3.28) in Unterabschnitt 3.3.2.1.2 :

$$\ln(S(t^*)/S)) \sim N\left((i - \frac{\sigma^2}{2})T, \sigma^2 T\right) \Longrightarrow \ln(S(t^*)) \sim N\left((i - \frac{\sigma^2}{2})T + \ln(S), \sigma^2 T\right).$$

Zu (1):

$$
\begin{aligned}
P\{S(t^*) > E\} &= P\{-\ln(S(t^*)) < -\ln(E)\} \\
&= \Phi\left(\frac{-\ln(E) + (i - \frac{\sigma^2}{2})T + \ln(S)}{\sigma\sqrt{T}}\right) \\
&= \Phi\left(\frac{\ln(S/E) + (i - \frac{\sigma^2}{2})T}{\sigma\sqrt{T}}\right) \\
&= \Phi(x(S,T) - \sigma\sqrt{T})
\end{aligned}
$$

Zu (2): $E(E^*) = E\ P\{S^* > E\} = E\ \Phi(x(S,T) - \sigma\sqrt{T})$

Zu (3): [72] $E(S^*) = S\ E(S^*/S) = S \int\limits_{E/S}^{\infty} \tau f_{\frac{S(t^*)}{S}}(\tau) d\tau = S\ e^{iT}\ \Phi(x(S,T))$

Zu (4): $E(S^* - E^*) = S\ e^{iT}\ \Phi(x(S,T)) - E\ \Phi(x(S,T) - \sigma\sqrt{T}) = e^{iT} C(S,T)$ ∎

Mit Hilfe der Aussage des vorangehenden Satzes läßt sich die Optionsbewertungsgleichung (3.30) zur Interpretation mit der Festlegung $\mu = i$ wie folgt darstellen:

$$
\begin{aligned}
C(S,T) &= e^{-iT}\ (E(S^*) - E(E^*)) \\
&= e^{-iT}\ E(S^*) - E\ e^{-iT}\ P\{S(t^*) > E\} \\
&= S\ \Phi(x(S,T)) - E\ e^{-iT}\ \Phi(x(S,T) - \sigma\sqrt{T}).
\end{aligned}
$$

Diese Gegenüberstellung zeigt, daß die Komponenten $S\ \Phi(x(S,T))$ und $E\ e^{-iT}\Phi(x(S,T) - \sigma\sqrt{T})$ der Optionsbewertungsgleichung jeweils als diskontierte erwartete Erträge bzw. Aufwendungen interpretiert werden können.

[72] Die Lösung des in diesem Teil des Beweises auftretenden Integrals ist im Anhang aufgeführt.

3.3.3 Black/Scholes–Modell als Grenzfall des Binomialmodells

Das Binomialmodell und das Black/Scholes–Modell unterscheiden sich lediglich bezüglich des unterstellten Aktienkursprozesses. Während im Binomialmodell für den Aktienkursprozeß ein multiplikativer Binomialprozeß unterstellt wird, liegt dem Black/Scholes–Modell eine geometrische Brownsche Bewegung mit Volatilität σ und Driftrate μ zugrunde.

Den Ausführungen des Unterabschnitts 3.3.2.1.1 folgend, werden in diesem Unterabschnitt Bedingungen formuliert, unter denen sich die im Black/Scholes–Modell unterstellte geometrische Brownsche Bewegung $\{S(t) : t \in [t_0, \infty)\}$ als Grenzfall des zeitdiskreten multiplikativen Binomialprozesses $\{S^{(K)}(t) : t = t_0 + k\Delta t^{(K)};\ \Delta t^{(K)} \in \mathbb{R}_{>0},\ k \in \mathbb{N}_0\}$ ergibt. Wie anschließend gezeigt wird, konvergiert unter diesen Bedingungen die Optionsbewertungsgleichung (3.9) des Binomialmodells gegen die Bewertungsgleichung (3.30) des Black/Scholes–Modells.[73] Auf diese Weise wird die Bewertungsgleichung des Black/Scholes–Modells mit Hilfe einer Grenzbetrachtung aus der Bewertungsgleichung des Binomialmodells gewonnen. Zur Durchführung der Grenzbetrachtung wird die in Satz 3.3.30 formulierte spezielle Form des zentralen Grenzwertsatzes herangezogen.

Satz 3.3.30 [74] *Sei* $\left(X^{(K)}\right)_{K=1}^{\infty} := \left((X_1^{(K)}, X_2^{(K)}, \ldots, X_k^{(K)}, \ldots, X_K^{(K)})\right)_{K=1}^{\infty}$ *eine Folge von Zufallsvektoren* $X^{(K)}$ *für die gilt:*

(1) $X_k^{(K)}$ $(k = 1, 2, \ldots, K)$ *sind unabhängig identisch verteilt:*

- *(i)* $\mu_K := \mathrm{E}(X_k^{(K)})$,
- *(ii)* $\sigma_K^2 := \mathrm{Var}(X_k^{(K)})$.

(2) Es existieren folgende Grenzwerte:

- *(i)* $\mu := \lim_{K\to\infty} \mu_K$,
- *(ii)* $\sigma^2 := \lim_{K\to\infty} \sigma_K^2$.

---

[73] Vgl. Cox, J. C. / Ross, A. / Rubinstein, M. (1979), Seite 246 - 255.

[74] Der Beweis des Satzes ist im Anhang aufgeführt.

Dann gilt für $Z_K := \frac{\sum_{k=1}^{K}(X_k^{(K)} - \mu)}{\sqrt{K}\,\sigma}$*:*

$$\forall y \in \mathbb{R}: \lim_{K\to\infty} F_{Z_K}(y) = \Phi(y) \quad \Longleftrightarrow \quad \lim_{K\to\infty} \sqrt{K}\,(\mu_K - \mu) = 0. \tag{3.47}$$

■

Im Unterschied zum zentralen Grenzwertsatz nach Laplace und Moivre verändern sich Erwartungswert und Varianz jedes einzelnen Summanden mit zunehmender Anzahl K an Summanden. Die standardisierte Summe $Z_K := \frac{\sum_{k=1}^{K}(X_k^{(K)} - \mu)}{\sqrt{K}\,\sigma}$ ist unter den getroffenen Annahmen genau dann asymptotisch standardnormalverteilt, wenn $\lim_{K\to\infty} \sqrt{K}(\mu_K - \mu) = 0$ ist, wenn also μ_K für $K \to \infty$ schnell genug gegen μ konvergiert.

Mit dem zentralen Grenzwertsatz 3.3.30 steht ein Hilfsmittel zur Verfügung,

(1) um zu überprüfen, ob sich das Black/Scholes–Modell als Grenzfall des Binomialmodells ergibt und

(2) um die Optionsbewertungsgleichung nach Black und Scholes aus einer Grenzbetrachtung der Optionsbewertungsgleichung des Binomialmodells herzuleiten.

Zur Durchführung der Grenzbetrachtung erfolgt in Analogie zu Unterabschnitt 3.3.3 die Zerlegung des Betrachtungszeitraum $[t_0, t^*] = [t_0, t_0 + T]$ durch $K + 1$ äquidistante Zeitpunkte, die in der Menge $\mathcal{Z}^{(K)} \cup \{t_0\}$ mit

$$\mathcal{Z}^{(K)} := \{t_k^{(K)} : \; t_k^{(K)} = t_0 + k\Delta t^{(K)}; \; k = 1, 2, \ldots, K\},$$
$$\Delta t^{(K)} := \frac{t^* - t_0}{K} = \frac{T}{K} \in \mathbb{R}_{>0}$$

zusammengefaßt sind. Damit sich die im Black/Scholes–Modell unterstellte geometrische Brownsche Bewegung $\{S(t) : t \in [t_0, \infty)\}$ mit Volatilität σ und Driftrate μ als zeitkontinuierlicher Grenzprozeß aus dem multiplikativen Binomialprozeß $\{S^{(K)}(t) : t = t_0 + k\Delta t^{(K)}; \; \Delta t^{(K)} \in \mathbb{R}_{>0}, \; k \in \mathbb{N}_0\}$ für $K \to \infty$ $(\Delta t^{(K)} \to 0)$ ergibt, müssen die im Binomialmodell unterstellten Parameter u_K, d_K und q_K in noch zu bestimmender Weise in Abhängigkeit von μ und σ festgelegt werden. Im ersten Schritt wird die Wahl der Parameter u_K, d_K und q_K in Abhängigkeit von σ und μ aus einer Plausibilitätsüberlegung gewonnen. Anschließend wird die entsprechende Aussage in Satz 3.3.31 exakt formuliert und bewiesen.[75]

Bei Unterstellung eines muliplikativen Binomialprozesses mit den Parametern u_K, d_K und q_K kann die Aktienkursänderung zu den Zeitpunkten $t \in \mathcal{Z}^{(K)}$ wie folgt beschrieben werden:

$$S^{(K)}(t - \Delta t) \begin{cases} S^{(K)}(t) = u_K\, S^{(K)}(t - \Delta t) & \text{mit Wahrscheinlichkeit } q_K \\ S^{(K)}(t) = d_K\, S^{(K)}(t - \Delta t) & \text{mit Wahrscheinlichkeit } 1 - q_K. \end{cases}$$

Bezeichnet n_K die zufällige Anzahl der durch den Faktor u_K innerhalb des Betrachtungszeitraums hervorgerufenen Aktienkursänderungen, so ergibt sich für den Aktienkurs $S^{(K)}(t^*)$ am Ende der Betrachtungsperiode:

$$\begin{aligned} S^{(K)}(t^*) &= S^{(K)}(t_0) \cdot \prod_{t \in \mathcal{Z}^{(K)}} \frac{S^{(K)}(t)}{S^{(K)}(t - \Delta t)} = u_K^{n_K}\, d_K^{K - n_K}\, S^{(K)}(t_0) \\ \Longrightarrow \quad \ln\left(\frac{S^{(K)}(t^*)}{S^{(K)}(t_0)}\right) &= n_K \ln(u_K/d_K) + K \ln(d_K). \end{aligned}$$

Aufgrund der Unabhängigkeit der Aktienkursänderungen zu den Zeitpunkten $t \in \mathcal{Z}^{(K)}$ gilt:

$$n_K \sim B(K, q_K) \quad \Rightarrow \quad \mathrm{E}[n_K] = K q_K, \quad \mathrm{Var}[n_K] = K q_K (1 - q_K)$$

$$\begin{aligned} \Longrightarrow \quad \mathrm{E}\left[\ln\left(\tfrac{S^{(K)}(t^*)}{S^{(K)}(t_0)}\right)\right] &= \mathrm{E}[n_K] \ln(u_K/d_K) + K \ln(d_K) = K(q_K \ln(u_K/d_K) + \ln(d_K)), \\ \mathrm{Var}\left[\ln\left(\tfrac{S^{(K)}(t^*)}{S^{(K)}(t_0)}\right)\right] &= \mathrm{Var}[n_K](\ln(u_K/d_K))^2 = K q_K (1 - q_K) \ln^2(u_K/d_K). \end{aligned}$$

Bei Unterstellung der geometrischen Brownschen Bewegung mit Driftrate μ und Volatilität σ ist $\ln(S(t^*)/S(t_0))$ normalverteilt mit Erwartungswert $(\mu - \sigma^2/2)T$ und Varianz $\sigma^2 T$. Um die Konvergenz des multiplikativen Binomialprozesses gegen die geometrische Brownsche Bewegung gewährleisten zu können, müssen als Minimalanforderungen

$$\begin{aligned} \mathrm{E}\left[\ln\left(\tfrac{S^{(K)}(t^*)}{S^{(K)}(t_0)}\right)\right] &= K(q_K \ln(u_K/d_K) + \ln(d_K)) \underset{K \to \infty}{\longrightarrow} (\mu - \sigma^2/2)T, \\ \mathrm{Var}\left[\ln\left(\tfrac{S^{(K)}(t^*)}{S^{(K)}(t_0)}\right)\right] &= K q_K (1 - q_K) \ln^2(u_K/d_K) \underset{K \to \infty}{\longrightarrow} \sigma^2 T \end{aligned}$$

[75]In den folgenden Ausführungen wird zur Vereinfachung der Schreibweise statt $\Delta t^{(K)}$ die Notation Δt verwendet.

gelten. Diese Forderungen sowie die für das Binomialmodell in der Regel unterstellte Beziehung $u_K d_K = 1$ werden letztendlich durch

$$\begin{aligned} u_K &= e^{\sigma\sqrt{T/K}}, \\ d_K &= e^{-\sigma\sqrt{T/K}}, \\ q_K &= \frac{1}{2} + \frac{\mu - \sigma^2/2}{2\,\sigma}\sqrt{T/K} \end{aligned} \tag{3.48}$$

erfüllt.[76] Werden die Parameter u_K, d_K und q_K des multiplikativen Binomialprozesses in dieser Weise gewählt, konvergiert der multiplikative Binomialprozeß gegen die im Black/Scholes-Modell unterstellte geometrische Brownsche Bewegung mit Volatilität σ und Driftrate μ, wie aus dem folgenden Satz hervorgeht.

---

[76] Die Beziehungen zwischen u_K, d_K, q_K und μ, σ ergeben sich aus folgendem Gleichungssystem:

$$\begin{aligned} (1) \quad & K(q_K \ln(u_K/d_K) + \ln(d_K)) = (\mu - \sigma^2/2)T + o(1) \\ (2) \quad & q_K(1 - q_K)\ln^2(u_K/d_K) = \sigma^2 T \qquad + o(1) \\ (3) \quad & u_K d_K = 1 \end{aligned}$$

Als Lösung des Gleichungssystems ergibt sich:

$$\ln^2(u_K) = \sigma^2 \frac{T}{K} + (\mu - \sigma^2/2)^2 \left(\frac{T}{K}\right)^2 + o\left(\frac{1}{K}\right) = \sigma^2 \frac{T}{K} + o\left(\frac{1}{K}\right).$$

Da $o(1/K)$ für $K \to \infty$ asymptotisch vernachlässigt werden kann, folgt:

$$u_K = e^{\sigma\sqrt{\frac{T}{K}}}.$$

Die Beziehung $d_K = e^{-\sigma\sqrt{T/K}}$ resultiert aus $u_K d_K = 1$, und die Beziehung für q_K ergibt sich durch Einsetzen von u_K und d_K in Gleichung (1). Die aus dieser Betrachtung resultierende Wahrscheinlichkeit q_K weicht von dem Ergebnis von Cox, J. C. / Ross, A. / Rubinstein, M. (1979), Seite 249, ab. Cox, Ross und Rubinstein erhalten aufgrund eines fehlerhaften Ansatzes für q_K die Beziehung:

$$q_K = \frac{1}{2} + \frac{\mu}{2\,\sigma}\sqrt{T/K}.$$

Bei ihrer Wahl von q_K wäre $\ln(S^{(K)}(T)/S^{(K)}(0))$ asymptotisch normalverteilt mit Erwartungswert μT statt mit Erwartungswert $(\mu - \sigma^2/2)T$. Dies würde dazu führen, daß die geometrische Brownsche Bewegung als Grenzprozeß des multiplikativen Binomialprozesses nicht mehr die Driftrate μ besitzt, wie im Black/Scholes-Modell angenommen.

Satz 3.3.31 *Der multiplikative Binomialprozeß* $\{S^{(K)}(t) : t = t_0 + k\Delta t;\ \Delta t \in \mathbb{R}_{>0},\ k \in \mathbb{N}_0\}$ *konvergiert bei Wahl der Parameter* u_K, d_K *und* q_K *gemäß (3.48) für* $K \to \infty$ $(\Delta t := T/K \to 0)$ *gegen die geometrische Brownsche Bewegung* $\{S(t) : t \in [t_0, \infty)\}$ *mit Volatilität* σ *und Driftrate* μ *im Sinne der Konvergenz in Verteilung, d.h. für jedes beliebige Zeitintervall* $[t_1, t_2] \subset [t_0, \infty)$ *mit* $t_1 < t_2$ *gilt:*

$$\forall y \in \mathbb{R} : \lim_{K\to\infty} F_{S^{(K)}(t_2)/S^{(K)}(t_1)}(y) \;=\; F_{S(t_2)/S(t_1)}(y).$$

Beweis: Sei $\{S^{(K)}(t) : t = t_0 + k\Delta t;\ \Delta t \in \mathbb{R}_{>0},\ k \in \mathbb{N}_0\}$ ein multiplikativer Binomialprozeß mit den Parametern u_K, d_K und q_K gemäß (3.48). Mit

$$\tilde{\mathcal{Z}}^{(K)} := \mathcal{Z}^{(K)} \cap (t_1, t_2],$$

$$n(K) := \#\tilde{\mathcal{Z}}^{(K)}$$

bezeichnet $\tilde{\mathcal{Z}}^{(K)}$ die Menge der möglichen Aktienkursänderungszeitpunkte und $n(K)$ die Anzahl der Änderungszeitpunkte innerhalb des Zeitintervalls $(t_1, t_2]$. Ausgehend hiervon wird zunächst gezeigt, daß $\ln(S^{(K)}(t_2)/S^{(K)}(t_1))$ für $K \to \infty$ $(\Delta t \to 0)$ asymptotisch normalverteilt ist mit Erwartungswert $(\mu - \sigma^2/2)(t_2 - t_1)$ und Varianz $\sigma^2(t_2 - t_1)$.

$$\begin{aligned}
Z_K \;&:=\; \frac{\ln\left(\frac{S^{(K)}(t_2)}{S^{(K)}(t_1)}\right) - (\mu - \frac{\sigma^2}{2})(t_2 - t_1)}{\sigma\sqrt{(t_2 - t_1)}} \\
&=\; \frac{\ln\left(\prod_{t\in\tilde{\mathcal{Z}}^{(K)}} \frac{S^{(K)}(t)}{S^{(K)}(t-\Delta t)}\right) - (\mu - \frac{\sigma^2}{2})(t_2 - t_1)}{\sigma\sqrt{(t_2 - t_1)}} \\
&=\; \frac{\sum_{t\in\tilde{\mathcal{Z}}^{(K)}} \left[\ln\left(\frac{S^{(K)}(t)}{S^{(K)}(t-\Delta t)}\right) - (\mu - \frac{\sigma^2}{2})\frac{(t_2-t_1)}{n(K)}\right]}{\sigma\sqrt{(t_2 - t_1)}} \\
&=\; \frac{\sum_{t\in\tilde{\mathcal{Z}}^{(K)}} \sqrt{n(K)}\left[\ln\left(\frac{S^{(K)}(t)}{S^{(K)}(t-\Delta t)}\right) - (\mu - \frac{\sigma^2}{2})\frac{(t_2-t_1)}{n(K)}\right]}{\sqrt{n(K)}\sigma\sqrt{(t_2 - t_1)}} \\
&=\; \frac{\sum_{t\in\tilde{\mathcal{Z}}^{(K)}} (X_t^{(K)} - 0)}{\sqrt{n(K)}\sigma\sqrt{(t_2 - t_1)}}
\end{aligned}$$

$$\text{mit}\quad X_t^{(K)} := \sqrt{n(K)}\left[\ln\left(\frac{S^{(K)}(t)}{S^{(K)}(t-\Delta t)}\right) - (\mu - \frac{\sigma^2}{2})\frac{(t_2 - t_1)}{n(K)}\right] \qquad \text{für} \quad t \in \tilde{\mathcal{Z}}^{(K)}.$$

Für die unabhängig identisch verteilten $X_t^{(K)}$ $(t \in \tilde{\mathcal{Z}}^{(K)})$ gilt:

$$
\begin{aligned}
(1)\quad \sqrt{n(K)}\,\mathrm{E}(X_t^{(K)}) &= n(K)\,\mathrm{E}\left[\ln\left(\frac{S^{(K)}(t)}{S^{(K)}(t-\Delta t)}\right)\right] - (\mu - \frac{\sigma^2}{2})(t_2 - t_1) \\
&= n(K)\,(2q_K - 1)\ln(u_K) - (\mu - \frac{\sigma^2}{2})(t_2 - t_1) \\
&= n(K)\,\frac{\mu - \sigma^2/2}{\sigma}\sqrt{\Delta t}\,\sigma\sqrt{\Delta t} - (\mu - \frac{\sigma^2}{2})(t_2 - t_1) \\
&= (\mu - \sigma^2/2)(n(K)\Delta t - (t_2 - t_1)) \\
&\underset{K\to\infty}{\longrightarrow} 0
\end{aligned}
$$

$$
(2)\quad \mathrm{E}(X_t^{(K)}) = (\mu - \sigma^2/2)(n(K)\Delta t - (t_2 - t_1)) \cdot \frac{1}{\sqrt{n(K)}} \underset{K\to\infty}{\longrightarrow} 0
$$

$$
\begin{aligned}
(3)\quad \mathrm{Var}(X_t^{(K)}) &= n(K)\left[\mathrm{Var}\left[\ln\left(\frac{S^{(K)}(t)}{S^{(K)}(t-\Delta t)}\right)\right]\right] \\
&= n(K)\,q_K(1 - q_K)\,4\ln^2(u_K) \\
&= n(K)\left(1 + \frac{\mu - \sigma^2/2}{\sigma}\sqrt{\Delta t}\right)\left(1 - \frac{\mu - \sigma^2/2}{\sigma}\sqrt{\Delta t}\right)\sigma^2\Delta t \\
&= \left(1 - \frac{(\mu - \sigma^2/2)^2}{\sigma^2}\Delta t\right)\sigma^2 n(K)\Delta t \\
&\underset{K\to\infty}{\longrightarrow} \sigma^2(t_2 - t_1)
\end{aligned}
$$

Damit sind die Voraussetzungen des zentralen Grenzwertsatzes in der speziellen Form von Satz 3.3.30 erfüllt.

$$\Longrightarrow \quad \forall y \in \mathbb{R}: \quad \lim_{K\to\infty} F_{Z_K}(y) = \Phi(y)$$

$$\Longrightarrow \quad Z_K \overset{\mathrm{a}}{\sim} N(0,1) \qquad \text{für } K \to \infty$$

$$\Longrightarrow \quad \ln\left(\tfrac{S^{(K)}(t_2)}{S^{(K)}(t_1)}\right) \overset{\mathrm{a}}{\sim} N((\mu - \sigma^2/2)(t_2 - t_1), \sigma^2(t_2 - t_1)) \qquad \text{für } K \to \infty.$$

Der logarithmierte Aktienkursprozeß konvergiert somit bei Unterstellung des multiplikativen Binomialprozesses für $K \to \infty$ gegen die allgemeine Brownsche Bewegung mit Varianzrate σ^2 und Driftrate $(\mu - \sigma^2/2)$ im Sinne der Konvergenz in Verteilung. Diese allgemeine Brownsche Bewegung ergibt sich für den logarithmierten Aktienkursprozeß, wenn für den Aktienkurs eine geometrische Brownsche Bewegung mit Volatilität σ und Driftrate μ unterstellt wird (vgl. Folgerung 3.3.16). Die Konvergenz des multiplikativen Binomialprozesses gegen die geometrische Brownsche Bewegung im Sinne der Konvergenz in Verteilung folgt daher aus:

$$\begin{aligned} \forall y \in \mathbb{R}: \quad \lim_{K\to\infty} F_{S^{(K)}(t_2)/S^{(K)}(t_1)}(y) &= \lim_{K\to\infty} F_{\ln(S^{(K)}(t_2)/S^{(K)}(t_1))}(\ln(y)) \\ &= F_{\ln(S(t_2)/S(t_1))}(\ln(y)) \\ &= F_{S(t_2)/S(t_1)}(y). \end{aligned}$$

■

Beispiel 3.3.32 In diesem Beispiel wird ein multiplikativer Binomialprozeß betrachtet, der mit zunehmend feiner Unterteilung des Betrachtungszeitraums $[0, 0.5]$ in K Teilintervalle gegen die geometrische Brownsche Bewegung mit Volatilität $\sigma = 0.20$ $\sqrt{\text{p.a.}}$ und Driftrate $\mu = 0.09$ p.a. im Sinne der Konvergenz in Verteilung konvergiert. Die Parameter des multiplikativen Binomialprozesses werden gemäß Gleichungen (3.48) gewählt:

$$\begin{aligned} u_K &= \mathrm{e}^{\sigma\sqrt{T/K}}, \\ d_K &= \mathrm{e}^{-\sigma\sqrt{T/K}}, \\ q_K &= \frac{1}{2} + \frac{\mu - \sigma^2/2}{2\,\sigma}\sqrt{T/K}. \end{aligned}$$

Zur Veranschaulichung des Konvergenzverhaltens des multiplikativen Binomialprozesses wird der Betrachtungszeitraum $[0, 0.5]$ durch die äquidistanten Betrachtungszeitpunkte $t \in \mathcal{Z}^{(K)}$ in $K = 10, 100, 1000$ Teilintervalle der Länge $\Delta t = 0.05, 0.005, 0.0005$ Jahre zerlegt. In den folgenden Tabellen sind die resultierenden Wahrscheinlichkeitsverteilungen der unabhängig identisch verteilten Veränderungsfaktoren $V^{(K)}(t) := S^{(K)}(t)/S^{(K)}(t - \Delta t)$ $(t \in \mathcal{Z}^{(K)})$ aufgeführt.

K=10	$v^{(K)}$	$u_K = 1.0457$	$d_K = 0.9563$
Δt=0.0500	$\mathrm{P}\{V^{(K)}(t) = v^{(K)}\}$	$q_K = 0.5391$	$1 - q_K = 0.4609$

K=100	$v^{(K)}$	$u_K = 1.0142$	$d_K = 0.9860$
Δt=0.0050	$\mathrm{P}\{V^{(K)}(t) = v^{(K)}\}$	$q_K = 0.5124$	$1 - q_K = 0.4876$

K=1000	$v^{(K)}$	$u_K = 1.0045$	$d_K = 0.9955$
Δt=0.0005	$\mathrm{P}\{V^{(K)}(t) = v^{(K)}\}$	$q_K = 0.5039$	$1 - q_K = 0.4961$

In Abbildung 3.14 auf Seite 121 sind mögliche Realisationen dieser zeitdiskreten Prozesse dargestellt. Um den Übergang von einem zeitdiskreten Prozeß zu einem zeitkontinuierlichen Prozeß anhand der durchgeführten Simulation zu verdeutlichen, wurde ein zum Zeitpunkt $t \in \mathcal{Z}^{(K)} \cup \{t_0\}$ erreichter Wert für den gesamten Zeitraum bis zur nächsten Änderung zum Zeitpunkt $t + \Delta t$ eingezeichnet.

■

Die bisherigen Ausführungen zeigen, daß der multiplikative Binomialprozeß bei Wahl der Parameter u_K, d_K und q_K gemäß (3.48) für $K \to \infty$ gegen die dem Black/Scholes-Modell zugrundeliegende geometrische Brownsche Bewegung konvergiert. Abschließend wird für die Bewertungsgleichung des Binomialmodells eine Grenzbetrachtung für $K \to \infty$ durchgeführt. Hierzu muß zunächst die Abhängigkeit des dekursiven Wertänderungsfaktors r_K^* vom im Black/Scholes-Modell unterstellten stetigen Zinssatz i festgelegt werden. Mit

$$r_K^* = \mathrm{e}^{i\frac{T}{K}} \tag{3.49}$$

entspricht die Wertveränderung der sicheren Geldanlage im Binomialmodell der Wertveränderung im Black/Scholes-Modell.

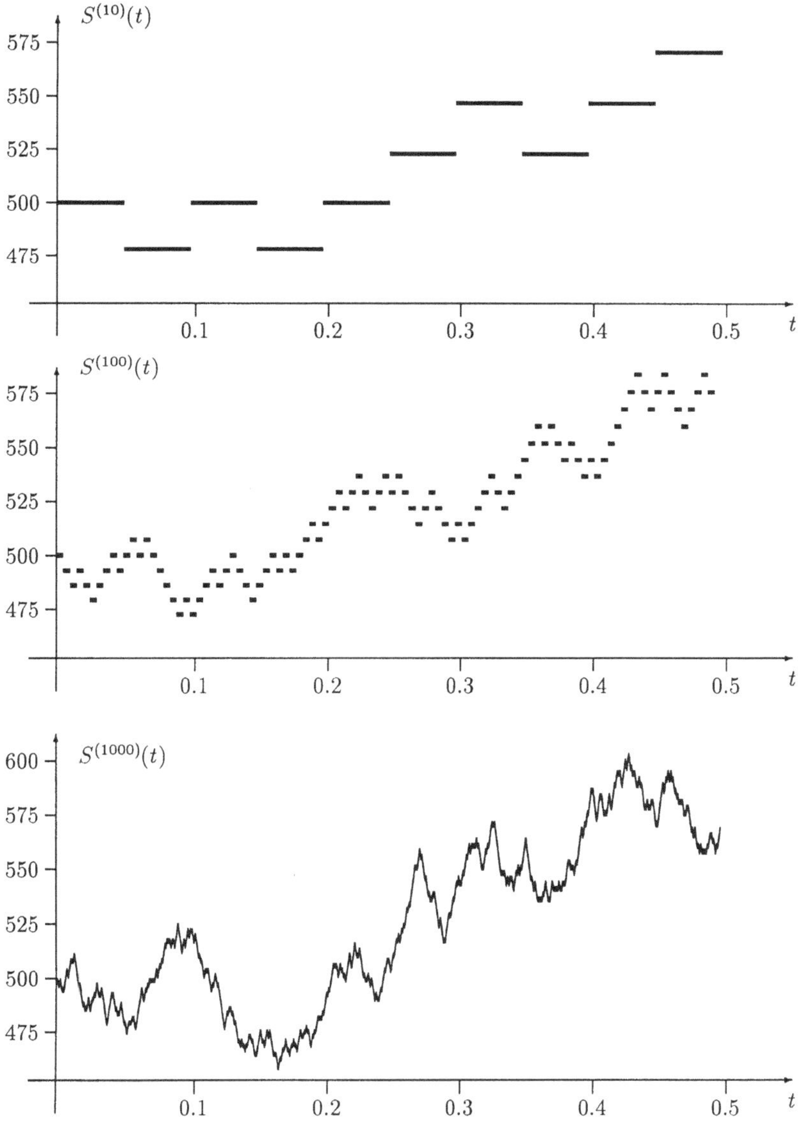

Abbildung 3.14: Simulierte Zeitpfade multiplikativer Binomialprozesse

Satz 3.3.33 *Werden die Parameter u_K, d_K und r_K^* gemäß (3.48) bzw. (3.49) gewählt,*

$$u_K = e^{\sigma\sqrt{T/K}},$$
$$d_K = e^{-\sigma\sqrt{T/K}},$$
$$r_K^* = e^{i\frac{T}{K}},$$

so konvergiert die Bewertungsgleichung (3.9) des Binomialmodells für $K \to \infty$ gegen die Bewertungsgleichung (3.30) des Black/Scholes-Modells, d.h.:

$$\begin{aligned} C^{(K)} &= S\ [1 - F_{B(K,p'_K)}(b_K)] - E\ {r_K^*}^{-K}\ [1 - F_{B(K,p_K)}(b_K)] \\ \underset{K\to\infty}{\longrightarrow}\ C(S,T) &= S\ \Phi(x(S,T)) - E\ e^{-iT}\ \Phi(x(S,T) - \sigma\sqrt{T}) \end{aligned}$$

$$\text{mit} \quad p_K := \frac{r_K^* - d_K}{u_K - d_K}, \quad p'_K := \frac{u_K p_K}{r_K^*}, \quad b_K := \frac{\ln(E/S) - K\ln(d_K^K)}{\ln(u_K/d_K)}, \quad x(S,T) := \frac{\ln(S/E) + (i + \sigma^2/2)T}{\sigma\sqrt{T}}.$$

Beweis: Zum Beweis des Satzes wird die Gültigkeit der folgenden Aussagen überprüft:

(1) $${r_K^*}^{-K} \underset{K\to\infty}{\longrightarrow} \mathrm{e}^{-iT},$$

(2) $$[1 - F_{B(K,p_K)}(b_K)] \underset{K\to\infty}{\longrightarrow} \Phi(x(S,T) - \sigma\sqrt{T}),$$

(3) $$[1 - F_{B(K,p'_K)}(b_K)] \underset{K\to\infty}{\longrightarrow} \Phi(x(S,T)).$$

Zu (1): ${r_K^*}^{-K} = (\mathrm{e}^{i\frac{T}{K}})^{-K} = \mathrm{e}^{-iT} \underset{K\to\infty}{\longrightarrow} \mathrm{e}^{-iT}$

Zu (2): $1 - F_{B(K,p_K)}(b_K) \underset{K\to\infty}{\longrightarrow} \Phi(x(S,T) - \sigma\sqrt{T})$

$F_{B(K,p_K)}$ bezeichnet die Verteilungsfunktion der binomialverteilten Anzahl n_K der Aktienkursveränderungen um den Faktor u_K bei Unterteilung des Betrachtungszeitraums $[t_0, t^*] = [t_0, t_0+T]$ in K Teilintervalle. Im Unterschied zur Vorgehensweise bei der Grenzwertbetrachtung des multiplikativen Binomialprozesses wird hier statt der tatsächlichen Wahrscheinlichkeit q_K die Pseudowahrscheinlichkeit p_K als Parameter der Binomialverteilung unterstellt. Wegen

$$S^{(K)}(t^*) = S^{(K)}(t_0)\, u_K^{n_K} d_K^{K-n_K} \quad \Longrightarrow \quad n_K = \frac{\ln(S^{(K)}(t^*)/S^{(K)}(t_0)) - K\ln(d_K)}{\ln(u_K/d_K)}$$

gilt:

$$\begin{aligned}
F_{B(K,p_K)}(b_K) &= \mathrm{P}\{\frac{\ln(S^{(K)}(t^*)/S^{(K)}(t_0)) - K\ln(d_K)}{\ln(u_K/d_K)} \le \frac{\ln(E/S) - K\ln(d_K^K)}{\ln(u_K/d_K)}\} \\
&= \mathrm{P}\{\ln(S^{(K)}(t^*)/S^{(K)}(t_0)) \le \ln(E/S)\} \\
&= \mathrm{P}\{\underbrace{\frac{\ln(S^{(K)}(t^*)/S^{(K)}(t_0)) - (i-\sigma^2/2)T}{\sigma\sqrt{T}}}_{=:Z_K} \le \frac{\ln(E/S) - (i-\sigma^2/2)T}{\sigma\sqrt{T}}\} \\
&= \mathrm{P}\{Z_K \le -x(S,T) + \sigma\sqrt{T}\}.
\end{aligned}$$

Unter der Annahme, daß Z_K asymptotisch standardnormalverteilt ist, folgt Aussage (2) des Satzes aus:

$$\begin{aligned}
F_{B(K,p_K)}(b_K) &= F_{Z_K}(-x(S,T) + \sigma\sqrt{T}) \underset{K\to\infty}{\longrightarrow} \Phi(-x(S,T) + \sigma\sqrt{T}) \\
\Longrightarrow \quad 1 - F_{B(K,p_K)}(b_K) &\underset{K\to\infty}{\longrightarrow} 1 - \Phi(-x(S,T) + \sigma\sqrt{T}) = \Phi(x(S,T) - \sigma\sqrt{T}).
\end{aligned}$$

Zum Beweis von Teil (2) ist demnach noch zu zeigen, daß:

$$Z_K \overset{a}{\sim} N(0,1).$$

Zur Anwendung des zentralen Grenzwertsatzes in der Form von Satz 3.3.30 wird Z_K weiter umgeformt:

$$
\begin{aligned}
Z_K &= \frac{\ln(S^{(K)}(t^*)/S^{(K)}(t_0)) - (i-\sigma^2/2)T}{\sigma\sqrt{T}} \\
&= \frac{\sum\limits_{t\in\mathcal{Z}^{(K)}} \left(\ln(S^{(K)}(t)/S^{(K)}(t-\Delta t)) - \frac{1}{K}(i-\sigma^2/2)T \right)}{\sigma\sqrt{T}} \\
&= \frac{\sum\limits_{t\in\mathcal{Z}^{(K)}} \left(\overbrace{\sqrt{K}\ln(S^{(K)}(t)/S^{(K)}(t-\Delta t)) - \frac{1}{\sqrt{K}}(i-\sigma^2/2)T}^{=:X_t^{(K)}} - 0 \right)}{\sqrt{K}\,\sigma\sqrt{T}} \\
&= \frac{\sum\limits_{t\in\mathcal{Z}^{(K)}} \left(X_t^{(K)} - 0 \right)}{\sqrt{K}\,\sigma\sqrt{T}}.
\end{aligned}
$$

Wegen der Unabhängigkeit der $X_t^{(K)}$ $(t \in \mathcal{Z}^{(K)})$ sind mit

$$
\mathrm{E}[X_t^{(K)}] \underset{K\to\infty}{\longrightarrow} 0, \qquad \mathrm{Var}[X_t^{(K)}] \underset{K\to\infty}{\longrightarrow} \sigma^2 T, \qquad \sqrt{K}(\mathrm{E}[X_t^{(K)}] - 0) \underset{K\to\infty}{\longrightarrow} 0
$$

die Bedingungen zur Anwendung des zentralen Grenzwertsatzes 3.3.30 erfüllt, so daß Z_K asymptotisch standardnormalverteilt ist, und es folgt: [77]

$$
1 - F_{B(K,p_K)}(b_K) \underset{K\to\infty}{\longrightarrow} \Phi(x(S,T) - \sigma\sqrt{T}).
$$

Zu (3): $1 - F_{B(K,p'_K)}(b_K) \underset{K\to\infty}{\longrightarrow} \Phi(x(S,T))$

Der Beweis dieser Aussage kann in Analogie zum Beweisteil (2) erfolgen und ist daher nicht explizit dargestellt.

■

[77] Die Berechnung der Grenzwerte zu den zentralen Momenten ist im Anhang aufgeführt.

Kapitel 4

Absicherungsstrategien

In diesem Kapitel wird die Konstruktion von Portefeuilles beschrieben und analysiert, durch die ein Investor an einer positiven Wertentwicklung der Aktienkurse partizipieren kann und dennoch gegen Vermögensverluste in einer noch genauer zu spezifizierenden Weise abgesichert ist. Zur Konstruktion von Portefeuilles werden lediglich Aktien, europäische Optionen und Bonds berücksichtigt. Des weiteren werden die in Satz 3.3.19 formulierten Annahmen des Black/Scholes-Modells unterstellt.

Die Klassifizierung der Absicherungsstrategien kann nach verschiedenen Gesichtspunkten erfolgen. In Abschnitt 4.2 werden Absicherungsstrategien beschrieben, deren Absicherungseffekt durch eine den Präferenzen entsprechende Aufteilung des Vermögens in eine Aktien- und Bondposition erreicht wird. Daran anschließend werden in Abschnitt 4.3 Absicherungsstrategien unter Verwendung der Optionsbewertungstheorie betrachtet.

Da sich die Wertentwicklung einer Aktie durch die Wertentwicklung eines dynamischen Portefeuilles, bestehend aus Optionen und Bonds, duplizieren läßt, kann jede der in Abschnitt 4.2 aufgeführten Absicherungsstrategien durch eine bezüglich der resultierenden Wertentwicklung äquivalente Absicherungsstrategie gemäß Abschnitt 4.3 ersetzt werden. Aus diesem Grund kommt den in Abschnitt 4.2 aufgeführten Strategien eine zentrale Rolle zur Entwicklung von Absicherungsstrategien unter Verwendung von Optionen zu, bei denen die Anzahl der Aktien im Portefeuille konstant bleibt.

Durch die Wahl einer Absicherungsstrategie wird die zugehörige Wahrscheinlichkeitsverteilung der Portefeuillerendite festgelegt, so daß sich das Entscheidungsproblem auf die Auswahl einer möglichen Wahrscheinlichkeitsverteilung reduzieren läßt. Damit ein Investor gemäß seinen Präferenzen eine Entscheidung treffen kann, werden in diesem Kapitel die Auswirkungen einer Absicherungsstrategie auf die Wahrscheinlichkeitsverteilung der Portefeuillerendite analysiert. In Abschnitt 4.1 werden zunächst verschiedene Renditebegriffe definiert und daran anschließend die Wahrscheinlichkeitsverteilung der Rendite einer reinen Aktienposition, basierend auf den Annahmen des Black/Scholes-Modells, hergeleitet.

4.1 Grundbegriffe und Verteilungsannahmen

Zur Beurteilung der Wertentwicklung eines Portefeuilles P wird häufig auf die zugehörige Rendite zurückgegriffen. Hierbei ist zwischen zwei Renditebegriffen zu unterscheiden.

Definition 4.1.1

Bezeichnet $W_P(t)$ den Portefeuillewert zum Zeitpunkt t, so wird für den Betrachtungszeitraum $[t, t + \Delta t]$ definiert:

(1) **Dekursive Portefeuillerendite:** $i_P^* := \dfrac{W_P(t + \Delta t)}{W_P(t)} - 1$

(2) **Stetige Portefeuillerendite:** $i_P := \ln\left(\dfrac{W_P(t + \Delta t)}{W_P(t)}\right)\dfrac{1}{\Delta t} = \dfrac{\ln(i_P^* + 1)}{\Delta t}$ ■

Die stetige Rendite eines Portefeuilles P ist so definiert, daß der Endwert einer risikolosen Anlage mit Anfangswert $W_P(t)$ und stetigem Zinssatz i_P mit dem Portefeuillewert $W_P(t + \Delta t)$ nach einem Zeitraum der Länge Δt übereinstimmt:

$$W_P(t + \Delta t) = e^{i_P \Delta t}\, W_P(t).$$

In Analogie zur Unterscheidung zwischen diesen beiden Renditebegriffen erfolgt die Unterteilung der zugehörigen Momente.

Definition 4.1.2 *Ausgehend von den Bezeichnungen aus Definition 4.1.1 wird definiert:*

(1) **Erwartete dekursive Portefeuillerendite:** $\mu_P^* := \mathrm{E}\left[\frac{W_P(t+\Delta t)}{W_P(t)} - 1\right]$

(2) **Erwartete stetige Portefeuillerendite:** $\mu_P := \mathrm{E}\left[\ln\left(\frac{W_P(t+\Delta t)}{W_P(t)}\right)\right]\frac{1}{\Delta t}$

(3) **Varianz des Portefeuillewertverhältnisses:** $\sigma_P^{*2} := \mathrm{Var}\left[\frac{W_P(t+\Delta t)}{W_P(t)} - 1\right]$

(4) **Volatilität des Portefeuillewertverlaufs:** $\sigma_P := \sqrt{\mathrm{Var}\left[\ln\left(\frac{W_P(t+\Delta t)}{W_P(t)}\right)\right]\frac{1}{\Delta t}}$ ■

Entsprechend den Annahmen des Black/Scholes-Modells wird der Aktienkursprozeß als geometrische Brownsche Bewegung mit Driftrate μ und Volatilität σ modelliert. Die hieraus resultierende Wahrscheinlichkeitsverteilung des Werts eines reinen Aktienportefeuilles und die damit verbundenen Momente sind in dem nachfolgenden Satz festgehalten.

Satz 4.1.3 *Wird für den Aktienkursprozeß eine geometrische Brownsche Bewegung mit Driftrate μ und Volatilität σ unterstellt und ein Portefeuille zugrunde gelegt, das lediglich aus einer über den Zeitraum $[t, t+\Delta t]$ unverändert beibehaltenen Aktienposition besteht, so gilt für die stetige Rendite i_S des Aktienportefeuilles und die zugehörigen Momente μ_S und σ_S:*

(1) $i_S \sim N\left((\mu - \sigma^2/2), \sigma^2/\Delta t\right), \qquad \mu_S = \mu - \sigma^2/2, \qquad \sigma_S^2 = \sigma^2.$

Für den lognormalverteilten dekursiven Wertänderungsfaktor $r_S^* := 1 + i_S^*$ und die zugehörigen Momente μ_S^* und σ_S^{*2} gilt:

(2) $r_S^* \sim LN(\tilde{\mu}, \tilde{\sigma}^2), \qquad f_{i_S^*}(x) = \begin{cases} \frac{1}{\sqrt{2\pi}\tilde{\sigma}}\,\frac{1}{x-1}\,e^{-(\ln(x-1)-\tilde{\mu})^2/(2\tilde{\sigma}^2)} & \text{für } x > 1 \\ 0 & \text{für } x \leq 1 \end{cases}$

$$\text{mit} \quad \tilde{\mu} := (\mu - \sigma^2/2)\Delta t,$$
$$\tilde{\sigma} := \sigma\sqrt{\Delta t},$$

$$\mu_S^* = e^{\mu\Delta t} - 1,$$

$$\sigma_S^{*2} = e^{2\mu\Delta t}(e^{\sigma^2\Delta t} - 1).$$

Beweis:

Zu (1): Da für den Aktienkursprozeß $\{S(t) : t \in [t_0, \infty)\}$ eine geometrische Brownsche Bewegung mit Driftrate μ und Volatilität σ unterstellt wird, ergibt sich nach Folgerung 3.3.16 für den logarithmierten Aktienkursprozeß $\{\ln(S(t)) : t \in [t_0, \infty)\}$ eine allgemeine Brownsche Bewegung mit Drift-Rate $\mu - \sigma^2/2$ und Varianzrate σ^2. Damit gilt:

$$\ln\left(\frac{x_S S(t+\Delta t)}{x_S S(t)}\right) = \ln(S(t+\Delta t)) - \ln(S(t)) \sim N((\mu - \sigma^2/2)\Delta t, \sigma^2\Delta t)$$

$$\Longrightarrow \quad i_S = \ln\left(\frac{W_S(t+\Delta t)}{W_S(t)}\right)\frac{1}{\Delta t} = \ln\left(\frac{x_S S(t+\Delta t)}{x_S S(t)}\right)\frac{1}{\Delta t} \sim N((\mu - \sigma^2/2), \sigma^2/\Delta t),$$

$$\mu_S = \mathrm{E}\left[\ln\left(\frac{W_S(t+\Delta t)}{W_S(t)}\right)\right]\frac{1}{\Delta t} = \mathrm{E}[i_S] = (\mu - \sigma^2/2),$$

$$\sigma_S^2 = \mathrm{Var}\left[\ln\left(\frac{W_S(t+\Delta t)}{W_S(t)}\right)\right]\frac{1}{\Delta t} = \sigma^2.$$

Zu (2): Wegen $i_S\Delta t \sim N((\mu - \sigma^2/2)\Delta t, \sigma^2\Delta t)$ ist der Veränderungsfaktor $r_S^* := 1 + i_S^* = e^{i_S\Delta t}$ lognormalverteilt mit den Parametern $\tilde{\mu} = (\mu - \sigma^2/2)\Delta t$ und $\tilde{\sigma} = \sigma\sqrt{\Delta t}$, d.h.:

$$r_S^* \sim LN(\tilde{\mu}, \tilde{\sigma}^2) \;\Rightarrow\; f_{r_S^*}(x) = \begin{cases} \dfrac{1}{\sqrt{2\pi}\tilde{\sigma}}\,\dfrac{1}{x}\,e^{-(\ln(x)-\tilde{\mu})^2/(2\tilde{\sigma}^2)} & \text{für } x > 0 \\ 0 & \text{für } x \le 0 \end{cases} \quad (4.1)$$

$$\text{mit} \quad \tilde{\mu} := (\mu - \sigma^2/2)\Delta t,$$
$$\tilde{\sigma} := \sigma\sqrt{\Delta t}.$$

Die Dichte für die dekursive Rendite $i_S^* = r_S^* - 1$ ergibt sich mit Hilfe des Transformationssatzes aus $f_{i_S^*}(x) = f_{r_S^*}(x-1)$. Aus der Verteilung von r_S^* läßt sich schließlich auf die erwartete dekursive Rendite μ_S^* sowie die Varianz ${\sigma_S^*}^2$ schließen:[1]

$$\mu_S^* = \mathrm{E}\left[\frac{W_S(t+\Delta t)}{W_S(t)} - 1\right] = \mathrm{E}[r_S^* - 1] = \mathrm{E}[r_S^*] - 1 = \mathrm{e}^{\bar{\mu}+\bar{\sigma}^2/2} - 1 = \mathrm{e}^{\mu\Delta t} - 1,$$

$${\sigma_S^*}^2 = \mathrm{Var}\left[\frac{W_S(t+\Delta t)}{W_S(t)} - 1\right] = \mathrm{Var}[i_S^*] = \mathrm{e}^{2\bar{\mu}+\bar{\sigma}^2}(\mathrm{e}^{\bar{\sigma}^2} - 1) = \mathrm{e}^{2\mu\Delta t}(\mathrm{e}^{\sigma^2\Delta t} - 1).$$

■

Beispiel 4.1.4 Für den zu analysierenden Aktienkursprozeß wird eine geometrische Brownsche Bewegung mit Driftrate $\mu = 0.09$ p.a. und Volatilität $\sigma = 0.20\ \sqrt{\text{p.a.}}$ unterstellt. Mit Hilfe von Satz 4.1.3 kann für einen Absicherungszeitraum der Länge $\Delta t = 0.5$ Jahre die Verteilung der dekursiven Rendite i_S^* sowie die Verteilung der stetigen Rendite i_S einer reinen Aktienposition bestimmt werden. Für die stetige bzw. dekursive Rendite ergibt sich:

$$i_S \sim N(0.07, 0.08) \quad \Rightarrow \quad f_{i_S}(x) = \frac{1}{\sqrt{2\pi \cdot 0.08}}\ \mathrm{e}^{-(x-0.07)^2/0.16},$$

$$r_S^* \sim LN(0.35, 0.02) \quad \Rightarrow \quad f_{i_S^*}(x) = \begin{cases} \dfrac{1}{\sqrt{2\pi \cdot 0.02}}\, \dfrac{1}{x-1}\ \mathrm{e}^{-\frac{(\ln(x-1)-0.035)^2}{0.04}} & \text{für } x > 1 \\ 0 & \text{für } x \leq 1. \end{cases}$$

Aufgrund der Normalverteilungsannahme kann zwar die stetige Rendite i_S jeden beliebigen Wert annehmen, für die dekursive Rendite $i_S^* = r_S^* - 1$ kann sich jedoch keine Realisation unterhalb von -100% ergeben. Damit ist sichergestellt, daß der Verlust auf das Aktienkapital beschränkt bleibt. Für die Momente ergibt sich:[2]

---

[1] Zur Berechnung des Erwartungswerts und der Varianz einer lognormalverteilten Zufallsvariable vgl. Hartung, J. (1982), Seite 151–152.

[2] Der starke Größenunterschied zwischen μ_S und μ_S^* bzw. σ_S^2 und ${\sigma_S^*}^2$ erklärt sich daraus, daß die Momente μ_S^* und ${\sigma_S^*}^2$ nicht auf einen Zeitraum der Länge $\Delta t = 1$ Jahr standardisiert sind. Mit dieser Standardisierung hätte sich $\mu_S^* = 0.0942$ und ${\sigma_S^*}^2 = 0.0489$ ergeben.

$$\mu_S = 0.0700, \qquad \sigma_S^2 = 0.0400,$$
$$\mu_S^* = 0.0460, \qquad \sigma_S^{*2} = 0.0221.$$

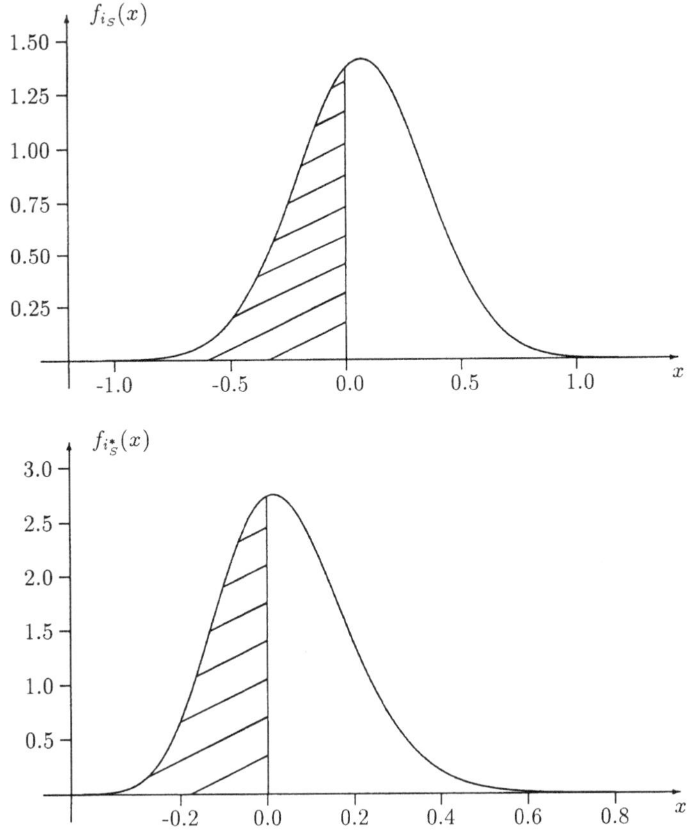

Abbildung 4.1: Dichte der stetigen Aktienkursrendite i_S und der dekursiven Aktienkursrendite i_S^* ($\Delta t = 0.5$, $\mu = 0.09$, $\sigma = 0.20$)

In Abbildung 4.1 sind für $\Delta t = 0.5$ Jahre, $\mu = 0.09$ p.a. und $\sigma = 0.20 \sqrt{\text{p.a.}}$ die Dichtefunktionen zu i_S und i_S^* grafisch dargestellt. Die Größe der schraffierten Fläche entspricht jeweils genau der Wahrscheinlichkeit, daß das Aktienvermögen $W_S(t^*)$ zum Betrachtungsende $t^* = t_0 + \Delta t$ unter den Anfangswert $W_S(t_0)$ sinkt. Als Wahrscheinlichkeit für einen nominellen Verlust ergibt sich aus $i_S \sim N(0.07, 0.08)$:

$$\mathrm{P}\{i_S < 0\} \;=\; \Phi\left(\frac{0 - 0.07}{\sqrt{0.08}}\right) \;=\; \Phi(-0.247) \;=\; 40.2\%.$$

■

Eine Absicherung der Aktienposition kann darin bestehen, daß der maximal mögliche Verlust auf einen Teil des Portefeuillewerts beschränkt bleibt. Um dies zu erreichen, kann eine **Mindestrendite** i_{min} festgelegt werden, die die zu wählende Absicherungsstrategie garantieren soll.

Äquivalent hierzu kann auch ein Mindestwert für das Vermögen zum Ende des Absicherungszeitraums $[t_0, t^*]$ vorgegeben werden. Bei den dynamischen Absicherungsstrategien, bei denen innerhalb des Absicherungszeitraums Portefeuilleumschichtungen vorgenommen werden können, wird eine Risikobeschränkung häufig durch die Vorgabe eines Floors erreicht. Hierbei wird zu jedem Zeitpunkt t innerhalb des Absicherungszeitraums $[t_0, t^*]$ ein Portefeuillemindestwert vorgegeben.

Aus den Ausführungen dieses Abschnitts geht die Verteilung der Rendite eines Portefeuilles hervor, das nur aus einer Aktienposition besteht. In den folgenden Abschnitten werden verschiedene Absicherungsstrategien und ihre Auswirkungen auf die Wahrscheinlichkeitsverteilung der Portefeuilleänderung analysiert.

4.2 Absicherung ohne Verwendung von Optionen

Die in diesem Abschnitt behandelten Absicherungsstrategien sind lediglich auf die zukünftige Wertentwicklung des zu konstruierenden Portefeuilles, bestehend aus Aktien und Bonds, gerichtet. Die Zusammensetzung des Portefeuilles wird so gewählt, daß der Investor einerseits an positiven Kursentwicklungen auf dem Aktienmarkt partizipieren kann, andererseits das Verlustrisiko auf einen Teil des Anfangsvermögens beschränkt bleibt. Die Risikobeschränkung erfolgt durch die Vorgabe einer Mindestrendite i^*_{min}, die das Portefeuille mit einer zu wählenden Wahrscheinlichkeit P_{min} sicherstellen soll.

4.2.1 Statische Absicherung

Eine statische Absicherungsstrategie zeichnet sich dadurch aus, daß eine zu Beginn des Absicherungszeitraums gewählte Zusammensetzung des Portefeuilles bis zum Ende des Absicherungszeitraums beibehalten wird und keine zwischenzeitlichen Portefeuilleanpassungen erfolgen.[3] Eine statische Strategie ist somit auch eine pfadunabhängige Strategie, d.h. der Portefeuillewert am Ende des Absicherungszeitraums ist nicht abhängig von der konkreten Kursentwicklung während des Absicherungszeitraums, sondern wird determiniert durch den Kurswert zum Endzeitpunkt.[4]

Da in diesem Abschnitt nur Aktien und Bonds zur Portefeuillewahl Berücksichtigung finden, reduziert sich das Entscheidungsproblem der Portefeuillewahl auf die Festlegung der Aufteilung des Anfangsvermögens $W_P(t_0)$ in eine Aktienposition und eine Bondposition. Demnach ist lediglich festzulegen, wie groß die über den gesamten Absicherungszeitraum konstant gehaltene Anzahl x_S an Aktien und x_B an Bonds gewählt werden soll. Zur Entscheidungshilfe wird im folgenden die dekursive Portefeuillerendite in Abhängigkeit von der sicheren dekursiven Bondrendite i^*_B und der stochastischen dekursiven Aktienrendite i^*_S hergeleitet.

---

[3]Vgl. Poschadel, B. / Beer, U. (1994), Seite 455.

[4]Vgl. Aschinger, G. (1993), Seite 5.

Satz 4.2.1 *Ausgehend von $W_P(t_0) \neq 0$ steht die dekursive Rendite i_P^* eines statischen Portefeuilles, bestehend aus x_S Aktien und x_B Bonds, in folgender Beziehung zur dekursiven Aktienrendite i_S^* bzw. Bondrendite i_B^*:*

$$i_P^* = i_S^* a_S + i_B^* a_B \tag{4.2}$$

mit der zu Beginn festgelegten Aufteilung des Portefeuillewerts in einen Aktienanteil a_S und einen Bondanteil a_B:

$$a_S = \frac{x_S S(t_0)}{x_S S(t_0) + x_B B(t_0)} = \frac{W_S(t_0)}{W_P(t_0)},$$

$$a_B = \frac{x_B B(t_0)}{x_S S(t_0) + x_B B(t_0)} = \frac{W_B(t_0)}{W_P(t_0)}.$$

Beweis: Das betrachtete Portefeuille mit Anfangswert $W_P(t_0)$ setzt sich aus einer Aktienposition mit dem Wert $W_S(t) = x_S S(t)$ und einer Bondposition mit dem Wert $W_B(t) = x_B B(t)$ zusammen. Mit der zu Beginn festgelegten Aufteilung des Portefeuillewerts in einen Aktien- und Bondanteil ergeben sich zu Beginn und Ende des Absicherungszeitraums $[t_0, t^*]$ mit $t^* := t_0 + \Delta t$ folgende Portefeuillewerte:

$$W_P(t_0) = x_S S(t_0) + x_B B(t_0) = W_S(t_0) + W_B(t_0),$$

$$W_P(t^*) = x_S S(t^*) + x_B B(t^*) = W_S(t^*) + W_B(t^*).$$

Hieraus errechnet sich folgende Portefeuillerendite:

$$\begin{aligned} i_P^* = r_P^* - 1 &= \frac{W_P(t^*) - W_P(t_0)}{W_P(t_0)} \\ &= \frac{x_S(S(t^*) - S(t_0)) + x_B(B(t^*) - B(t_0))}{W_P(t_0)} \\ &= \frac{x_S\, i_S^*\, S(t_0) \;+\; x_B\, i_B^*\, B(t_0)}{W_P(t_0)} \\ &= i_S^* \frac{W_S(t_0)}{W_P(t_0)} + i_B^* \frac{W_B(t_0)}{W_P(t_0)} \end{aligned}$$

$$\Longrightarrow \quad i_P^* = i_S^* a_S + i_B^* a_B.$$

■

In Abbildung 4.2 ist die Abhängigkeit der dekursiven Portefeuillerendite von der Entwicklung des Aktienkurses grafisch dargestellt. Hierbei wurde zu Betrachtungsbeginn der Aktienkurs $S(t_0) = 500$ GE, der stetige Zinssatz $i = 0.07$ p.a. und ein Betrachtungszeitraum der Länge $\Delta t = 0.5$ Jahre unterstellt.

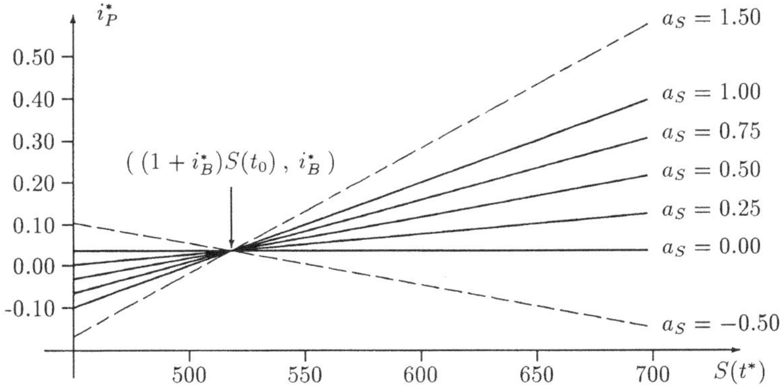

Abbildung 4.2: Rendite eines statischen Portefeuilles, bestehend aus Aktien und Bonds ($\Delta t = 0.5$, $i = 0.07$, $S(t_0) = 500$)

Alle Grafen laufen durch den Punkt $(\,(1+i_B^*)S(t_0)\,,\,i_B^*\,)$, da bei einer Veränderung des Aktienkurses um den Faktor $(1+i_B^*)$ die Portefeuillerendite genau $i_P^* = i_B^* a_S + i_B^* a_B = i_B^*(a_S + a_B) = i_B^*$ beträgt. Wird mit $a_S = 0.00$ das gesamte Anfangsvermögen $W(t_0)$ in Bonds investiert, so ergibt sich die sichere dekursive Portefeuillerendite $i_P^* = i_B^* = e^{i\Delta t} - 1 = 0.0356$. Ein Aktienanteil a_S kleiner als Null bedeutet, daß Aktien leerverkauft werden und die Bondposition entsprechend größer wird. Aufgrund der Leerverkäufe ist das Verlustrisiko jedoch nicht mehr auf das Portefeuillekapital beschränkt. Ein Aktienanteil größer als Eins liegt dann vor, wenn ein Teil der Aktienposition durch eine Kreditaufnahme, d.h. durch Leerverkauf von Bonds finanziert wird.

Wie Ausdruck (4.2) und Abbildung 4.2 zeigen, ergibt sich die dekursive Portefeuillerendite als affin-lineare Transformation der dekursiven Aktienrendite i_S^*, für die die Verteilung in Satz 4.1.3 bereits hergeleitet wurde.[5] Die Dichte von i_P^* kann somit leicht aus der Dichte von i_S^* bestimmt werden.

[5] Es ist zu beachten, daß die Beziehung zwischen der stetigen Portefeuillerendite und der stetigen Aktienrendite nicht linear ist.

Satz 4.2.2 *Unter der Annahme, daß die dekursive Bondrendite deterministisch und konstant ist und für den Aktienkursprozeß eine geometrische Brownsche Bewegung mit Driftrate μ und Volatilität σ unterstellt wird, ergibt sich für $a_S \neq 0$ unter Verwendung der Bezeichnungen aus Satz 4.2.1 folgende Dichte für die dekursive Rendite i_P^* eines statischen Portefeuilles, bestehend aus Bonds und Aktien:*

$$f_{i_P^*}(x) = \frac{1}{|a_S|} f_{i_S^*}\Big(\frac{x - i_B^*(1-a_S)}{a_S}\Big).$$

Hierbei bezeichnet $f_{i_S^*}$ die Dichte der dekursiven Aktienrendite gemäß Satz 4.2.1.

Beweis: Da a_S, a_B und i_B^* deterministisch sind und i_B^* konstant ist, ergibt sich die Behauptung unmittelbar wegen $i_P^* = i_S^* a_S + i_B^* a_B$ (Satz 4.2.1) aus dem Transformationsatz von Dichten.

■

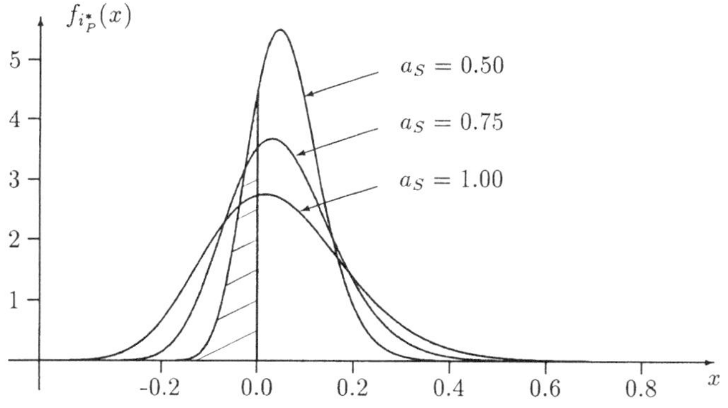

Abbildung 4.3: Dichte der Rendite eines statischen Portefeuilles, bestehend aus Aktien und Bonds ($\Delta t = 0.5,\ i = 0.07,\ \mu = 0.09,\ \sigma = 0.20$)

In Abbildung 4.3 sind die zu den einzelnen Aktienanteilen a_S zugehörigen Dichtefunktionen der dekursiven Portefeuillerendite grafisch dargestellt. Die schraffierte Fläche entspricht der Wahrscheinlichkeit, daß bei Wahl eines Portefeuilles mit $a_S = 0.50$ ein nomineller Verlust eintritt. Aus Abbildung 4.3 wird ersichtlich, daß die Verlustwahrscheinlichkeit bei Wahl von $a_S = 0.50$ kleiner ist als bei einer Anlage in eine reine Aktienposition ($a_S = 1.00$). Die Mißerfolgswahrscheinlichkeit, d.h. die Wahrscheinlichkeit, daß die Portefeuillerendite unter eine vorgegebene Mindestrendite sinkt, ist offensichtlich abhängig von der Wahl des Aktienanteils a_S.

Satz 4.2.3 [6] *Ist die dekursive Mindestrendite i^*_{min} kleiner als die dekursive Bondrendite i^*_B, so gilt ausgehend von den Annahmen und Bezeichnungen aus Satz 4.2.2:*

$$P\{i^*_P < i^*_{min}\} = \begin{cases} 1-\Phi(b) & \textit{für} \quad -\infty < a_S < 0 \\ 0 & \textit{für} \quad 0 \le a_S \le \dfrac{i^*_B - i^*_{min}}{1+i^*_B} \\ \Phi(b) & \textit{für} \quad \dfrac{i^*_B - i^*_{min}}{1+i^*_B} < a_S < \infty \end{cases} \tag{4.3}$$

$$\textit{mit} \qquad b := \frac{\frac{1}{\Delta t}\ln\left(\frac{i^*_{min} - i^*_B(1-a_S)}{a_S} + 1\right) - (\mu - \sigma^2/2)}{\sigma}\sqrt{\Delta t}. \qquad \blacksquare$$

Ein Investor, der die Zusammensetzung eines Portefeuilles wählen soll, steht einem stochastischen Entscheidungsproblem gegenüber, da die zu maximierende Portefeuillerendite stochastisch ist. Zur Entscheidungsfindung kann jedoch aus Satz 4.2.2 die Verteilung der dekursiven Portefeuillerendite i^*_P bestimmt werden.

Ein risikoaverser Entscheidungsträger wird das mit der Konstruktion eines Portefeuilles verbundene Risiko mit berücksichtigen. Dies kann beispielsweise dadurch geschehen, daß das Erreichen einer Mindestrendite $i^*_{min} \le i^*_B$ als stochastische Nebenbedingung mit in das Entscheidungsmodell einfließt.

Wird eine Ersatzformulierung für die stochastische Nebenbedingung mit Hilfe des Fat-Solution-Modells durchgeführt, so wird gefordert, daß die Portefeuillerendite mit Wahrscheinlichkeit Eins nicht unter der Mindestrendite liegt.[7] Werden nur statische Portefeuillealternativen berücksichtigt, die sich aus einer Bond- und einer Aktienposition zusammensetzen, wird der zu Beginn des Absicherungszeitraums festzulegende Aktienanteil a_S stark eingeschränkt.

[6] Der Beweis des Satzes ist im Anhang aufgeführt.

[7] Zum Fat-Solution-Modell vgl. Dinkelbach, W. (1982), Seite 103 – 105.

Da die Aktienkursrendite nach oben unbeschränkt ist, dürfen zur Sicherstellung des Portefeuillemindestwerts keine Aktien leerverkauft werden, d.h. es muß $a_S \geq 0$ gelten. Die obere Grenze für den Aktienkursanteil ergibt sich aus $i_P^* := a_S i_S^* + (1 - a_S) i_B^* \geq i_{min}^*$ für $i_S^* = -1$, d.h. für den Fall, daß das gesamte Aktienvermögen verloren geht. Daraus folgt:

$$-a_S + (1 - a_S) i_B^* \geq i_{min}^* \quad \Rightarrow \quad a_S \leq \frac{i_B^* - i_{min}^*}{1 + i_B^*}.$$

Als Ersatzformulierung der stochastischen Nebenbedingung $i_P^* \geq i_{min}^*$ resultiert im Fat-Solution-Modell:

$$0 \leq a_S \leq \frac{i_B^* - i_{min}^*}{1 + i_B^*}. \tag{4.4}$$

Soll als Ersatzzielfunktion die erwartete dekursive Rendite maximiert werden und liegt die erwartete dekursive Aktienrendite i_S^* über der positiven Bondrendite i_B^*, wird der Investor sein Portefeuille gemäß

$$a_S = \frac{i_B^* - i_{min}^*}{1 + i_B^*}, \qquad a_B = 1 - a_S \tag{4.5}$$

wählen. Diese aus dem Fat-Solution-Modell resultierende Absicherungsstrategie wird als **Buy-and-Hold Strategie** bezeichnet.[8] Die Vorgabe einer dekursiven Mindestrendite, die das Portefeuille über einen Absicherungszeitraum erreichen oder überschreiten soll, entspricht der Vorgabe eines Portefeuillemindestwerts $W_P^{(min)}(t^*)$ am Ende des Absicherungszeitraums. Bei Wahl der Buy-and-Hold Strategie muß genau der mit der Bondrendite diskontierte Portefeuillemindestwert in Bonds investiert werden.

Aufgrund der strengen Forderung, daß nur Portefeuilles in Frage kommen, die die Mindestrendite sicherstellen, wird der mögliche Bereich für die Wahl von a_S ggf. erheblich eingeschränkt. Ein weniger rigoroses Konzept bietet das Chance-Constrained-Modell. Hier wird lediglich gefordert, daß die Nebenbedingung $a_S i_S^* + (1 - a_S) i_B^* \geq i_{min}^*$ mindestens mit einer vorzugegebenden Wahrscheinlichkeit $0 < \mathrm{P}_{min} < 1$ erfüllt ist.[9] Mit Hilfe

[8] Vgl. Perold, A. F. / Sharpe, W. F. (1988), Seite 18.

[9] Zum Chance-Constrained-Modell vgl. Dinkelbach, W. (1982), Seite 106 - 109.

von Satz 4.2.3 kann der mögliche Bereich von a_S als Ersatzformulierung zur stochastischen Nebenbedingung formuliert werden.

Beispiel 4.2.4 Zur Beschreibung der Entscheidungsproblematik des Investors wird die gleiche Situation betrachtet, die auch Abbildung 4.4 zugrunde liegt. Für den Aktienkursprozeß wird eine geometrische Brownsche Bewegung mit Driftrate $\mu = 0.09$ p.a. und Volatilität $\sigma = 0.20\ \sqrt{\text{p.a.}}$ und für den Bond die konstante stetige Rendite $i = 0.07$ p.a. über den gesamten Absicherungszeitraum der Länge $\Delta t = 0.50$ Jahre unterstellt.

In dieser Situation kann mit Hilfe von Satz 4.2.3 die in Frage kommende Zusammensetzung des Portefeuilles bestimmt werden, wenn die vorgegebene Mindestrendite $i^*_{min} = 0$ mit Wahrscheinlichkeit $\text{P}_{min} = 0.90$ mindestens erreicht werden soll. Als Ersatzformulierung für die stochastische Nebenbedingung $a_S i^*_S + (1 - a_S) i^*_B \geq i^*_{min}$ ergibt sich:

$$-0.1713 \leq a_S \leq 0.2075.$$

Dieser in Frage kommende Wertebereich für a_S geht auch aus Abbildung 4.4 hervor.

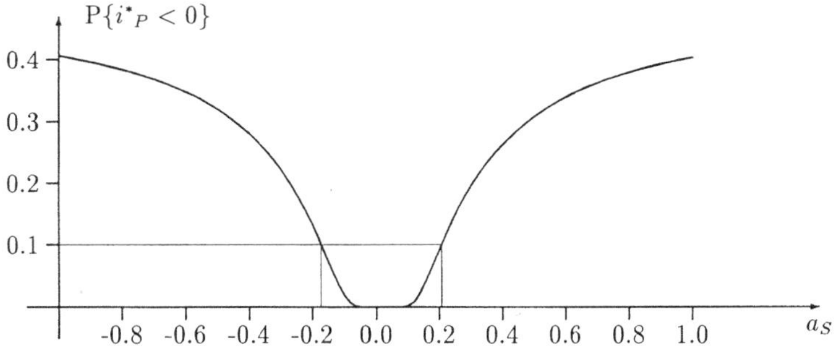

Abbildung 4.4: Mißerfolgswahrscheinlichkeit eines statischen Portefeuilles, bestehend aus Aktien und Bonds ($\Delta t = 0.50$, $i = 0.07$, $i^*_{min} = 0.00$, $\mu = 0.09$, $\sigma = 0.20$)

■

4.2.2 Dynamische Absicherung

Im Gegensatz zu den statischen Absicherungsstrategien können bei dynamischen Absicherungsstrategien Portefeuilleumschichtungen auch während des Absicherungszeitraums erfolgen.[10] Welche Absicherungsstrategie gewählt wird, hängt von den Präferenzen des Investors ab, da die Wahrscheinlichkeitsverteilung der Portefeuillerendite entscheidend von der Anpassungsregel beeinflußt wird.

Die Absicherung ist hierbei nicht zwingend auf einen bestimmten zukünftigen Zeitpunkt gerichtet, sondern erfolgt fortlaufend durch Umschichtungen nach einer im voraus festgelegten Regel zwischen einer risikobehafteten und einer weniger risikobehafteten Portefeuillekomponente.[11] In diesem Unterabschnitt erfolgt die Betrachtung einer Aktienposition als risikobehaftete Anlageform und einer Bondposition als sichere Anlageform.

Auch die dynamischen Strategien gehen von einem Portefeuillemindestwert aus, unter den der Portefeuillewert während des Absicherungszeitraums nicht fallen soll. Der Verlauf der Wertuntergrenze in Abhängigkeit von $t \in [t_0, t^*]$ wird auch als **Floor** bezeichnet. Aus der Differenz zwischen dem aktuellen Portefeuillewert $W_P(t)$ und dem Floor $F(t)$ ergibt sich das sogenannte **Cushion** $Cus(t)$.[12] Das Cushion eröffnet die Möglichkeit der Investition in Aktien, um an positiven Wertentwicklungen am Aktienmarkt partizipieren zu können, während die Investition in Bonds verhindern soll, daß der Portefeuillewert unter den Floor sinkt.

Ausgehend von der Vorgabe eines Portefeuillemindestwerts $W_P^{(min)}(t^*)$ kann der Floor als mit der Bondrendite diskontierter Portefeuillemindestwert definiert werden:[13]

$$F(t) := W_P^{(min)}(t^*) \cdot e^{-i(t^*-t)}. \tag{4.6}$$

---

[10]Poschadel, B. / Beer, U. (1994), Seite 458.

[11]Perold, A. F. / Sharpe, W. F. (1988), Seite 16.

[12]Vgl. Black, F. / Jones, R. (1987), Seite 48.

[13]Der Floor darf zu Absicherungsbeginn nicht über dem Anfangswert des Portefeuilles gewählt werden.

Im vorherigen Unterabschnitt wurde mit der Buy-and-Hold Strategie bereits eine Absicherungsstragie vorgestellt. Diese Strategie stellt den vorgegebenen Portefeuillemindestwert $W_P^{(min)}(t^*)$ zum Ende des Absicherungszeitraums dadurch sicher, daß zu Beginn des Absicherungszeitraums der diskontierte Portefeuillemindestwert in die Bondposition investiert wird, d.h. $W_B(t_0) = W_P^{(min)}(t^*) \cdot e^{-i(t^*-t_0)}$. Da diese Position im weiteren Verlauf nicht mehr verändert wird, stimmt bei dieser Absicherungsstrategie der Wert der Bondposition mit der Höhe des Floors und der Wert der Aktienposition mit dem Cushion über den gesamten Absicherungszeitraum überein.

Wie die Ergebnisse des vorherigen Unterabschnitts zeigen, kann bei Verfolgung der Buy-and-Hold Strategie ggf. nur ein kleiner Teil des Vermögens in die Aktienposition investiert werden. Durch dynamische Anpassungen des Portefeuilles kann der Portefeuillemindestwert ggf. auch mit einem größeren Aktienanteil im Portefeuille erreicht werden, so daß der Investor stärker an positiven Entwicklungen auf dem Aktienmarkt partizipieren kann.

Bei der im folgenden beschriebenen CPPI Strategie (Constant Proportion Portfolio Insurance) wird nicht wie bei der Buy-and-Hold Strategie nur das Cushion in die Aktienposition investiert, sondern ein m – faches davon.[14] Ausgehend von der Festlegung des Floors $F(t)$ gemäß Gleichung (4.6) und des Multiplikators m wird hierbei das Portefeuille mit dem Portefeuillewert $W_P(t)$ zu einem Zeitpunkt t so angepaßt, daß das Portefeuille unmittelbar nach der Anpassung die Kapitalpositionen $W_S^+(t)$ und $W_B^+(t)$ aufweist:

$$Cus(t) = \max\{0, W_P(t) - F(t)\}, \quad (4.7)$$

$$W_S^+(t) = m\, Cus(t), \quad (4.8)$$

$$W_B^+(t) = W_P(t) - W_S(t). \quad (4.9)$$

[14]Diese Strategie beschrieb ursprünglich eine Umschichtungsregel zwischen einer riskanteren Anlageform mit einer relativ hohen erwarteten Rendite und einer weniger riskanten Anlageform mit einer akzeptablen minimalen Rendite. Vgl. hierzu Black, F. / Jones, R. (1987), Seite 48 - 51.

Beispiel 4.2.5 Ein Investor, der am 01.08.1991 ein Vermögen in Höhe von 1 Mio. DM besitzt, möchte dieses teilweise in BASF Aktien investieren, wobei er größere Vermögensverluste vermeiden will. Er entscheidet sich für die CPPI Strategie mit dem Multiplikator $m = 10$ und möchte sicherstellen, daß sein Vermögen zum 30.12.1991 nicht unter dem aktuellen Vermögenswert liegt. Der Absicherungszeitraum besitzt somit eine Länge von 151 Tagen, wobei eine Anpassung des Portefeuilles an jedem Handelstag genau einmal erfolgen soll.[15]

In diesem Beispiel sind einige im Black/Scholes-Modell unterstellte Prämissen nicht erfüllt. Beispielsweise unterliegt der Bondkurs ebenfalls stochastischen Kursschwankungen. Des weiteren wird in diesem Beispiel berücksichtigt, daß die einzelnen Wertpapiere nicht in beliebigen Stückelungen gehandelt werden können. Hierdurch ergeben sich leichte Abweichung von der theoretisch beschriebenen CPPI Strategie.

Als risikoarme Anlagealternative zur Aktie soll in diesem Beispiel der Zerobond mit der Wertpapier-Kennummer 218504 verwendet werden. Dieser Zerobond, ausgegeben von der Staatsbank Berlin mit Emmissionskurs 100 DM, Rückzahlung von 141.477% am 30.09.94, besitzt am 01.08.1991 einen Kurs von 107.75 DM. Aus diesen Angaben errechnet sich für den Zerobond bei einer Restlaufzeit von 1 156 Tagen die stetige Rendite $i = 8.60\%$ *p.a.* Wird für den Floor die entsprechende Wertzunahme unterstellt, so ergibt sich:

$$
\begin{aligned}
F(t) &:= W_P^{(min)}(t^*) \cdot \mathrm{e}^{-i(t^*-t)} = 1\,000\,000\ \mathrm{e}^{-0.0860\cdot(\frac{151}{365}-t)} \\
\Rightarrow \quad F(0) &= 1\,000\,000\ \mathrm{e}^{-0.0860\cdot 151/365} = 965\,047.38 \\
\Rightarrow \quad Cus(0) &= 1\,000\,000 - 965\,047.38 = 34\,952.62 \\
\Rightarrow \quad m\,Cus(0) &= 10 \cdot 34\,952.62 = 349\,526.20.
\end{aligned}
$$

Da maximal 349 526.20 DM in die Aktienposition zu investieren sind, werden zu Beginn der Absicherungsperiode $x_S(0) = 1\,444$ Aktien im Wert von $W_S^+(0) = 1\,444 \cdot 242.00 = 349\,448.00$ DM und $x_B(0) = 6\,037$ Bonds im Wert von $W_B^+(0) = 6\,037 \cdot 107.75 = 650\,486.75$ DM gekauft. Damit ergeben sich folgende Kapitalpositionen:

[15] Die BASF Aktie verzeichnete vom 01.08.1991 bis zum 30.12.1991 einen hohen Wertverlust. Daher wurde zur Veranschaulichung des durch die CPPI Strategie erzielbaren Absicherungseffekts dieser Zeitraum ausgewählt.

$W_S^+(0)$	349 448.00	ΔS	$W_S^-(1/365)$	348 437.20
$W_B^+(0)$	650 486.75	$\longrightarrow$	$W_B^-(1/365)$	650 486.75
Kasse$^+(0)$	65.25	ΔB	Kasse$^-(1/365)$	65.25
$W_P^+(0)$	1 000 000.00		$W_P^-(1/365)$	998 989.20

Am 02.08.1991 sinkt der Aktienkurs auf 241.30 DM, während der Bondkurs unverändert bleibt. Hieraus resultieren die bereits aufgeführten Wertänderungen. Aus den Wertänderungen der Portefeuillepositionen und der Veränderung des Floors ergibt sich:

$$\begin{aligned} F(1/365) &= 1\,000\,000\ \mathrm{e}^{-0.0860\cdot 150/365} = 965\,274.79 \\ \Rightarrow \quad Cus(1/365) &= 998\,989.20 - 965\,274.79 = 33\,714.41 \\ \Rightarrow \quad m\,Cus(1/365) &= 10 \cdot 33\,714.41 = 337\,144.10. \end{aligned}$$

Durch die veränderte Situation muß das Portefeuille neu angepaßt werden. Es werden 47 Aktien zu einem Kurs von 241.30 DM verkauft und die zufließenden Mittel zum Kauf von weiteren 105 Bonds zu einem Kurs von 107.75 DM verwendet. Unmittelbar nach der Anpassung setzt sich das Portefeuille wie folgt zusammen:

Δx_S	$W_S^+(1/365)$	337 096.10
$\longrightarrow$	$W_B^+(1/365)$	661 800.50
Δx_B	Kasse$^+(1/365)$	92.60
	$W_P^+(1/365)$	998 989.20

Wird dieses Vorgehen über den gesamten Absicherungszeitraum vom 01.08.1991 bis zum 31.01.1992 fortgesetzt, so ergibt sich der in Abbildung 4.5 dargestellte Wertverlauf des abgesicherten Portefeuilles. Zur Verdeutlichung des durch diese Strategie erzielten Absicherungseffektes ist in Abbildung 4.5 auch der Floor sowie der Wertverlauf des reinen Aktienportefeuilles grafisch dargestellt.

Zum Absicherungsende am 30.12.1991 liegt der Aktienkurs mit $S(t^*) = 319.70$ DM 10.21% unter dem Kurs zu Absicherungsbeginn. Trotz der Kursverluste bei der zugrundeliegenden Aktie führt die CPPI Strategie zu einem Endvermögen von 1 007 205.47 DM und liegt damit 0.72% über dem Anfangsvermögen und damit über dem Floor. Wäre die Anfangszusammensetzung des Portefeuilles, ausgehend von $x_S(0) = 1\,444$ Aktien

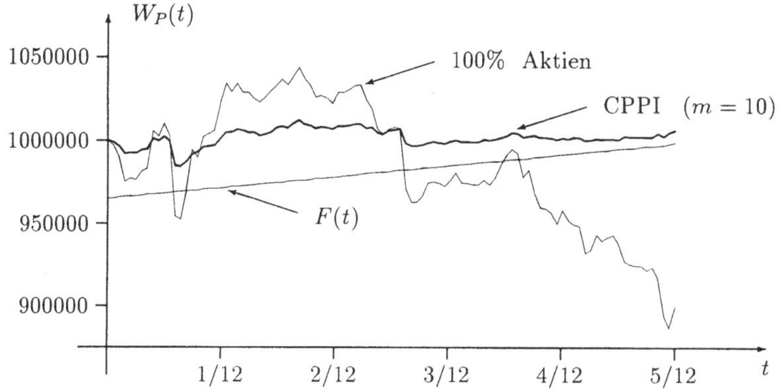

Abbildung 4.5: Aus Marktdaten gewonnener Wertverlauf des abgesicherten Portefeuilles, CPPI Strategie mit $m = 10$

und $x_B(0) = 6\,037$ Bonds, während des Absicherungszeitraums nicht verändert worden, hätte der dann erreichte Portefeuilleendwert von 991 579.70 DM unter dem Floor gelegen.

Die CPPI Strategie erfüllt in diesem Fall trotz eines relativ starken Rückgangs der Kursnotierung der BASF Aktie ihr Absicherungsziel. Zur Absicherung wird jedoch auf einen Teil des Gewinnpotentials verzichtet. Beispielsweise beträgt der Kursgewinn der BASF Aktie im Zeitraum vom 01.08.1991 bis zum 18.09.1991 ca. 4.38%, während das gemäß der CPPI Strategie angepaßte Portefeuille nur einen Wertzuwachs von 1.23% verzeichnet.

Die CPPI Strategie ist eine prozyklische Strategie, d.h. sie veranlaßt Aktienkäufe, wenn die Kurse steigen und Aktienverkäufe, wenn die Kurse fallen. Daher liefert diese Strategie besonders schlechte Ergebnisse in trendlosen Märkten mit hoher Volatilität.[16] Beispielsweise steigt der Aktienkurs bis zum 16.08.1991 um 0.25% und der Bondkurs um 0.09% gegenüber dem Anfangskurs, während der Portefeuillewert bei Verfolgung der CPPI Strategie um 0.02% sinkt. Dies erklärt sich daraus, daß die zu niedrigeren Kursen verkauften Aktien zu höheren Kursen zurückgekauft werden. ■

[16]Vgl. Perold, A. F. / Sharpe, W. F. (1988), Seite 23.

Abweichend von dieser Grundversion der CPPI Strategie besteht die Möglichkeit, eine obere Grenze für den prozentualen Anteil des Aktienvermögens am gesamten Portefeuillevermögen, das sogenannte **Limit**, vorzugeben. Soll eine Kreditaufnahme ausgeschlossen werden, so muß der Aktienanteil am Portefeuillewert auf 100% beschränkt werden. In diesem speziellen Fall beträgt das in Aktien zu investierende Vermögen $W_S(t) = \min\{m \cdot \max\{0, W_P(t) - F(t)\}, W_P(t)\}$.[17] Des weiteren kann zur Bestimmung der Anpassungszeitpunkte als zusätzliche Kenngröße eine **Toleranz** angegeben werden, die besagt, ab welcher absoluten Portefeuillewertänderung eine erneute Anpassung erfolgen soll.[18]

Einen entscheidenden Einfluß auf den Wertverlauf des Portefeuilles und damit auf die Wahrscheinlichkeitsverteilung des Portefeuilleendwerts besitzt der Multiplikator m. Je größer dieser Multiplikator gewählt wird, desto größer wird c.p. der Aktienanteil im Portefeuille und damit die mögliche Partizipation an positiven Kursentwicklungen auf dem Aktienmarkt. Gleichzeitig wird sich bei sinkenden Aktienkursen der Portefeuillewert schneller in Richtung Floor verkleinern. Mit Vergrößerung des Multiplikators steigt somit auch die Wahrscheinlichkeit, daß der Portefeuillewert am Ende des Absicherungszeitraums in der Nähe des Floors liegt.

Abbildung 4.6 zeigt in Anlehnung an die Situation in Beispiel 4.2.5 die Wertentwicklung des abgesicherten Portefeuilles, wenn die CPPI Strategie mit dem Multiplikator $m = 50$ verfolgt wird. Der Wert des Portefeuilles sinkt am 19.08.1991 auf den Wert $W_P(18/365) = 957\,027.35$ und liegt damit unter dem Floor $F(18/365) = 969\,148.93$. Diese Situation entsteht aufgrund eines relativ hohen Kursrückgangs der Aktie in Verbindung mit dem hohen Multiplikator $m = 50$.

Nach dem starken Kursrückgang liegt der Portefeuillewert unter dem Floor, so daß wegen $Cus(t) = \max\{0, W_P(t) - F(t)\} = 0$ das gesamte Portefeuillevermögen in Bonds umgeschichtet wird. Infolgedessen wird der Investor bei wieder ansteigenden Aktienkursen nicht mehr an der positiven Kursentwicklung am Aktienmarkt partizipieren.

---

[17] Vgl. Poschadel, B. / Beer, U. (1994), Seite 459-460.

[18] Vgl. Black, F. / Jones, R. (1987), Seite 49.

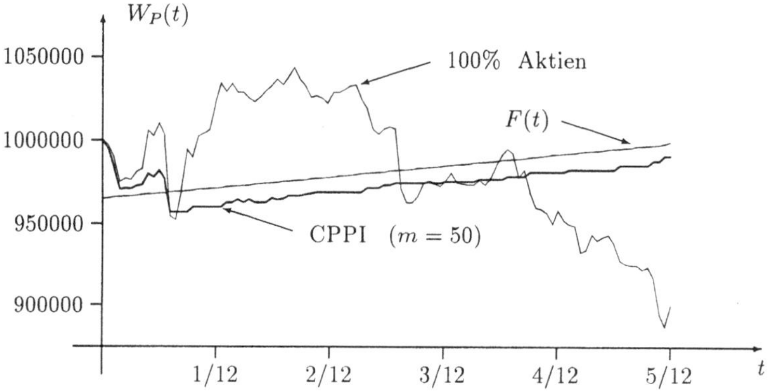

Abbildung 4.6: Aus Marktdaten gewonnener Wertverlauf des abgesicherten Portefeuilles, CPPI Strategie mit $m = 50$

Wie aus diesen Ausführungen ersichtlich wird, kann der Portefeuillewert bei Verfolgung der CPPI Strategie strenggenommen nur dann nicht unter den Floor fallen, wenn das Portefeuille kontinuierlich an die sich ändernde Situation angepaßt wird und der Aktienkursverlauf keine Kurssprünge aufweist.

Aufgrund von Transaktionskosten ist es jedoch nicht möglich, das Portefeuille zeitkontinuierlich anzupassen. Daher stellt sich die Frage, wie groß die Kursveränderung zwischen zwei Anpassungszeitpunkten sein darf, damit der Portefeuillewert unter Verwendung der CPPI Strategie nicht unter den Floor sinkt. Diese sowie daran anschließende Fragen werden von dem nachfolgenden Satz beantwortet.

Satz 4.2.6 [19] *$W_P(t)$ bezeichne den Portefeuillewert, $F(t)$ den Floor gemäß Gleichung (4.6) und $t_k = t_0 + k\Delta t$ ($k = 0, 1, \ldots, K$) die äquidistanten Anpassungszeitpunkte im Absicherungszeitraum $[t_0, t^*]$ mit $\Delta t = (t^* - t_0)/K$. Der stetige Zinssatz i sei konstant und deterministisch. Wird das Portefeuille unter Verwendung der CPPI Strategie mit $m > 1$ gemäß den Gleichungen (4.7), (4.8) und (4.9) lediglich zu den Zeitpunkten t_k ($k = 0, 1, \ldots, K$) angepaßt, so gilt für $W_P(t_{k-1}) > F(t_{k-1})$:*

[19] Der Beweis des Satzes ist im Anhang aufgeführt.

$$(1) \qquad W_P(t_k) > F(t_k) \iff \frac{S(t_k)}{S(t_{k-1})} > \left(1 - \frac{1}{m}\right) e^{i\Delta t} \quad (k = 1, 2, \ldots, K).$$

Wird darüber hinaus für den Aktienkursprozeß $\{S(t) : t \in [t_0, \infty)\}$ eine geometrische Brownsche Bewegung mit Driftrate μ und Volatilität σ unterstellt, so ergeben sich für $k = 1, 2, \ldots, K$ folgende Mißerfolgswahrscheinlichkeiten:

$$(2) \qquad \mathrm{P}\{W_P(t_k) > F(t_k) | W_P(t_{k-1}) > F(t_{k-1})\} = p,$$

$$(3) \qquad \mathrm{P}\{W_P(t_k) > F(t_k) | W_P(t_0) > F(t_0)\} = p^k$$

$$\textit{mit} \qquad p := 1 - \Phi\left(\frac{\ln\left(1 - \frac{1}{m}\right) + (i - \mu + \frac{\sigma^2}{2})\Delta t}{\sigma\sqrt{\Delta t}}\right).$$

Die Anzahl N der Zeiträume, die vergehen, bis ausgehend von $W_P(t_0) > F(t_0)$ der Portefeuillewert $W_P(t_N)$ erstmals unter dem Floor $F(t_N)$ liegt, ist geometrisch verteilt mit Parameter p, d.h.

$$(4) \qquad \mathrm{P}\{N = n\} = p^{n-1}(1 - p) \quad (n \in \mathbb{N}).$$

■

Satz 4.2.6 zeigt, daß nach einer erfolgten Anpassung der Portefeuillewert zum nächsten Anpassungszeitpunkt genau dann unter den Floor fällt, wenn der relative Aktienkursrückgang größer als $1/m \cdot e^{i\Delta t}$ ist.[20] Die CPPI Strategie versagt demnach für den Fall stark sinkender Aktienkurse, für den sie insbesondere konzipiert wurde.

Ausgehend von $W_P(t_{k-1}) > F(t_{k-1})$ ist die Wahrscheinlichkeit, daß der Portefeuillewert $W_P(t_k)$ zum nächsten Anpassungszeitpunkt t_k aufgrund eines hohen prozentualen Aktienkursrückgangs unter dem zugehörigen Floor $F(t_k)$ liegt unabhängig von der Höhe des Portefeuillewerts $W_P(t_{k-1})$. Dies resultiert aus einer entsprechenden Erhöhung des Engagements in Aktien bei steigendem Portefeuillewert.

Soll eine Absicherung gemäß der CPPI Strategie erfolgen, so muß ein Investor den Floor $F(t)$, den Multiplikator m und ggf. die Länge der Zeitspanne zwischen den Anpassungs-

---

[20] Perold, A. F. und Sharpe, W. F. geben in ihrem Artikel von 1988 auf Seite 23 an, daß der Aktienkurs maximal um den Faktor $1/m$ sinken darf, ohne daß der Portefeuillewert zwischen zwei Anpassungszeitpunkten unter den Floor fällt. Offensichtlich vernachlässigen die Autoren die Veränderung des Floors und des Bondwerts zwischen zwei Anpassungszeitpunkten um den Faktor $e^{i\Delta t}$.

zeitpunkten Δt festlegen. Durch Vorgabe eines Floors und einer Mindestwahrscheinlichkeit, daß der Portefeuillewert am Ende des Absicherungszeitraums über dem Floor liegt, kann mit Hilfe von Satz 4.2.6 zu jeder Anpassungslänge Δt der maximal wählbare Multiplikator bestimmt werden.

In Beispiel 4.2.5 wurde der Wertverlauf eines Portefeuilles bei Verfolgung der CPPI Strategie mit dem Multiplikator $m = 10$ berechnet. Wird davon ausgegangen, daß der Aktienkursverlauf eine Realisation der geometrischen Brownschen Bewegung mit Driftrate $\mu = 0.10$ p.a. und Volatilität $\sigma = 0.31\ \sqrt{\text{p.a.}}$ ist, so ergibt sich für einen Anpassungszeitraum der Länge $\Delta t = 1/365$ Jahre aus Satz 4.2.6 (2) folgende Wahrscheinlichkeit $p := \mathrm{P}\left\{W_P(t_k > F(t_k) | W_P(t_{k-1}) > F(t_{k-1})\right\}$:[21]

$$p = 1 - \Phi\left(\frac{\ln(9/10) + (0.086 - 0.10 + 0.31^2/2) \cdot 1/365}{0.31\sqrt{1/365}}\right) = 1 - \Phi(-6.49) \approx 100\%.$$

Bei dieser Parameterkonstellation kann also bei Wahl des Multiplikators $m = 10$ mit einer Wahrscheinlichkeit von annähernd 100% davon ausgegangen werden, daß der Portefeuillewert nicht unter den Floor sinkt. Wird die CPPI Strategie mit dem Multiplikator $m = 50$ verfolgt, so ergibt sich:

$$p = 1-\Phi\left(\frac{\ln(49/50) + (0.086 - 0.10 + 0.31^2/2) \cdot 1/365}{0.31\sqrt{1/365}}\right) = 1-\Phi(-1.92) \approx 97.26\%.$$

Die Mißerfolgswahrscheinlichkeit, d.h. die Wahrscheinlichkeit, daß der Portefeuillewert am Ende des Absicherungszeitraums unter dem Portefeuillemindestwert $W_P^{(min)}(t^*) =$ 950 000 GE liegt, beträgt damit annähernd 100% (vgl. Satz 4.2.6 (3)). Aus diesem Grund ist es nicht überraschend, daß in der in Abbildung 4.6 zugrundeliegenden Situation der Portefeuillewert innerhalb des Betrachtungszeitraums unter den Floor fällt.

[21] Die angenommene Volatilität $\sigma = 0.31\ \sqrt{\text{p.a.}}$ wurde aus dem historischen Aktienkursverlauf im Zeitraum vom 02.01.91 bis 31.07.91 geschätzt. Hierzu wurden im ersten Schritt die Differenzen der Logarithmen $\ln(S(t_{k+1})) - \ln(S(t_k)) \overset{\text{iid}}{\sim} N((\mu - \sigma^2/2)\Delta t, \sigma^2 \Delta t)$ für unmittelbar aufeinanderfolgende Handelstage bestimmt. Die geschätzte Volatilität ergab sich schließlich aus der korrigierten Standardabweichung $s = 0.0163$ der Differenzen der Logarithmen:

$$\hat{\sigma} = \frac{s}{\sqrt{\Delta t}} = 0.0163\sqrt{365} \approx 0.31\ \sqrt{\text{p.a.}}$$

Um die Wirkung der Entscheidung abschätzen zu können, wird häufig auf die mit der Parameterwahl resultierende Wahrscheinlichkeitsverteilung des Portefeuilleendwerts zurückgegriffen. Aufgrund der Komplexität der Zusammenhänge ist es in diesem Fall jedoch nicht möglich, die Wahrscheinlichkeitsverteilung analytisch herzuleiten.

Mit Hilfe einer Monte-Carlo-Simulation kann die Wahrscheinlichkeitsverteilung approximativ bestimmt werden. Hierzu wird eine Vielzahl möglicher Aktienkursverläufe in Analogie zu Beispiel 3.3.17 erzeugt und anschließend die daraus resultierenden Wertverläufe des abgesicherten Portefeuilles berechnet. Die sich aus den so gewonnenen Portefeuillewerten zum Ende des Absicherungszeitraums ergebende empirische Verteilungsfunktion wird schließlich als Approximation der Verteilungsfunktion des Portefeuilleendwerts $W_P(t^*)$ verwendet.

Beispiel 4.2.7 Mit Hilfe einer Monte-Carlo-Simulation soll der Einfluß des Multiplikators m auf die Wahrscheinlichkeitsverteilung des Portefeuilleendwerts $W_P(t^*)$ bei Verfolgung der CPPI Strategie untersucht werden. Als Ziel der Absicherung wird, ausgehend von dem Anfangsvermögen $W_P(t_0) = 1\,000\,000$ GE, der Mindestwert $W_P^{(min)}(t^*) = 950\,000$ GE vorgegeben. Für die Simulation wird ein Absicherungszeitraum von 30 Tagen zugrunde gelegt, wobei eine Anpassung jeweils nach genau einem Tag erfolgen soll.

Ausgehend von dem Aktienkurs $S(t_0) = 100$ GE wird für den zukünftigen Aktienkursverlauf eine geometrische Brownsche Bewegung mit Volatilität $\sigma = 0.20 \sqrt{\text{p.a.}}$ und Driftrate $\mu = 0.09$ p.a. unterstellt. Darüber hinaus wird für die Bonds die sichere stetige Rendite $i = 0.07$ p.a. zugrunde gelegt.

In Abbildung 4.7 sind die aus einer Monte-Carlo-Simulation mit 10 000 Durchläufen resultierenden relativen Häufigkeitsdichten der Realisationen des Portefeuilleendwerts bei Wahl des Multiplikators in Höhe von $m = 5$ bzw. $m = 30$ dargestellt. Die Auswirkung der CPPI Strategie auf die Verteilung des Portefeuilleendwerts wird durch einen Vergleich dieser Häufigkeitsdichten mit der des reinen Aktienportefeuilles ersichtlich.

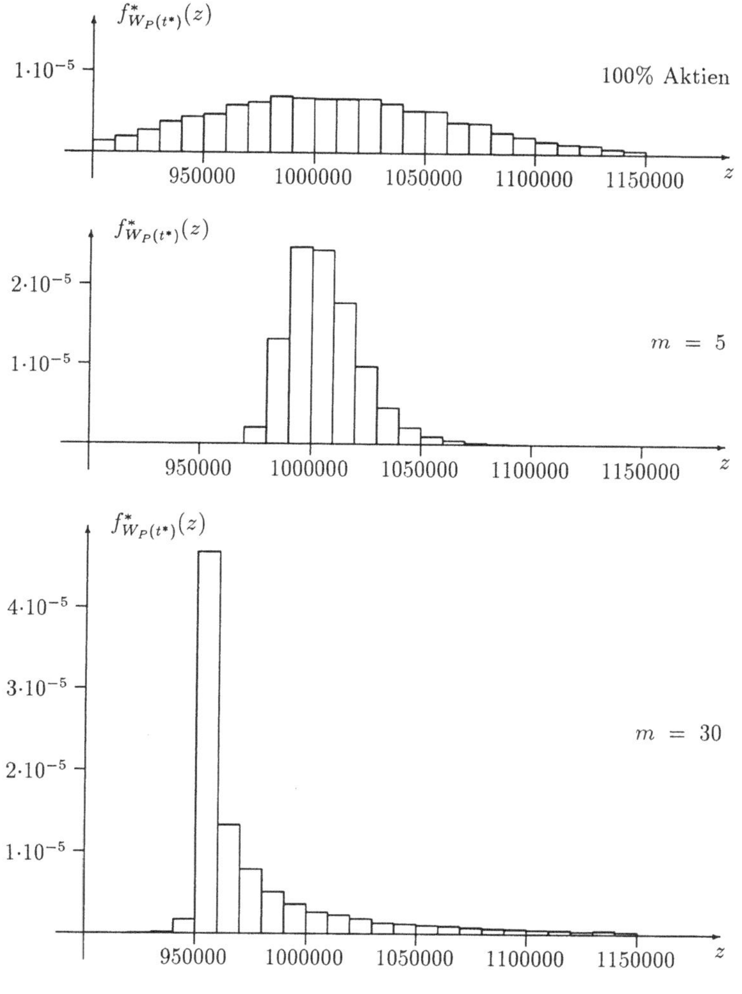

Abbildung 4.7: Relative Häufigkeitsdichten der Realisationen zu $W_P(t^*)$ bei Verfolgung der CPPI Strategie mit verschiedenen Multiplikatoren m

Während 16.39% der Realisationen des Endwerts des reinen Aktienportefeuilles unter dem vorgegebenen Mindestwert $W_P^{(min)}(t^*) = 950\,000$ GE liegen, führt die Absicherung durch die CPPI Strategie mit dem Multiplikator $m = 5$ dazu, daß keine Realisation des Portefeuilleendwerts unter dem Mindestwert liegt. Die durch die CPPI Strategie erfolgte Absicherung des Vermögens gegen zu große Verluste wird jedoch durch eine wesentlich geringere Gewinnchance erkauft. Verzeichnet das reine Aktienportefeuille in 23.80% bzw. 5.78% der Fälle einen Wertzuwachs von mindestens 50 000 bzw. 100 000 GE, so betragen diese Anteile 1.65% bzw. 0.02% bei Verfolgung der CPPI Strategie mit dem Multiplikator $m = 5$.

Wird der Multiplikator $m = 30$ gewählt, so erfüllt die Absicherungsstrategie in 1.96% der Fälle nicht die an sie gestellte Anforderung, einen Portefeuilleendwert von mindestens $W_P^{(min)}(t^*) = 950\,000$ GE sicherzustellen.[22] Dies stellt jedoch im Vergleich zu einem reinem Aktienportefeuille eine deutliche Verbesserung dar, ohne daß dadurch die Chance, größere Gewinne zu erzielen, verloren geht. In 12.18% bzw. 8.16% der Fälle wird ein Gewinn von mindestens 50 000 bzw. 100 000 GE realisiert. Der durch die Strategie erzielte Absicherungseffekt in Verbindung mit einem weiterhin hohen Gewinnpotential wird jedoch dadurch erkauft, daß der Portefeuilleendwert meist nur knapp über dem Mindestwert liegt. In diesem Simulationsexperiment betrug die relative Häufigkeit, daß ein Verlust zwischen 3% und 5% realisiert wurde, über 60%.

Eine Absicherung mit Hilfe der im vorigen Unterabschnitt behandelten Buy-and-Hold Strategie, die der CPPI Strategie mit dem Multiplikator $m = 1$ entspricht, hätte die in Abbildung 4.8 dargestellte relative Häufigkeitsdichte ergeben. Da bei dieser Strategie nur der über den diskontierten Portefeuillemindestwert hinausgehende Betrag in Aktien investiert wird, ist in dem hier betrachteten Fall der Aktienanteil im Portefeuille sehr klein. Im denkbar schlechtesten Fall, daß die Aktien am Ende des Absicherungszeitraums einen Wert von Null besitzen, wird bei Verfolgung der Buy-and-Hold Strategie der

---

[22] Mit Hilfe von Satz 4.2.6 kann für diese spezielle Fragestellung die Wahrscheinlichkeit analytisch berechnet werden:

$$\mathrm{P}\left\{W_P(t_{30}) < F(t_0) \middle| W_P(t_0) > F(t_0)\right\} = 1 - \left(1 - \Phi\left(-3.18401\right)\right)^{30} = 2.08\%.$$

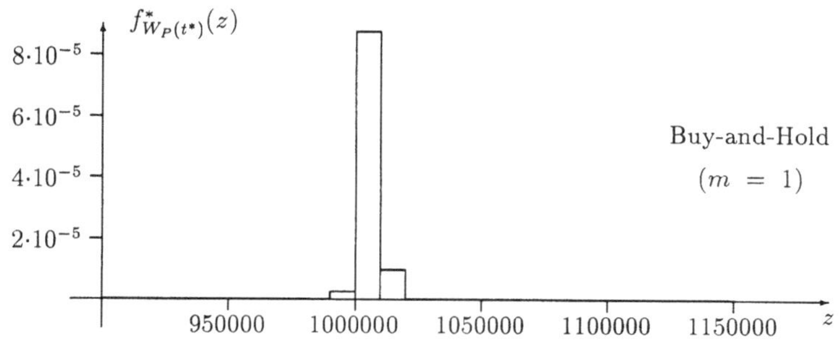

Abbildung 4.8: Relative Häufigkeitsdichte der Realisationen zu $W_P(t^*)$ bei Verfolgung der Buy-and-Hold Strategie

Portefeuillemindestwert durch die Bondposition sichergestellt. Die Portefeuillerendite unterscheidet sich jedoch meist nur unwesentlich von der Höhe der Bondrendite, so daß durch diese Absicherung fast das gesamte Gewinnpotential verlorengeht. ■

Wie aus den Simulationsergebnissen des vorangehenden Beispiels deutlich wird, dürfte die Verfolgung der CPPI Strategie mit einem großen Multiplikator nur selten im Interesse eines Investors liegen. Zwar wird der Portefeuilleendwert nur mit geringer Wahrscheinlichkeit unter dem vorzugebenden Portefeuillemindestwert liegen, jedoch wird durch die Absicherung mit hoher Wahrscheinlichkeit ein Wert in der Nähe des Floors realisiert. Darüber hinaus wird bei der Wahl eines höheren Multiplikators auch die Umschichtungsintensität steigen. Dies führt unter Berücksichtigung der Transaktionskosten zu einer weiteren Verschlechterung des Portefeuilleendwerts.

Der Vorteil dieser Strategie dürfte für Praktiker vor allem in der einfachen Handhabung liegen. Insbesondere muß für die CPPI Strategie keine spezielle Verteilungsannahme bezüglich des unterstellten Aktienkursprozesses getroffen werden. Ein weiterer Vorteil liegt in der Flexibilität der CPPI Strategie. Die vorläufig festgelegten Kenngrößen der CPPI Strategie können jederzeit an die veränderte Situation angepaßt werden.

Ein starker Kritikpunkt ergibt sich aus Satz 4.2.6. Hiernach wird aufgrund eines gestiegenen Portefeuillewerts infolge eines freundlich tendierenden Aktienmarktes bis zum aktuellen Anpassungszeitpunkt die Wahrscheinlichkeit nicht steigen, daß der Portefeuillewert zum nächsten Anpassungszeitpunkt weiterhin über dem vorgegebenen Portefeuillemindestwert liegt. Um zu verhindern, daß eine anschließende Wertkorrektur zum Verlust des gesamten Wertzuwachses führt, kann der Floor zwar angemessen erhöht werden. Es ist jedoch zu beachten, daß bei einer automatischen Anpassung der Parameter der CPPI Strategie die Charakteristika dieser Strategie verlorengehen können.

Wird beispielsweise der Floor automatisch auf einen festzulegenden Anteil des Portefeuillewerts angepaßt, so entspricht die CPPI Strategie der Constant-Mix Strategie. Bei der **Constant-Mix Strategie** wird das Portefeuille derart an die veränderten Kurse angepaßt, daß das Verhältnis zwischen Aktien- und Bondposition konstant bleibt. Hieraus resultiert schießlich ein Kauf von Aktien bei sinkenden Aktienkursen und ein Verkauf bei steigenden Kursen. Eine solche Strategie kann unter Umständen zum Verlust des gesamten Portefeuillevermögens führen und besitzt wegen der Reduktion des Aktienanteils am Portefeuillevermögen bei steigenden Aktienkursen nur ein geringeres Aufwärtspotential. Im Gegensatz zur CPPI Strategie mit festen Parametern führt die Constant-Mix Strategie jedoch zu einer guten Wertentwicklung des Portefeuilles bei relativ trendlosen Märkten mit hoher Volatilität.[23]

Eine weitere Strategie stellt die **Stop-Loss Strategie** dar. Bei dieser Strategie wird zunächst das gesamte Portefeuillevermögen in die risikobehaftete Aktienposition investiert. Fällt der Portefeuillewert erstmals unter den Floor, so wird die gesamte Aktienposition aufgelöst und in Bonds investiert, andernfalls bleibt die Aktienposition unverändert erhalten.[24]

---

[23] Vgl. Perold, A. F. / Sharpe, W. F. (1988). Seite 21.

[24] Vgl. Poschadel, B. / Beer, U. (1994), Seite 454.

4.3 Absicherung unter Einbeziehung der Optionsbewertungstheorie

Mit Hilfe der Ausführungen zum Black/Scholes–Modell in Unterabschnitt 3.3.2 können weitere Absicherungsstragien entwickelt werden. Zunächst erfolgt die Beschreibung von statischen Absicherungsstrategien, bei denen zu Absicherungsbeginn die Aufteilung des Vermögens in eine Bond-, Aktien- und Optionsposition erfolgt. Die Restlaufzeiten der verwendeten europäischen Optionen stimmen hierbei mit der Länge des Absicherungszeitraums überein. Der Vorteil einer solchen Strategie liegt insbesondere darin, daß das Portefeuille während des Absicherungszeitraums keiner weiteren zwischenzeitlichen Anpassung bedarf.

Existiert die gewünschte europäische Option nicht, so kann sie durch ein dynamisches Portefeuille an Bonds und Aktien dupliziert werden. Die Verwendung dieser synthetischen Option führt zu dynamischen Strategien, die hinsichtlich der Wertentwicklung mit den statischen optionsbasierten Absicherungsstrategien äquivalent sind. Bei diesen dynamischen Strategien muß jedoch beachtet werden, daß die Aktien- und Bondposition dynamisch an die sich ändernde Situation angepaßt wird.

Abschließend werden noch dynamische Absicherungsstragien betrachtet, bei denen es möglich ist, die Absicherung einer Aktienposition zu erreichen, ohne daß die Aktienposition verändert werden muß. Bei diesen Absicherungsstragien erfolgt die Absicherung durch eine dynamische Umschichtung zwischen der Bond- und der Optionsposition.

4.3.1 Statische Absicherung

Bei Verfolgung der **Protective–Put Strategie** wird durch den Kauf einer Verkaufsoption je Aktie erreicht, daß der Portefeuillewert zum Verfallzeitpunkt der Option nicht unter einen sinnvoll vorzugebenden Mindestwert sinkt.[25] Bei dieser klassischen Art der

[25]Vgl. Poschadel, B. / Beer, U. (1994), Seite 455.

Absicherung braucht eine bestehende Aktienposition nicht verändert zu werden, wenn der Kauf der Verkaufsoptionen durch eine Kreditaufnahme finanziert wird.[26]

Damit der Wert des Portefeuilles am Ende des Absicherungszeitraums $[t_0, t^*]$ nicht unter den Portefeuillemindestwert $W_P^{(min)}(t^*)$ fallen kann, muß der Ausübungspreis E der Verkaufsoption geeignet gewählt werden. Zur Bestimmung des gewünschten Ausübungspreises wird der zukünftige Portefeuillewert für die beiden Fälle $S(t^*) \leq E$ und $S(t^*) > E$ betrachtet. Wird der Erwerb der europäischen Verkaufsoption durch eine Kreditaufnahme finanziert, so ergibt sich folgende Wertentwicklung für das abgesicherte Aktienportefeuille:[27]

Position	Zeitpunkt t_0	Verfallzeitpunkt $t^* = t_0 + T$	
	$S(t_0)$	$S(t^*) \leq E$	$S(t^*) > E$
Aktie	$x_S S(t_0)$	$x_S S(t^*)$	$x_S S(t^*)$
Option	$x_S \mathcal{P}(S(t_0), T; E)$	$x_S(E - S(t^*))$	0
Bond	$-x_S \mathcal{P}(S(t_0), T; E)$	$-x_S \mathcal{P}(S(t_0), T; E)\, e^{iT}$	$-x_S \mathcal{P}(S(t_0), T; E)\, e^{iT}$
Portefeuille	$x_S S(t_0)$	$x_S(E - \mathcal{P}(S(t_0), T; E)\, e^{iT})$	$x_S(S(t^*) - \mathcal{P}(S(t_0), T; E)\, e^{iT})$

Für den Fall, daß der zukünftige Aktienkurs $S(t^*)$ unter dem Ausübungspreis der Verkaufsoption liegt, ist der Endwert des Portefeuilles am geringsten. Um sicherzustellen, daß der Portefeuillewert nicht unter den Mindestwert $W_P^{(min)}(t^*)$ sinkt, muß daher der Ausübungspreis E so gewählt werden, daß die Ungleichung

$$E - \mathcal{P}(S(t_0), T; E)\, e^{iT} \geq \frac{W_P^{(min)}(t^*)}{x_s} \tag{4.10}$$

erfüllt ist.

---

[26] Alternativ hierzu kann durch Verkauf eines Teils der Aktien der Erwerb der Verkaufsoptionen zur Absicherung der verbleibenden Aktienposition erfolgen.

[27] Um auch die Abhängigkeit des Optionswerts vom Ausübungspreis E darzustellen, wird im folgenden die Notation $\mathcal{P}(S, T; E)$ verwendet.

Beispiel 4.3.1 Ausgehend von den Annahmen des Black/Scholes–Modells soll eine Aktienposition, bestehend aus 200 Aktien, bei einem aktuellen Aktienkurs von $S(t_0) =$ 500 GE gegen Wertverluste durch einen fremdfinanzierten Kauf von 200 europäischen Verkaufsoptionen abgesichert werden. Der Absicherungszeitraum beträgt ein Jahr, so daß zur Absicherung eine Option mit der Restlaufzeit $T = 1$ Jahr herangezogen wird. Für die Volatilität des Aktienkursprozesses wird $\sigma = 0.20 \sqrt{\text{p.a.}}$ und als risikoloser stetiger Zinssatz $i = 0.07$ p.a. unterstellt.

Damit der Wert des Portefeuilles am Ende der Laufzeit mit dem Portefeuillemindestwert $W_P^{(min)}(t^*) = 100\,000$ GE übereinstimmt, muß der gewünschte Ausübungspreis E mit Hilfe von Gleichung (4.10) bestimmt werden. Als Lösung von

$$E - \mathcal{P}(500, 1; E)\, \mathrm{e}^{0.07} = 500$$

ergibt sich der gesuchte Ausübungspreis $E = 551.18$ GE. Aus der nachfolgenden Tabelle wird die zukünftige Wertentwicklung der so abgesicherten Akienposition in Abhängigkeit vom Aktienkurs $S(t^*)$ am Ende des Absicherungszeitraums ersichtlich.

Position	Zeitpunkt t_0	Verfallzeitpunkt $t^* = t_0 + T$	
	$S(t_0)$	$S(t^*) \leq 551.18$	$S(t^*) > 551.18$
Aktie	$200 \cdot 500.00$	$200 \cdot S(t^*)$	$200 \cdot S(t^*)$
Option	$200 \cdot 47.72$	$200 \cdot (551.18 - S(t^*))$	0
Bond	$-200 \cdot 47.72$	$-200 \cdot 51.18$	$-200 \cdot 51.18$
Portefeuille	100 000	100 000	$200 \cdot (S(t^*) - 51.18)$

Für den Fall, daß am Ende des Absicherungszeitraums für den Aktienkurs $S(t^*) \leq 551.18$ GE gilt, beträgt der Wert des Portefeuilles 100 000 GE, unabhängig von der genauen Höhe des Aktienkurses. Der Endwert des reinen Aktienportefeuilles am Ende des Absicherungszeitraums wird hingegen mit einer Wahrscheinlichkeit von 36.32% unter diesem Portefeuillemindestwert liegen.

Trotz der erzielten Absicherung partizipiert der Investor an einer möglichen Kurssteigerung, wenn der Aktienkurs am Ende des Absicherungszeitraums mehr als 551.18 GE beträgt. Steigt der Aktienkurs beispielsweise auf $S(t^*) = 600$ GE, so ergibt sich der Portefeuillewert $W_P(t^*) = 109\,764$ GE. Die Absicherung wirkt sich allerdings dahingehend negativ aus, daß ein Teil des potentiellen zukünftigen Gewinns nicht erzielt wird. Das Gewinnpotential bleibt jedoch weiterhin nach oben unbeschränkt. Aus Abbildung 4.9 wird der Effekt der Absicherung der Aktienposition durch den fremdfinanzierten Kauf von 200 europäischen Verkaufsoptionen ersichtlich.

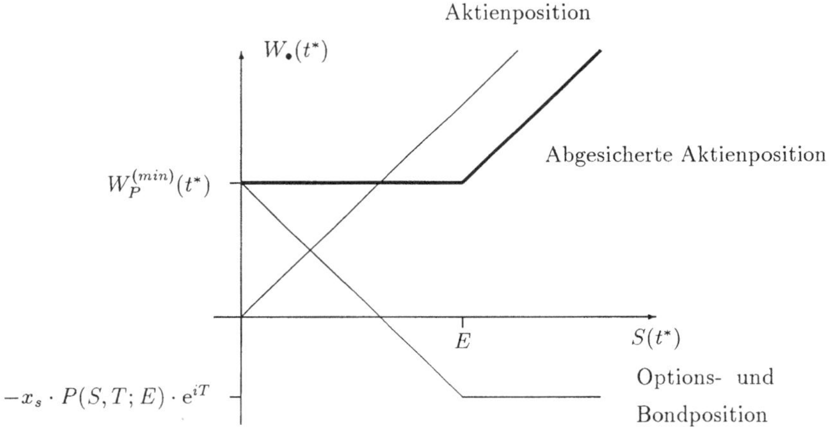

Abbildung 4.9: Portefeuilleendwert der abgesicherten Aktienposition, Protective–Put Strategie

In Abbildung 4.10 ist die Wahrscheinlichkeitsdichte des Werts der ungesicherten Aktienposition am Ende des Absicherungszeitraums für die unterstellte Driftrate $\mu = 0.09$ p.a. dargestellt. Die schraffierte Fläche entspricht dabei der Wahrscheinlichkeit, daß der Aktienkurs unter den Ausübungspreis $E = 551.18$ GE fällt und somit das abgesicherte Portefeuille am Ende der Laufzeit den Mindestwert $W_P^{(min)}(t^*) = 100\,000$ GE annimmt. Diese Wahrscheinlichkeit beträgt:

$$\begin{aligned} \mathrm{P}\{W_P(t^*) \le 100\,000\} &= \mathrm{P}\{S(t^*) \le 551.18\} = \mathrm{P}\{\ln(S(t^*)/S(t_0)) \le \ln(551.18/500)\} \\ &= \Phi\left(\frac{0.0974533 - (0.09 - 0.2^2/2) \cdot 1}{0.2 \cdot \sqrt{1}}\right) = 0.5546. \end{aligned}$$

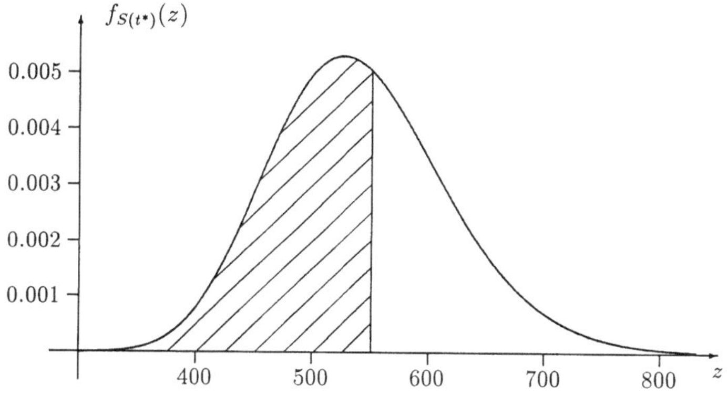

Abbildung 4.10: Wahrscheinlichkeitsdichte des Aktienkurses $S(t^*)$ ($\mu = 0.09,\ \sigma = 0.20,\ S(t_0) = 500,\ t^* - t_0 = 1$)

Liegt der Aktienkurs am Ende des Absicherungszeitraums oberhalb des Ausübungspreises $E = 551.18$ GE, so verursacht die Absicherung eine Verringerung des Gewinns um 10 236.02 GE im Vergleich zum ungesicherten Portefeuille. Die Verteilungsfunktion des Portefeuilleendwerts der abgesicherten Aktienposition ist somit bis zum Wert 100 000 GE gleich Null und springt dann auf den Wert 0.5546.

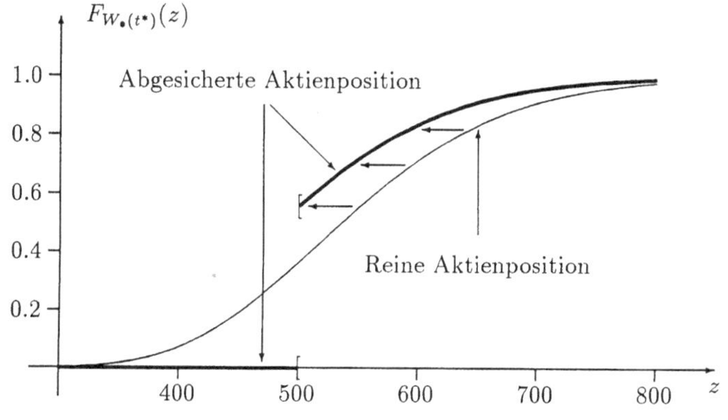

Abbildung 4.11: Verteilungsfunktion des Portefeuilleendwerts, Protective–Put Strategie

Der weitere Verlauf der Verteilungsfunktion ergibt sich aus einer Linksverschiebung der Verteilungsfunktion der ungesicherten Aktienposition um 10 236.02 GE. Der Endwert der abgesicherten Aktienposition ist damit weder stetig noch diskret verteilt, sondern besitzt eine gemischte Wahrscheinlichkeitsverteilung. Die Wirkung der Absicherungsstrategie auf die Verteilungsfunktion des Portefeuilleendwerts wird aus Abbildung 4.11 ersichtlich. ■

Durch Variation des Ausübungspreises der Verkaufsoption können verschiedene Portefeuillemindestwerte sichergestellt werden. So führt die Wahl eines kleineren Portefeuillemindestwerts dazu, daß zur Absicherung eine Verkaufsoption mit geringerem Ausübungspreis und damit mit geringerem Wert verwendet werden muß. Im Fall steigender Kurse fällt dadurch die mit der Absicherung verbundene Gewinnreduktion geringer aus.

Im folgenden werden Absicherungsstrategien mit Optionen betrachtet, die lediglich auf die mit der Portefeuilleentscheidung verbundene Wertentwicklung gerichtet sind und nicht der Absicherung einer bereits bestehenden Aktienposition dienen. Hierbei wird in Analogie zur Buy-and-Hold Strategie ein Portefeuille konstruiert, dessen Bondposition den gewünschten Portefeuillemindestwert am Ende des Absicherungszeitraums sicherstellt. Um an möglichen Kursveränderungen partizipieren zu können, wird das darüber hinaus zur Verfügung stehende Vermögen zur Konstruktion von Optionspositionen verwendet.

Eine Möglichkeit besteht in der Konstruktion eines Portefeuilles, dessen Optionsposition aus identischen Kaufoptionen besteht. Durch den Erwerb der Kaufoptionen wird erreicht, daß der Investor an positiven Entwicklungen auf dem Aktienmarkt partizipiert. Stimmt der gewählte Ausübungspreis der Kaufoption mit dem Ausübungspreis der Verkaufsoption bei Verwendung der zuvor betrachteten Protective-Put Strategie überein und werden nur europäische Optionen verwendet, so führen beide Strategien zum gleichen Portefeuillewert am Ende des Absicherungszeitraums. Die Wertgleichheit kann mit Hilfe der in Abschnitt 3.2 behandelten Put-Call-Parität gezeigt werden. Der Effekt der Absicherung wird aus Abbildung 4.12 ersichtlich.

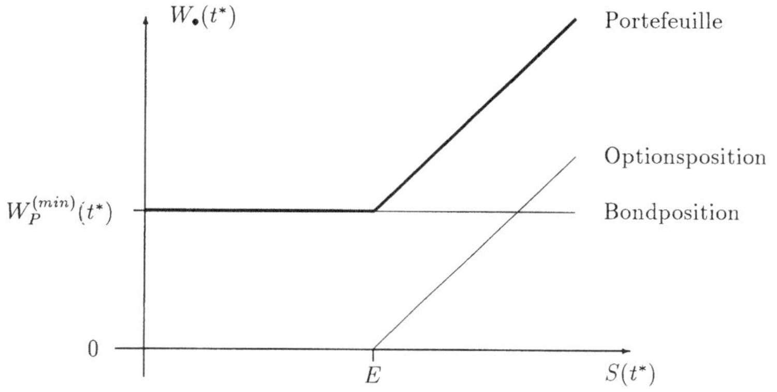

Abbildung 4.12: Portefeuilleendwert, Kombination von Bond und Kaufoption

In der nachfolgenden Tabelle ist, ausgehend von den Daten in Beispiel 4.3.1, die Wertentwicklung eines Portefeuilles aufgeführt, das aus einer Bondposition und europäischen Kaufoptionen mit Ausübungspreis $E = 551.18$ GE besteht. Ein Vergleich mit der Wertentwicklung des abgesicherten Portefeuilles bei Verfolgung der Protective–Put Strategie zeigt exemplarisch die Äquivalenz der beiden Absicherungsstrategien bezüglich der damit verbundenen Wertentwicklung.

Position	Zeitpunkt t_0	Verfallzeitpunkt $t^* = t_0 + T$	
	$S(t_0)$	$S(t^*) \leq 551.18$	$S(t^*) > 551.18$
Bond	93240	100 000	100 000
Option	$200 \cdot 33.80$	0	$200 \cdot (S(t^*) - 551.18)$
Portefeuille	100 000	100 000	$200 \cdot (S(t^*) - 51.18)$

Welche der beiden Strategien vorteilhaft ist, hängt von der Zielsetzung der Absicherung ab. Soll eine bereits existierende und nicht zu verändernde Aktienposition abgesichert werden, kommt nur die Protective–Put Strategie in Frage. Ist lediglich die Wertentwicklung des zu konstruierenden Portefeuilles von Interesse, so ist die Strategie zu wählen, die die geringeren Transaktionskosten verursacht. Existiert zu Betrachtungsbeginn noch keine Position, ist unter Berücksichtigung von Transaktionskosten die Protective–Put Strategie die schlechtere Alternative, da bei Aktienkäufen im Vergleich zum Kauf von Bonds höhere Transaktionskosten anfallen.

Neben der Kombination der Anlage in Bonds und dem Kauf identischer Kaufoptionen existieren zahlreiche Möglichkeiten, bei denen der Portefeuillemindestwert durch eine Bondposition sichergestellt wird. Im folgenden werden exemplarisch die Kombination der Anlage in Bonds mit der Konstruktion eines Bullish Call Money Spreads bzw. dem Kauf eines Strangles behandelt.[28]

Bei der Konstruktion eines **Bullish Call Money Spreads** erfolgt der Kauf einer Kaufoption mit dem niedrigeren Ausübungspreis E_1 und der Verkauf einer ansonsten identischen Kaufoption mit dem höheren Ausübungspreis E_2. Durch den Kauf der Option mit dem niedrigeren Ausübungspreis partizipiert der Investor an Aktienkurssteigerungen über den Ausübungspreis E_1 hinaus. Durch den Verkauf der Option mit dem höheren Ausübungspreis stehen weitere finanzielle Mittel zur Verfügung, die zum Erwerb von weiteren Kaufoptionen mit Ausübungspreis E_1 verwendet werden. Im Vergleich zu einer Kombination von Geldmarktanlage und Kaufoptionen mit Ausübungspreis E_1 partizipiert der Investor daher zunächst stärker an Kurssteigerungen. Das Gewinnpotential ist jedoch beschränkt, weil der Portefeuilleendwert bei Aktienkurssteigerungen über den Ausübungspreis E_2 hinaus nicht weiter ansteigt (vgl. Abbildung 4.13).[29]

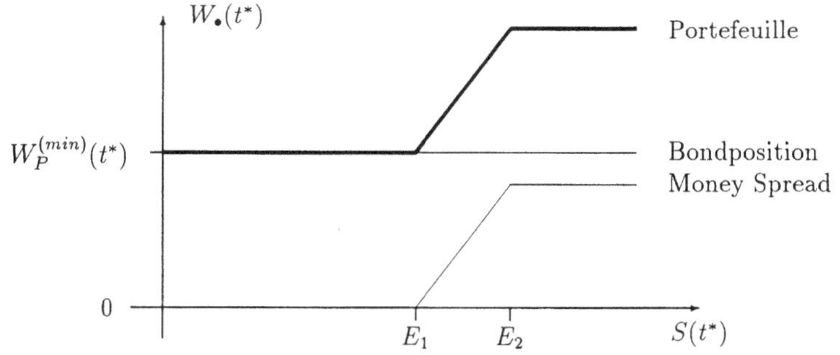

Abbildung 4.13: Portefeuilleendwert, Kombination von Bond und Call Money Spread

Die Konstruktion eines **Strangles** erfolgt durch Erwerb einer Kaufoption und einer Verkaufsoption, die sich bezüglich der weiteren Ausgestaltungsmerkmale nur hinsichtlich des Ausübungspreises unterscheiden. Die Kombination von Geldmarktanlage und Kauf

[28]Diese und weitere Strategien mit Aktienoptionen sind u.a. in Ebneter, A. (1987) aufgeführt.

[29]Vgl. Poschadel, B. / Beer, U. (1994), Seite 456 –457.

eines Strangles ist geeignet, wenn der Investor auf eine starke Veränderung des Aktienkurses spekulieren will. Im Fall stark steigender Kurse ist die Kaufoption am Ende der Laufzeit weit im Geld, so daß der Investor an den steigenden Kursen partizipiert. Stark sinkende Kurse führen ebenfalls zu einem Gewinn, da in diesem Fall die Verkaufsoption weit im Geld liegt. Liegt der Kurs zum Verfallzeitpunkt zwischen dem im allgemeinen niedrigeren Ausübungspreis E_1 der Verkaufsoption und dem höheren Ausübungspreis E_2 der Kaufoption, verfallen beide Optionen wertlos. In diesem Fall wird durch die Bondposition lediglich der Portefeuillemindestwert garantiert (vgl. Abbildung 4.14).

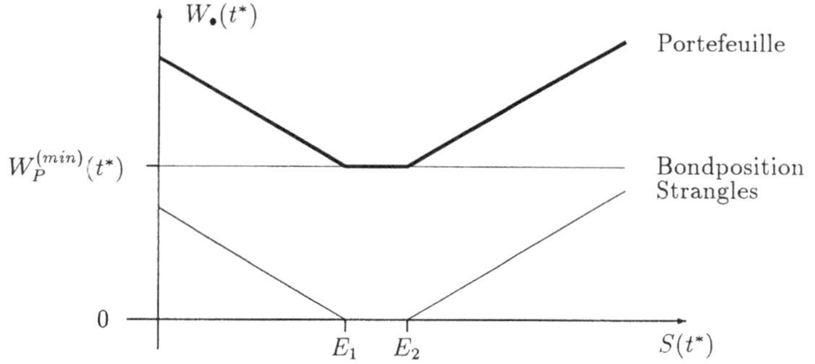

Abbildung 4.14: Portefeuilleendwert, Kombination von Bond und Strangle

Die Gewinnpartizipation bei steigenden Aktienkursen ist bei dieser Strategie geringer als bei der Kombination von Geldmarktanlage und dem Erwerb von Kaufoptionen mit Ausübungspreis E_2, da ein Teil der finanziellen Mittel zum Kauf der Verkaufsoptionen verwendet wird und daher die Anzahl an erworbenen Kaufoptionen geringer ausfällt.

Die in diesem Unterabschnitt betrachteten Absicherungsstrategien können sowohl mit europäischen als auch mit amerikanischen Optionen durchgeführt werden. Werden auf die entsprechende Aktie Dividenden gezahlt, so bieten sich zur Sicherstellung des Portefeuillemindestwerts zum Ende des Absicherungszeitraums europäische Optionen an, da der Wert einer europäischen Option unter dem Wert der zugehörigen amerikanischen Option liegt. Bei Verfolgung der Protective-Put Strategie besitzen die amerikanischen Optionen jedoch den Vorteil, daß sie den Portefeuillemindestwert während des gesamten Absicherungszeitraums garantieren.[30]

[30] Vgl. Schwarz, E. S. (1986/87), Seite 13.

4.3.2 Dynamische Absicherung

In diesem Unterabschnitt werden dynamische Absicherungsstrategien behandelt, die auf die Optionsbewertungstheorie zurückgreifen. Zunächst erfolgt, ausgehend von den Annahmen des Optionsbewertungsmodells von Black und Scholes, die Beschreibung von Absicherungsstrategien, bei denen die gewünschten Optionen durch Portefeuilles an Aktien und Bonds synthetisch erzeugt werden. Auf diese Weise können Absicherungsstrategien verfolgt werden, die bezüglich der Wertentwicklung zu den statischen Absicherungsstrategien des vorherigen Unterabschnitts äquivalent sind, ohne daß zu deren Umsetzung Optionen verwendet werden müssen.

Daran anschließend werden noch einige dynamische Strategien unter Verwendung von Optionen behandelt, bei denen die Absicherung ohne zwischenzeitliche Veränderung der Aktienposition möglich ist.

4.3.2.1 Absicherung durch Duplikation von Verkaufsoptionen

Eine statische Absicherung mit Optionen, wie sie im vorangehenden Unterabschnitt beschrieben wurde, ist nur möglich, wenn die gewünschten Optionen existieren. Ist keine Option auf ein abzusicherndes Aktienportefeuille verfügbar, könnte die Absicherung prinzipiell auch durch den Kauf von Verkaufsoptionen für jede einzelne Aktienposition erfolgen. Hierdurch würde jedoch der mit dem Kauf der Optionen verbundene Finanzierungsbedarf stark ansteigen.

Unter den Annahmen des Black/Scholes-Modells ist es jedoch möglich, eine europäische Option durch zeitkontinuierliche Anpassungen eines Portefeuilles, bestehend aus Aktien und Bonds, zu duplizieren. Zur Erzeugung einer synthetischen Kaufoption muß ein Portefeuille konstruiert werden, das sich aus folgenden Positionen zusammensetzt:

Position	Positionswert
Aktie	$S\ \Phi(x(S,T))$
Bond	$-E\ \mathrm{e}^{-iT}\Phi(x(S,T)-\sigma\sqrt{T})$
synthetische Kaufoption	$S\ \Phi(x(S,T)) - E\ \mathrm{e}^{-iT}\Phi(x(S,T)-\sigma\sqrt{T})$

(4.11)

Eine Veränderung des Optionsdeltas $\Phi(x(S,T))$ infolge einer Veränderung des Aktienkurses bzw. einer Verringerung der Restlaufzeit macht eine Anpassung der Aktienposition notwendig. Wie aus Unterabschnitt 3.3.2.3 hervorgeht, kann das Portefeuille durch zeitkontinuierliche Portefeuilleumschichtungen zwischen der Aktien- und Bondposition so an das jeweilige Optionsdelta $\Phi(x(S,T))$ angepaßt werden, daß der Wertverlauf des duplizierenden Portefeuilles mit dem Wertverlauf der europäischen Kaufoption übereinstimmt.[31]

Beispiel 4.3.2 Eine europäische Kaufoption mit Ausübungspreis $E = 500$ GE und Restlaufzeit $T = 1$ Jahr soll durch ein Portefeuille, bestehend aus Aktien und Bonds, dupliziert werden. Die der Option zugrundeliegende Aktie besitzt den aktuellen Kurs $S := S(t_0) = 500$ GE bei einer zukünftigen Volatilität $\sigma = 0.20\ \sqrt{\text{p.a.}}$ Für die risikolose stetige Rendite wird $i = 0.07$ p.a. unterstellt. Aus (4.11) ergibt sich zum Zeitpunkt t_0 folgende Zusammensetzung des die europäische Kaufoption duplizierenden Portefeuilles:

$$x(500,1) = \frac{\ln(500/500) + (0.07 + \frac{0.20^2}{2}) \cdot 1}{0.20\sqrt{1}} = 0.45$$

$$\begin{aligned} \Rightarrow \quad \Phi(x(S,T)) = \Phi(0.45) &= 0.6736 \\ \Rightarrow \quad \Phi(x(S,T) - \sigma\sqrt{T}) = \Phi(0.25) &= 0.5987 \end{aligned}$$

$\Longrightarrow$

Position	Positionswert
Aktie	$500 \cdot 0.6736 = 336.80$
Bond	$-500 \cdot e^{-0.07} \cdot 0.5987 = -279.11$
synthetische Kaufoption	$336.80 - 279.11 = 57.69$

Die synthetische Option setzt sich somit aus 0.6736 Anteilen der zugrundeliegenden Aktie und einer Kreditaufnahme in Höhe von $-W_B(t_0) = 279.11$ GE zusammen. Zur Konstruktion des Portefeuilles besteht ein Finanzierungsbedarf in Höhe von $W_P(t_0) = W_S(t_0) - W_B(t_0) = 57.69$ GE. Dieser Betrag entspricht exakt dem Wert der Kaufoption,

[31] Wie in Unterabschnitt 3.3.2.3 gezeigt wurde, gelten diese sowie entsprechende, noch folgende Aussagen mit Wahrscheinlichkeit Eins. Jedoch ist nicht ausgeschlossen, daß Realisationen aus einer Menge mit Wahrscheinlichkeit Null existieren, für die die entsprechenden Aussagen nicht gelten.

wie er in Beispiel 3.3.20 bestimmt wurde. Diese Zusammenhänge sind in Abbildung 4.15 grafisch veranschaulicht.[32]

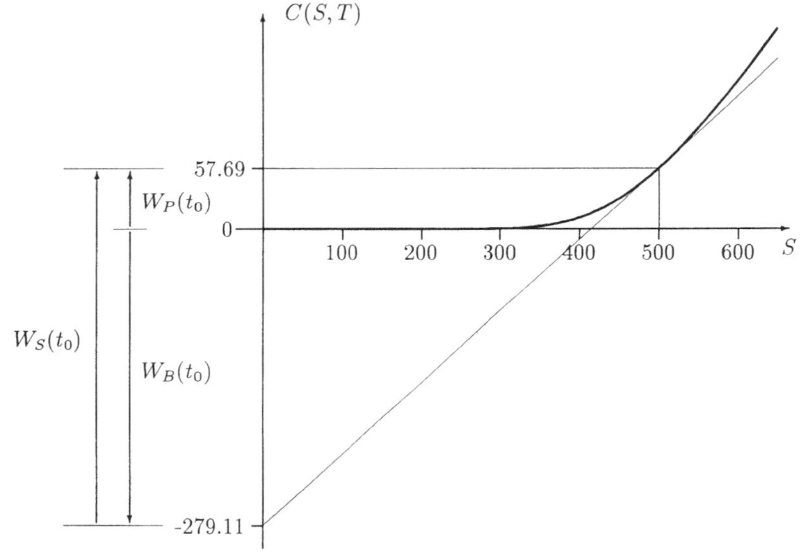

Abbildung 4.15: Aufteilung des Portefeuillewerts $W_P(t_0)$ in die Aktien- und Bondposition mit den Positionswerten $W_S(t_0)$ bzw. $-W_B(t_0)$

Durch eine Veränderung des Aktienkurses von $S(t_0) = 500$ GE auf $S(t_0 + 1/365) = 505$ GE verändert sich der Wert der synthetischen Kaufoption von $W_P(500, 1) = 57.69$ GE auf $W_P(505, 1 - 1/365) = 61.01$ GE, wie aus der nachfolgenden Tabelle hervorgeht:

Position	Positionswert
Aktie	$505 \cdot 0.6736 = 340.17$
Bond	$-279.11\ e^{0.07/365} = -279.16$
synthetische Kaufoption	$340.17 - 279.06 = 61.01$

Der Wert der entsprechenden europäischen Kaufoption hätte sich von $C(500, 1) = 57.69$ GE auf $C(505, 1 - 1/365) = 61.02$ GE verändert. Die geringe Differenz zwischen dem

[32]Vgl. Rubinstein M. / Leland, H. E. (1981), Seite 65.

Wert der europäischen Kaufoption und dem Wert des duplizierenden Portefeuilles zum Zeitpunkt $t_1 := t_0 + 1/365$ resultiert aus der erfolgten zeitdiskreten Anpassung statt einer zeitkontinuierlichen Anpassung, die das Black/Scholes–Modell unterstellt.

Um das Portefeuille zum Zeitpunkt t_1 an das veränderte Optionsdelta $\Phi(x(505.0 - 1/365)) = 0.6912$ anzupassen, müssen 0.6912-0.6736=0.0176 Anteile der Aktie hinzugekauft werden. Dies wird durch eine Erhöhung der Kreditaufnahme um 8.89 GE finanziert. Damit ergibt sich nach der Umschichtung zwischen Aktien- und Bondposition folgende Zusammensetzung des duplizierenden Portefeuilles:

Position	Positionswert
Aktie	$505 \cdot 0.6912 = 349.06$
Bond	$-279.16 - 8.89 = -288.05$
synthetische Kaufoption	$349.06 - 288.05 = 61.01$

■

Beispiel 4.3.2 macht deutlich, wie das Portefeuille aufgrund von Aktienkursänderungen zur Duplikation einer europäischen Kaufoption angepaßt werden muß. Bei steigendem Aktienkurs werden Aktien hinzugekauft, bei fallendem Kurs verkauft. Wird das duplizierende Portefeuille zeitkontinuierlich angepaßt, und ist der Aktienkurs $S(t^*)$ zum Verfallzeitpunkt der Option größer als der Ausübungspreis, setzt sich das Portefeuille schließlich aus einer Aktie und einer Kreditaufnahme in Höhe des Ausübungspreises zusammen. Ist der Aktienkurs kleiner als der Ausübungspreis, so sind alle Positionen geschlossen, und das Portefeuille besitzt einen Wert von Null.

Mit den vorangehenden Ausführungen kann unter Verwendung der Put-Call-Parität die Zusammensetzung des Portefeuilles bestimmt werden, durch die eine europäische Verkaufsoption dupliziert wird. Hierauf aufbauend läßt sich schließlich eine Absicherungsstrategie in Analogie zur Protective–Put Strategie entwickeln. Diese Absicherungsstrategie liefert eine Umschichtungsvorschrift zwischen einer Aktien- und Bondposition und führt zu dem gleichen Ergebnis wie die Protective–Put Strategie, ohne daß hierzu Optionen verwendet werden müssen.

Zur Bestimmung der Zusammensetzung des die Verkaufsoption duplizierenden Portefeuilles wird die Put-Call-Parität betrachtet. Diese besagt, daß die Wertentwicklung eines Portefeuilles, das aus einer europäischen Kaufoption (long), einer Aktie (short) und einer Anlage in Bonds in Höhe von Ee^{-iT} besteht, mit der Wertentwicklung der entsprechenden Verkaufsoption übereinstimmt. Die europäische Kaufoption kann ihrerseits durch $\Phi(x(S,T))$ Aktien (long) und eine Kreditaufnahme in Höhe von $Ee^{-iT}\Phi(x(S,T)-\sigma\sqrt{T})$ dupliziert werden. Diese Überlegungen, die sich auch in den entsprechenden Bewertungsgleichungen niederschlagen, gehen aus der folgenden Darstellung hervor:

Position	Positionswert
Aktie	$-S$
Bond	$E\ e^{-iT}$
Kaufoption	$C(S,T)$
Verkaufsoption	$C(S,T) - S + E\ e^{-iT}$

=

Aktie	$S\Phi(x(S,T))$
Bond	$-E\ e^{-iT}\Phi(x(S,T)-\sigma\sqrt{T})$

Durch Saldierung der Aktien- und Bondpositionen ergibt sich die gesuchte Zusammensetzung des die Verkaufsoption duplizierenden Portefeuilles. Zur Konstruktion einer synthetischen Verkaufsoption muß demnach das duplizierende Portefeuille in Abhängigkeit vom Aktienkurs S und der sich verringernden Restlaufzeit T durch Umschichtungen so angepaßt werden, daß es folgende Positionen besitzt:

Position	Positionswert
Aktie	$-S\Phi(-x(S,T))$
Bond	$E\ e^{-iT}\Phi(-x(S,T)+\sigma\sqrt{T})$
synthetische Verkaufsoption	$-S\ \Phi(-x(S,T)) + E\ e^{-iT}\Phi(-x(S,T)+\sigma\sqrt{T})$

(4.12)

Eine europäische Verkaufsoption kann demnach im Black/Scholes-Modell durch den Leerverkauf von $\Phi(-x(S,T))$ Aktien und durch den Kauf von Bonds in Höhe von $Ee^{-iT}\Phi(-x(S,T)+\sigma\sqrt{T})$ dupliziert werden. Entsprechend den Ausführungen zur Duplikation einer Kaufoption muß hierbei das duplizierende Portefeuille durch Portefeuilleumschichtungen zwischen der Aktien- und Bondposition zeitkontinuierlich an die sich verändernde Situation angepaßt werden. Damit ist es möglich, eine zur Protective-Put Strategie bezüglich der Wertentwicklung äquivalente Absicherungsstrategie zu entwickeln.

Zur Bestimmung der zur Absicherungsstrategie zugehörigen Umschichtungsregel wird in einem ersten Schritt die Zusammensetzung des abgesicherten Aktienportefeuilles, basierend auf der Protective–Put Strategie, bestimmt. In einem zweiten Schritt muß die Zusammensetzung des die Verkaufsoption duplizierenden Portefeuilles gemäß (4.12) ermittelt werden. Der Ausübungspreis E der zu konstruierenden synthetischen Verkaufsoption ergibt sich ebenfalls als Lösung von Gleichung (4.10). Diese Zusammenhänge werden nochmals aus der nachfolgenden Darstellung ersichtlich:

Position	Positionswert
Aktie	$x_S S$
Bond	$-x_S \mathcal{P}(S,T;E)$
Option	$x_S \mathcal{P}(S,T;E)$
Portefeuille	$x_S S$

=

Aktie	$-x_S S \Phi(-x(S,T))$
Bond	$x_S E\ \mathrm{e}^{-iT} \Phi(-x(S,T) + \sigma\sqrt{T})$

Aus der Saldierung der Aktien- und Bondpositionen resultiert schließlich folgende Zusammensetzung des abgesicherten Aktienportefeuilles.

Position	Positionswert
Aktie	$x_S S \Phi(x(S,T))$
Bond	$x_S S(1 - \Phi(x(S,T))$
abgesichertes Aktienportefeuille	$x_S S$

(4.13)

Beispiel 4.3.3 Zur Absicherung einer Aktienposition wurde in Beispiel 4.3.1 die Protective-Put Strategie verfolgt. Um zu verhindern, daß bis zum Ende des Absicherungszeitraums t^* ein Vermögensverlust eintritt, wurde pro Aktie eine fremdfinanzierte Verkaufsoption mit Ausübungspreis $E = 551.18$ GE gekauft.

Zunächst soll die Zusammensetzung des Portefeuilles bestimmt werden, durch das die Verkaufsoption dupliziert wird. Neben den Annahmen des Black/Scholes–Modells werden die Daten aus Beispiel 4.3.1 zugrunde gelegt, d.h.:

Portefeuillemindestwert:	$W_P(t^*) = 100\,000.00$ GE
Kurs der Basisaktie:	$S := S(t_0) = 500.00$ GE
Restlaufzeit:	$T = t^* - t_0 = 1$ Jahr

Ausübungspreis der Option:	$E = 551.18$ GE
Stetiger Zinssatz für Bonds:	$i = 0.07$ p.a.
Volatilität des Aktienkurses:	$\sigma = 0.20\ \sqrt{\text{p.a.}}$
Erwartete Rendite der Aktien:	$\mu = 0.09$ p.a.
Anzahl der abzusichernden Aktien:	$x_S = 200$

Mit diesen Werten ergibt sich für die Verkaufsoption ein Optionsdelta in Höhe von $-\Phi(x(500,1)) = -0.5149$. Zur Duplikation einer europäischen Verkaufsoption müssen daher 0.5149 Anteile der zugrundeliegenden Basisaktie leerverkauft werden. Nach (4.12) ergibt sich folgende Zusammensetzung der synthetischen Verkaufsoption:

Position	Positionswert
Aktie	$-500.00 \cdot 0.5149 = -257.45$
Bond	$551.18 \cdot e^{-0.07} \cdot 0.5938 = 305.16$
synthetische Verkaufsoption	$-257.45 + 305.16 = 47.71$

Soll eine Aktienposition durch den fremdfinanzierten Kauf von synthetischen Verkaufsoptionen abgesichert werden, müssen pro Aktie 0.5149 Anteile der Aktie verkauft und die zufließenden Mittel in Höhe von 257.45 GE zum Kauf von Bonds verwendet werden. Zum Zeitpunkt t_0 setzt sich die abgesicherte Aktienposition somit aus folgenden Positionen zusammen:

Position	Positionswert
Aktie	$500.00 \cdot 97.02 = 48\,510.00$
Bond	51 490.00
abgesichertes Aktienportefeuille	100 000.00

Bei einer Veränderung des Aktienkurses von $S(t_0) = 500$ GE auf $S(t_0 + 1/365) = 505$ GE verändert sich der Wert des abgesicherten Aktienportefeuilles von 100 000.00 GE auf 100 494.98 GE, wie aus der nachfolgenden Tabelle hervorgeht:

Position	Positionswert
Aktie	$505.00 \cdot 97.02 = 48\,995.10$
Bond	$51490.00 \cdot e^{0.07/365} = 51\,499.88$
abgesichertes Aktienportefeuille	100 494.98

Infolge der veränderten Situation muß das Portefeuille zum Zeitpunkt $t_1 := t_0 + 1/365$ durch eine Umschichtung im Portefeuille an das aktuelle Optionsdelta in Höhe von $-\Phi(-x(505, 364/365)) = -0.4955$ angepaßt werden. Das Portefeuille muß nach der erfolgten Anpassung statt 97.02 Aktien $200 \cdot (1 - 0.4955) = 100.90$ Aktien aufweisen. Der fremdfinanzierte Kauf der zusätzlichen 3.88 Aktien im Wert von 1 959.4 GE führt schließlich zu folgender Zusammensetzung des abgesicherten Aktienportefeuilles:

Position	Positionswert
Aktie	$505.00 \cdot 100.90 = 50\,954.50$
Bond	$51499.88 - 1959.4 = 49\,540.48$
abgesichertes Aktienportefeuille	100 494.98

Bei dieser Absicherungsstrategie werden bei steigendem Aktienkurs Aktien hinzugekauft, bei fallendem Aktienkurs Aktien verkauft. Diese prozyklische Anpassung führt wie die CPPI Strategie zur Beschränkung des Verlustrisikos auf einen Teil des Vermögens.

In Abbildung 4.16 ist, ausgehend von einem simulierten Aktienkursverlauf, die Wertentwicklung der abgesicherten Aktienposition bei täglicher Portefeuilleumschichtung dargestellt.[33] Trotz der Absicherung der Aktienposition partizipiert das Portefeuille an der positiven Kursentwicklung auf dem Aktienmarkt in der Mitte des Absicherungszeitraums. Die Absicherung des Aktienportefeuilles durch die Konstruktion der synthetischen Verkaufsoptionen mit Ausübungspreis $E = 551.18$ GE ist trotz des starken Kursrückgangs der Aktie am Ende des Absicherungszeitraums erfolgreich. Für den in Abbildung 4.16 dargestellten Aktienkursverlauf ergibt sich aufgrund der Absicherung ein Portefeuilleendwert, der knapp über dem Portefeuillemindestwert $W_P^{(min)}(t^*) = 100\,000$ GE liegt.

Der Absicherungseffekt wird wie bei der CPPI Strategie durch Portefeuilleumschichtungen zwischen der Aktien- und Bondposition erreicht. Gerade gegen Ende des Absicherungszeitraums ist das Optionsdelta der Verkaufsoption annähernd -1, da der Aktienkurs weit im Geld liegt. Zur Absicherung wird daher fast die gesamte Aktienposition aufgelöst und alles in Bonds investiert. ■

[33]Zur Simulation des Aktienkursverlaufs wurden wie bisher die Parameter $\mu = 0.09$ p.a., $\sigma = 0.20$ $\sqrt{\text{p.a.}}$ und $i = 0.07$ p.a. unterstellt.

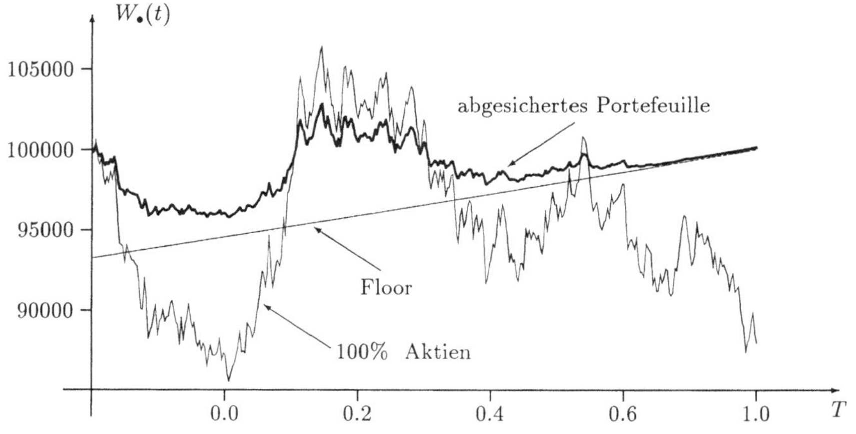

Abbildung 4.16: Möglicher Wertverlauf des abgesicherten Aktienportefeuilles, Absicherung durch Konstruktion von synthetischen Verkaufsoptionen

Werden die notwendigen Portefeuilleumschichtungen wie in Beispiel 4.3.3 nur zu endlich vielen Zeitpunkten vorgenommen, ist auch ein Aktienkursverlauf denkbar, bei dem der Wert des abgesicherten Portefeuilles bis zum Ende des Absicherungszeitraums unter den Floor fällt. Sind jedoch die Annahmen des Black/Scholes Modells erfüllt, so führen zeitkontinuierliche Portefeuilleumschichtungen zwischen der Aktien- und Bondposition gemäß (4.13) zu dem gleichen Wertverlauf wie die Absicherung der Aktienposition durch die Protective–Put Strategie, da der Wertverlauf der synthetischen Verkaufsoption in diesem Fall exakt mit dem Wertverlauf der europäischen Verkaufsoption übereinstimmt. Alle in Abschnitt 4.3.1 aufgeführten Ergebnisse können dann unmittelbar auf die hier beschriebene Strategie übertragen werden, bei der zur Absicherung keine Option verwendet wird.

In Abbildung 4.17 ist unter den Annahmen von Beispiel 4.3.3 ein möglicher Wertverlauf des abgesicherten Portefeuilles für den Fall dargestellt, daß der Aktienkurs am Ende des Absicherungszeitraums über dem Ausübungspreis der Option liegt. In diesem Fall partizipiert das Portefeuille an der positiven Kursentwicklung am Ende des Absicherungszeit-

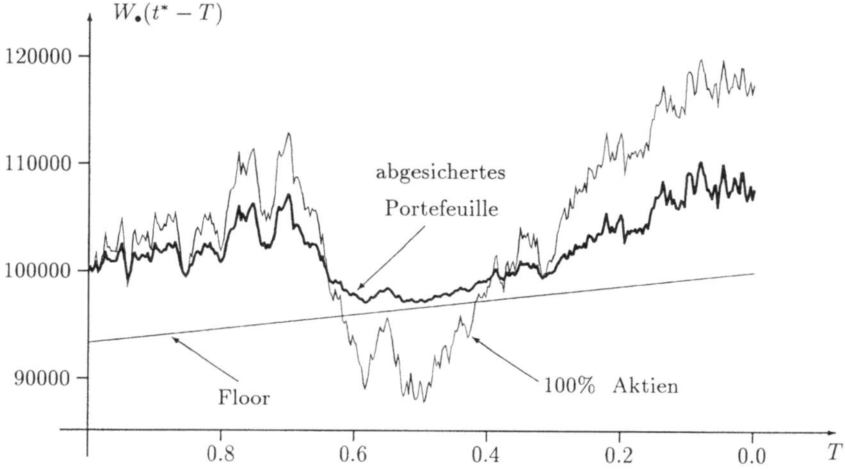

Abbildung 4.17: Möglicher Wertverlauf des abgesicherten Aktienportefeuilles, Absicherung durch Konstruktion von synthetischen Verkaufsoptionen

raums. Wegen der notwendigen Konstruktion von 200 synthetischen Verkaufsoptionen, verursacht die Absicherung eine Verringerung des Gewinns um $200 \cdot 47.71 e^{0.07} = 10\,233.88$ GE im Vergleich zum ungesicherten Portefeuille.

Wie die Ausführungen dieses Unterabschnitts zeigen, kann jede statische Absicherungsstrategie unter Verwendung von Optionen durch eine bezüglich der Wertentwicklung äquivalente dynamische Absicherungsstrategie ersetzt werden, die keine Optionen benötigt. Hierzu müssen lediglich die den Strategien zugrundeliegenden Optionen durch dynamische Portefeuilles gemäß (4.11) bzw. (4.12) synthetisch erzeugt werden. Die Bestimmung der resultierenden Umschichtungsregel zwischen der Aktien- und Bondposition kann hierbei in Analogie zur Bestimmung der Umschichtungsregel (4.13) zur Duplikation der Protective–Put Strategie erfolgen.

4.3.2.2 Absicherung durch Leerverkauf von Kaufoptionen

Bei der im vorangehenden Unterabschnitt aufgeführten Absicherungsstrategie erfolgte die Absicherung einer Aktienposition durch die Konstruktion von synthetischen Verkaufsoptionen. Hierzu mußte die Aktienposition zeitkontinuierlich an die sich verändernde Sitution angepaßt werden. In diesem Unterabschnitt wird eine Absicherungsstrategie beschrieben, bei der keine zwischenzeitliche Veränderung der Aktienposition notwendig ist. Durch dynamisches Umschichten zwischen einer Options- und Bondposition soll erreicht werden, daß der stochastische Aktienkursverlauf keinen Einfluß mehr auf den Wertverlauf des abgesicherten Aktienportefeuilles hat. Das Absicherungsziel geht demnach über die Sicherstellung eines Portefeuillemindestwerts $W_P^{(min)}(t^*)$ zum Ende des Absicherungszeitraums hinaus.

Ausgehend von den Annahmen des Black/Scholes–Modells kann eine bestehende Aktienposition durch den Leerverkauf von $[\Phi(x(S,T))]^{-1}$ europäischen Kaufoptionen pro Aktie so abgesichert werden, daß das Portefeuille bei zeitkontinuierlicher Anpassung dieselbe Rendite besitzt wie eine risikolose Anlage in Bonds. Diese Art der Absicherung, bei der sich die Anzahl an leer zu verkaufenden Optionen aus dem Optionsdelta ergibt, wird auch als **Delta-Hedging** bezeichnet.[34]

Zu Beginn der Absicherung erfolgt die Konstruktion des Hedgeportefeuilles. Hierzu werden $[\Phi(x(S,T))]^{-1}$ europäische Kaufoptionen pro Aktie geschrieben und die zufließenden Mittel zum Kauf von Bonds verwendet. Die abgesicherte Aktienposition setzt sich zu Absicherungsbeginn aus folgenden Positionen zusammen:

Position	Positionswert
Aktie	$x_S\, S$
Option	$-x_S\, [\Phi(x(S,T))]^{-1} C(S,T)$
Bond	$x_S\, [\Phi(x(S,T))]^{-1} C(S,T)$
Hedgeportefeuille	$x_S\, S$

(4.14)

Damit das Hedgeportefeuille die gleiche Wertentwicklung aufweist wie die entsprechende

[34]Vgl. Imo, C. / Gith, T. (1989), Seite 61.

Anlage in Bonds, muß die Optionsposition kontinuierlich an das sich verändernde Optionsdelta $\Phi(x(S,T))$ angepaßt werden. Dies erfolgt durch Portefeuilleumschichtungen zwischen der Options- und Bondposition, während die abzusichernde Aktienposition nicht verändert wird. Diese Absicherungsstrategie bietet sich deshalb dann an, wenn ein Verkauf der Aktien für den Aktieninhaber nicht in Frage kommt.

Beispiel 4.3.4 Über den Zeitraum eines halben Jahres werden 200 Aktien mit aktuellem Kurs $S(t_0) = 500$ GE durch Delta-Hedge Operationen weitgehend gegen zufällige Schwankungen abgesichert. Die hierzu verwendete europäische Kaufoption besitzt eine Restlaufzeit von einem Jahr und den Ausübungspreis $E = 500$ GE. Für den Aktienkursprozeß wird eine geometrische Brownsche Bewegung mit Driftrate $\mu = 0.09$ p.a. und Volatilität $\sigma = 0.20\ \sqrt{\text{p.a.}}$ und für die risikolose Anlage die stetige Rendite $i = 0.07$ p.a. unterstellt.

In dieser Situation müssen zur Konstruktion des Hedgeportefeuilles $x_s/\Phi(x(500,1)) = 200/0.6736 = 296.91$ Optionen leerverkauft werden, und die aus dem Leerverkauf zufließenden Mittel in Höhe von 17 134.68 GE sind zum Kauf von Bonds zu verwenden. Zu Absicherungsbeginn ergibt sich damit folgende Zusammensetzung des Hedgeportefeuilles:

Position	Positionswert
Aktie	$200.00 \cdot 500.00 = 100\,000.00$
Option	$-296.91 \cdot 57.71 = -17\,134.68$
Bond	17 134.68
Hedgeportefeuille	100 000.00

Abweichend von den Annahmen des Black/Scholes-Modells wird das Portefeuille nicht zeitkontinuierlich, sondern lediglich dreimal täglich an das sich ändernde Optionsdelta angepaßt. Zum nächsten Anpassungzeitpunkt $t_1 = t_0 + 0.5/(3 \cdot 182)$ hat sich der aus einer Simulation gewonnene Aktienkurs auf $S(t_1) = 502.58$ und damit der Optionswert auf $C(502.58, 1 - 0.5/546) = 59.42$ erhöht.[35] Dies bewirkt eine Wertänderung in den Portefeuillepositionen:

[35] Als Realisation des Aktienkursprozesses wurde wiederum der in Beispiel 3.3.17 aus einer Simulation gewonnene Verlauf unterstellt.

Position	Positionswert
Aktie	$200.00 \cdot 502.58 = 100\,516.00$
Option	$-296.91 \cdot 59.42 = -17\,642.39$
Bond	$17\,134.6 \cdot e^{0.07 \cdot 0.5/546} = 17\,135.78$
Hedgeportefeuille	$100\,009.39$

Die Wertänderung der Aktien- und Optionsposition ist betragsmäßig annähernd gleich. Da die Aktien long und die Optionen short gehalten werden, verändern sich die Positionswerte in entgegengesetzter Richtung, so daß sich die zufälligen Wertänderungen nahezu kompensieren.

Aufgrund der Veränderung des Aktienkurses und der Veränderung der Restlaufzeit muß das Portefeuille an das Optionsdelta $\Phi(x(502.58, 1 - 0.5/546)) = 0.6828$ angepaßt werden. Da das Portefeuille nach der Anpassung $200/0.6828 = 292.91$ Optionen (short) beinhalten soll, werden vier Optionen zurückgekauft. Der Kauf der Optionen wird durch den Verkauf von Bonds im Wert von 237.68 GE finanziert. Unmittelbar nach der Portefeuilleumschichtung besitzt das abgesicherte Aktienportefeuille folgende Positionen:

Position	Positionswert
Aktie	$200.00 \cdot 502.58 = 100\,516.00$
Option	$-292.91 \cdot 59.42 = -17\,404.71$
Bond	$17\,135.78 - 237.68 = 16\,898.10$
Hedgeportefeuille	$100\,009.39$

Bis zum nächsten Anpassungzeitpunkt $t_2 = t_1 + 0.5/546$ kommt es zu einem Aktienkursrückgang auf $S(t_2) = 499.32$ GE, und der Wert der Option sinkt auf $C(502.58, 1 - 0.5/546) = 57.18$ GE. Hierdurch verändern sich wiederum die Werte der einzelnen Portefeuillepositionen:

Position	Positionswert
Aktie	$200.00 \cdot 499.32 = 99\,864.00$
Option	$-292.91 \cdot 57.18 = -16\,748.59$
Bond	$16\,898.10 \cdot e^{0.07 \cdot 0.5/546} = 16\,899.18$
Hedgeportefeuille	$100\,014.59$

Auch im Fall sinkender Aktienkurse wird die Wertänderung in der Aktienposition nahezu durch die entsprechend große entgegengesetzte Wertänderung in der Optionsposition kompensiert. Zur erneuten Anpassung des Hedgeportefeuilles an das gesunkene Optionsdelta $\Phi(x(499.32, 545/546)) = 0.6710$ müssen weitere $200/0.6710 - 292.91 = 5.15$ Optionen leerverkauft werden.

Wird das Portefeuille in den nächsten 181 Tagen wie beschrieben umgeschichtet, so stimmt die Wertentwicklung des Hedgeportefeuilles nahezu mit der Wertentwicklung einer risikolosen Anlage überein. In Abbildung 4.18 ist, ausgehend von dem simulierten Aktienkursverlauf aus Beispiel 3.3.17, die Wertentwicklung des Hedgeportefeuilles dargestellt.

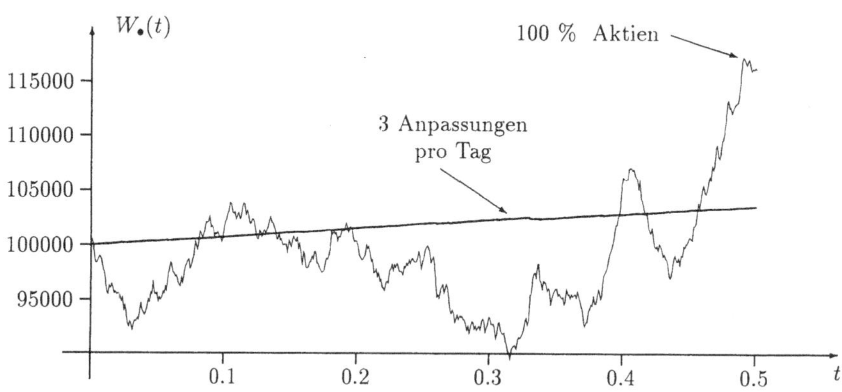

Abbildung 4.18: Wertverlauf des abgesicherten Aktienportefeuilles, Absicherung durch drei Delta-Hedge Operationen pro Tag

Wird das Hedgeportefeuille wöchentlich an das jeweilige Optionsdelta angepaßt, so ergibt sich die in Abbildung 4.19 darstellte Wertentwicklung des Hedgeportefeuilles. Insbesondere am Ende des Absicherungszeitraums weist der Wert des Hedgeportefeuilles einen größeren Verlust auf, während der Aktienmarkt Kursgewinne verzeichnet. ∎

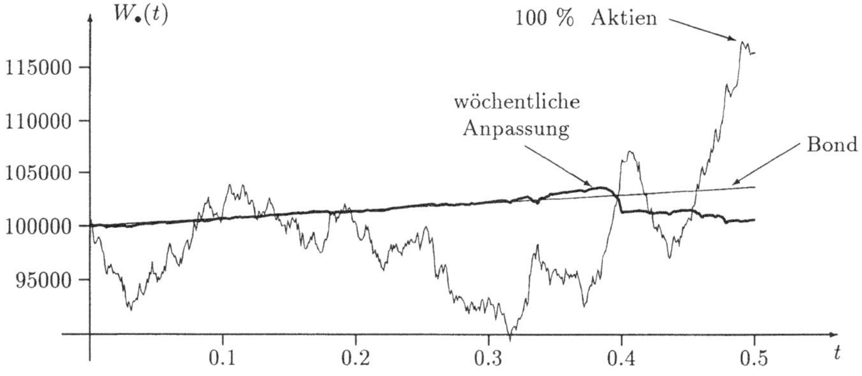

Abbildung 4.19: Wertverlauf des abgesicherten Aktienportefeuilles, Absicherung durch wöchentliche Delta-Hedge Operationen

Wie aus Beispiel 4.3.4 hervorgeht, wird der Einfluß des stochastischen Aktienkurses auf den Wertverlauf des Hedgeportefeuilles größer, wenn das Portefeuille seltener an die geänderte Situation angepaßt wird. Andererseits wird unter Berücksichtigung der Transaktionskosten die Portefeuillerendite stark sinken, wenn eine häufige Anpassung des Portefeuilles erfolgt.

Einem risikoaversen Entscheidungsträger entsteht somit das Entscheidungsproblem, ob das Portefeuille zu einem Zeitpunkt t_1 an das Optionsdelta $\Phi(x(S(t_1), T_1))$ angepaßt werden soll oder nicht, wenn die letzte Anpassung des Portefeuilles zum Zeitpunkt t_0 stattgefunden hat. Die unterstellte Situation zur Bestimmung der Portefeuillewertänderung $\Delta W_P := W_P(t_2) - W_P(t_1)$ innerhalb des Zeitintervalls $[t_1, t_2]$ aufgrund von Wertänderungen in der Aktien-, Options- und Bondposition kann vereinfacht wie folgt dargestellt werden:

Bond:	$B(t_0)$	$B(t_1)$	$B(t_2)$
Aktie:	$S(t_0)$	$S(t_1)$	$S(t_2)$
Option:	$C(S(t_0), T_0)$	$C(S(t_1), T_1)$	$C(S(t_2), T_2)$
Portefeuille :	$W_P(t_0)$	$W_P(t_1)$ $\xrightarrow{\Delta W_P}$	$W_P(t_2)$
	Δt_1	Δt_2	
Restlaufzeit:	T_0	T_1	T_2
Zeitpunkt:	t_0	t_1	t_2

Zur Erklärung der Ursachen für die stochastischen Wertänderungen einer durch Leerverkauf von Optionen abgesicherten Aktienposition wird zunächst die Wertentwicklung $W_A(t)$ eines Hedgeportefeuilles, bestehend aus

- einer europäischen Kaufoption mit Ausübungspreis E und Restlaufzeit T_0,
- $\Phi(x(S(t_0), T_0))$ Aktien (short), (4.15)
- einer Bondposition in Höhe von $\Phi(x(S(t_0), T_0))S(t_0) - C(S(t_0), T_0)$,

betrachtet. Dieses Hedgeportefeuille ist gerade so konstruiert, daß es zum Konstruktionszeitpunkt t_0 einen Wert von Null besitzt. Mit Hilfe des folgenden Satzes können Aussagen über die asymptotische Verteilung der Portefeuillewertänderung gewonnen werden.

Satz 4.3.5 [36] *Gegeben seien die Annahmen und Bezeichnungen aus Satz 3.3.25.* T_0 *bezeichne die Restlaufzeit der europäischen Kaufoption zum Zeitpunkt* t_0, T_1 *die Restlaufzeit zum Zeitpunkt* t_1 *und* $W_A(t)$ *den Wert des Hedgeportefeuilles zum Zeitpunkt* t, *das zum Zeitpunkt* t_0 *gemäß (4.15) konstruiert und in der Folgezeit nicht angepaßt wird. Mit* $x_0 := x(S(t_0), T_0)$ *und* $x_1 := x(S(t_1), T_1)$ *gilt dann für die Wertänderung* $\Delta W_A := W_A(t_2) - W_A(t_1)$:

$$(1)\quad \Delta W_A = (\Phi(x_1) - \Phi(x_0))\,\Delta S + \frac{\sigma\, S(t_1)\, \varphi(x_1)}{2\sqrt{T_1}}\,(U^2 - 1)\,\Delta t_2 + O(\|\Delta \mathcal{T}\|_\infty^{3/2}).$$

[36] Der Beweis des Satzes ist im Anhang aufgeführt.

Hierbei bezeichnet $\|\Delta\mathcal{T}\|_\infty := \max\{\,|\Delta t_1|, |\Delta t_2|\,\}$ *die Maximumsnorm von* $\Delta\mathcal{T} := (\Delta t_1, \Delta t_2)' \in I\!R^2_{>0}$ *mit* $\Delta t_1 := t_1 - t_0$ *und* $\Delta t_2 := t_2 - t_1$. *Wird Hedgeportefeuille A im Betrachtungszeitpunkt* t_1 *durch eine Portefeuilleumschichtung zwischen der Aktien- und Bondposition an das aktuelle Optionsdelta* $\Phi(x_1)$ *angepaßt, so gilt für die zugehörige Wertänderung* $\Delta W_{A'}$*:* [37]

$$(2)\quad \Delta W_{A'} = \frac{\sigma\, S(t_1)\,\varphi(x_1)}{2\sqrt{T_1}}\,(U^2-1)\,\Delta t_2 + O(\|\Delta\mathcal{T}\|_\infty^{3/2}). \qquad (4.16)$$

■

Die Veränderung ΔW_A des Portefeuillewerts $W_A(t)$ kann daher unter Vernachlässigung von Termen der Größenordnung $O(\|\Delta\mathcal{T}\|_\infty^{3/2})$ in zwei Komponenten zerlegt werden:

(1) $(\Phi(x_1) - \Phi(x_0))\,\Delta S$ beschreibt die stochastische Wertänderung des Hedgeportefeuilles, die dadurch hervorgerufen wird, daß das Hedgeportefeuille zum Betrachtungszeitpunkt t_1 nicht an das Optionsdelta $\Phi(x_1)$ angepaßt wird.

(2) $\lambda(U^2-1)\Delta t_2$ mit $\lambda := 0.5\sigma S(t_1)\varphi(x_1)/\sqrt{T_1}$ beschreibt die über (1) hinausgehende Wertänderung. Diese stochastische Wertänderung ist darin begründet, daß Portefeuille A bis zum Zeitpunkt t_2 nicht angepaßt wird.[38]

Eine ausführliche Analyse der zweiten Komponente erfolgte in Unterabschnitt 3.3.2.3.[39] Demnach steigt der Wert des Hedgeportefeuilles zwischen zwei Anpassungszeitpunkten, wenn sich der Aktienkurs stark verändert. Eine kleine Aktienkursänderung zwischen den Anpassungszeitpunkten bewirkt hingegen einen Wertrückgang des Hedgeportefeuilles.

Die Absicherung einer bestehenden Aktienposition erfolgt durch den Leerverkauf von europäischen Kaufoptionen und Anlage der zufließenden Mittel in Bonds. Das zur Absicherung konstruierte Hedgeportefeuille P besteht daher im Unterschied zum Hedgeportefeuille A aus einer Aktienposition (long) und einer Optionsposition (short). Folglich wirkt eine kleine Aktienkursänderung positiv und eine große Aktienkursänderung negativ auf den Wert der abgesicherten Aktienposition.

---

[37] In diesem Spezialfall ergibt sich das Ergebnis von Boyle, P.P. / Emanuel, D. (1980), Seite 263.

[38] Zur Interpretation dieser Komponente vgl. Boyle, P.P. / Emanuel, D. (1980), Seite 263 - 266.

[39] Vgl. hierzu auch Boyle, P.P. / Emanuel, D. (1980), Seite 267 - 269.

Beispiel 4.3.6 Vor diesem Hintergrund wird der in Abbildung 4.19 dargestellte Wertverlauf des wöchentlich angepaßten Hedgeportefeuilles P analysiert. Hierzu sind in Tabelle 4.1 die simulierten Aktienkurse $S(t)$ und die Hedgeportefeuillewerte $W_P(t)$ mit den zugehörigen dekursiven Wochenrenditen $i_P^\bullet := (W_P(t) - W_P(t - \Delta t))/W_P(t - \Delta t)$ über den Betrachtungszeitraum $[0, 0.5]$ für $t \in \mathcal{Z}^{(K)} \cup \{t_0\}$ ($K = 26$ bzw. $\Delta t = 1/52$) aufgeführt. Darüber hinaus gehen aus Tabelle 4.1 die Realisationen $u(t)$ der standardnormalverteilten Zufallsvariablen hervor, die die entsprechenden Veränderungen der Aktienkurse gemäß

$$S(t) = S(t - \Delta t)\, e^{(\mu - \sigma^2/2)\Delta t + \sigma u(t)\sqrt{\Delta t}}$$

bewirkt haben (vgl. Satz 3.3.25). Es wird ersichtlich, daß die Richtung der Aktienkursänderung zwischen zwei Anpassungzeitpunkten unerheblich ist für die stochastische Portefeuillewertschwankung. Die zu einer Realisation $|u(t)| > 1$ gehörende, betragsmäßig große Aktienkursänderung führt zu einer teilperiodenbezogenen dekursiven Portefeuillerendite, die unter der dekursiven Bondrendite $i_B^\bullet = e^{0.07/52} - 1 = 0.13\%$ liegt. Zum Beispiel verursacht die starke Aktienkursänderung von 477.57 GE auf 530.51 GE die negative dekursive Portefeuillerendite in Höhe von -2.18%.

Dies macht deutlich, daß von einer Absicherung einer bestehenden Aktienposition durch Delta-Hedge Operationen dann abzusehen ist, wenn die erwartete zukünftige Volatilität des Aktienkursprozesses größer ist als die der Optionsbewertung zugrundeliegende Volatilität, die sogenannte **implizite Volatilität**.[40] ■

Wegen $\Delta S \doteq \mu S \Delta t_2 + \sigma S U \sqrt{\Delta t_2}$ beschreibt die Komponente $(\Phi(x_1) - \Phi(x_0))\, \Delta S \stackrel{\bullet}{\sim} \sqrt{\Delta t_2}$ für hinreichend kleine Zeitintervalle der Länge Δt_2 den wesentlichen Teil der Wertänderung $\Delta W_A \doteq (\Phi(x_1) - \Phi(x_0))\, \Delta S + \lambda\, (U^2 - 1)\, \Delta t_2$. Aus dieser Überlegung läßt sich, ausgehend von den geeignet dicht gewählten Kontrollzeitpunkten $t \in \mathcal{Z}^{(K)}$, eine Entscheidungsregel ableiten: Das zur Absicherung konstruierte Hedgeportefeuille ist genau dann anzupassen, wenn die betragsmäßige Veränderung des Optionsdeltas $|\Phi(x_1) - \Phi(x_0)|$ eine noch vorzugebende obere Schranke Φ^* überschreitet.

Wird in der Situation von Beispiel 4.3.4 $\Phi^* = 0.06$ und $\Delta t_2 = 1/156$ gewählt, ergibt sich der in Abbildung 4.20 dargestellte Wertverlauf der abgesicherten Aktienposition.

[40] Zum Begriff der impliziten Volatilität vgl. u.a. Cox, J. C. / Rubinstein, M. (1985), Seite 278.

$t^* - t$	$S(t)$	$u(t)$	$W_A(t)$	$i_P^*/[\%]$
1.00	500.00	—	100 000.00	0.00
0.98	**477.44**	**−1.71**	**99 939.24**	**−0.06**
0.96	469.90	−0.62	100 150.36	0.21
0.94	**486.49**	**1.20**	**100 223.82**	**0.07**
0.92	495.01	0.58	100 437.65	0.21
0.90	503.58	0.57	100 647.98	0.21
0.88	**518.58**	**1.01**	**100 777.19**	**0.13**
0.87	513.00	−0.44	100 993.09	0.21
0.85	501.68	−0.85	101 161.08	0.17
0.83	**487.45**	**−1.09**	**101 280.48**	**0.12**
0.81	**507.76**	**1.42**	**101 276.94**	**−0.00**
0.79	**493.48**	**−1.08**	**101 399.80**	**0.12**
0.77	490.18	−0.29	101 656.04	0.25
0.75	493.56	0.20	101 923.02	0.26
0.73	**475.05**	**−1.43**	**101 925.56**	**0.00**
0.71	**461.11**	**−1.12**	**102 021.16**	**0.09**
0.69	464.43	0.21	102 335.03	0.31
0.67	465.10	0.00	102 655.24	0.31
0.65	472.77	0.54	102 927.86	0.27
0.63	475.72	0.18	103 240.18	0.30
0.62	477.57	0.09	103 556.26	0.31
0.60	**530.51**	**3.74**	**101 302.46**	**−2.18**
0.58	**504.42**	**−1.87**	**101 179.05**	**−0.12**
0.56	494.29	−0.78	101 376.24	0.19
0.54	**524.41**	**2.08**	**100 954.19**	**−0.42**
0.52	**563.53**	**2.55**	**100 455.85**	**−0.49**
0.50	**581.34**	**1.07**	**100 570.43**	**0.11**

Tabelle 4.1: Portefeuillewerte und dekursive Wochenrendite (Delta-Hedging, wöchentliche Anpassung)

Obwohl wie bei der wöchentlichen Anpassung 25 zwischenzeitliche Anpassungen innerhalb des Betrachtungszeitraums ausreichen, wird durch diese Entscheidungsregel ein vergleichsweise stärkerer Absicherungseffekt erzielt.

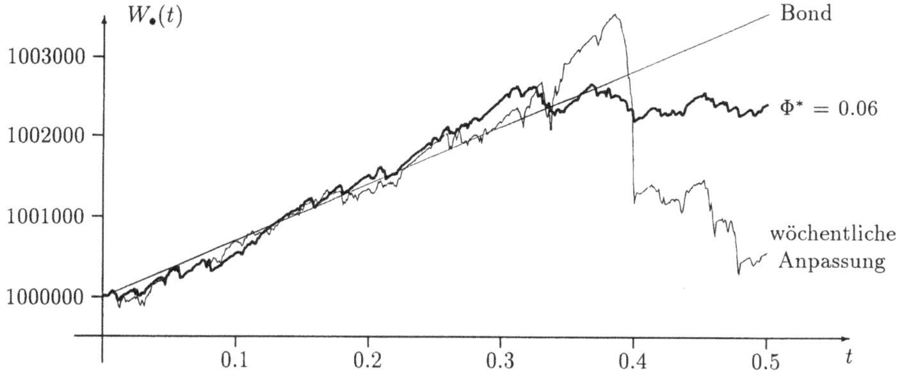

Abbildung 4.20: Wertverlauf des abgesicherten Aktienportefeuilles, Absicherung durch Delta-Hedge Operationen mit Anpassungsregel

Das Ergebnis, daß eine Anpassung nach diesem Entscheidungskriterium sinnvoller ist als die Anpassung zu äquidistanten Zeitpunkten, wird durch zahlreiche Monte-Carlo Experimente bestätigt. Beispielsweise ergibt sich aus einem Monte-Carlo Experiment mit 10 000 Durchläufen bei Wahl von $\Phi^* = 0.08$ und $\Delta t_2 = 1/156$ bei annähernd gleichem Absicherungseffekt die in Abbildung 4.21 dargestellte empirische Häufigkeitsverteilung der Anzahl der Anpassungen.[41] Die bei wöchentlicher Anpassung notwendige Anzahl von 25 Anpassungen wird meist deutlich unterschritten, und in keinem der 10000 simulierten Wertverläufe sind mehr als 25 Anpassungen notwendig.

Wie die Ausführungen dieses Unterabschnitts zeigen, kann eine Absicherung einer bestehenden Aktienposition durch Delta-Hedging jedoch weiterhin zu unerwünschten Wertverlusten führen. Dieser unerwünschte Fall tritt dann ein, wenn die betragsmäßige Ak-

[41] Die empirische Standardabweichung für den Portefeuillewert am Ende des Absicherungszeitraums beträgt in diesem Fall 9688.76 GE im Vergleich zur Standardabweichung in Höhe von 9967.17 GE bei wöchentlicher Anpassung.

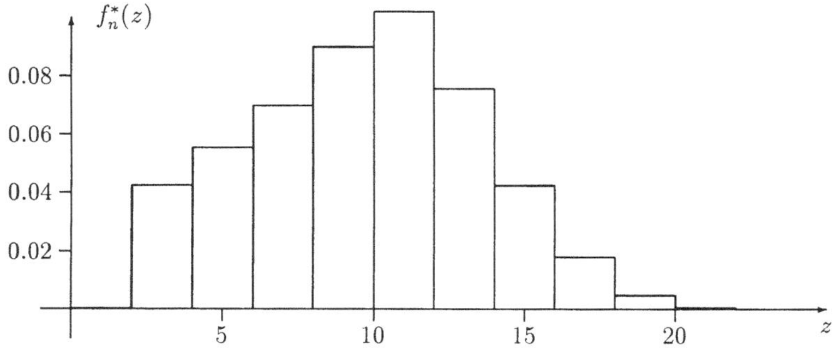

Abbildung 4.21: Relative Häufigkeitsdichte der Anzahl n an notwendigen Anpassungen, Delta-Hedging mit Anpassungsregel

tienkursänderung zwischen zwei Anpassungszeitpunkten relativ groß ist. Strenggenommen wird durch die beschriebene Absicherungsstrategie nur der Einfluß der Richtung der Aktienkursänderung auf den Wertverlauf der abgesicherten Aktienposition weitgehend eliminiert. Die Gefahr von Vermögensverlusten bleibt jedoch weiterhin erhalten, da die Höhe der betragsmäßigen Aktienkursschwankungen zwischen den Anpassungszeitpunkten einen starken Einfluß auf den Portefeuillewertverlauf besitzt.

Kapitel 5

Schlußbemerkungen

Gegenstand der Arbeit ist das Optionsbewertungsmodell von Black und Scholes (1973), dem mit der Brownschen Bewegung ein zeitkontinuierlicher Prozeß zugrundeliegt. Damit geht die Annahme zeitkontinuierlichen Handelns einher, die sicherlich nicht auf die Realität übertragbar ist. Daher steht im Zentrum der vorliegenden Arbeit die Fragestellung, welche Implikationen sich im Modell von Black/Scholes ergeben, wenn entgegen der getroffenen Annahme keine zeitkontinuierliche sondern lediglich eine zeitdiskrete Anpassung erfolgt.

Die durchgeführte Analyse führt auch zu einer vertiefenden Betrachtung des zeitdiskreten Binomialmodells, da das Modell von Black und Scholes als zeitkontinuierlicher Grenzfall des Binomialmodells aufgefaßt werden kann.

Im Binomialmodell werden neben der zu bewertenden europäischen Option ein risikoloser Bond und die der Option zugrundeliegende Aktie als Finanzinstrument berücksichtigt. Alternativ zu der von Cox, Ross und Rubinstein gewählten Vorgehensweise wird der Optionswert aus der Betrachtung des bei einer Anlageentscheidung auftretenden stochastischen Entscheidungsproblems bestimmt.

Da im Binomialmodell am Ende einer jeweiligen Teilperiode nur zwei mögliche Realisationen für den Aktienkurs in Frage kommen, kann das stochastische Entscheidungsproblem alternativ durch ein Vektoroptimierungsmodell abgebildet werden. In diesem

Modell werden die beiden möglichen Portefeuilleendwerte als Zielfunktionen herangezogen, die über die zu wählende Zusammensetzung des Portefeuilles zu maximieren sind.[1] Zur Bestimmung des Optionswerts wird bei der Lösung des Vektoroptimierungsmodells lediglich gefordert, daß es sich um konkurrierende Zielsetzungen handelt, d.h. daß es nicht möglich sein darf, ein vorgegebenes positives Anfangsvermögen so in Aktien, Optionen und Bonds zu investieren, daß unabhängig vom zukünftigen Umweltzustand ein beliebig hohes Endvermögen erreicht werden kann.

Das Binomialmodell wird schließlich zu einem Multinomialmodell verallgemeinert. In diesem Modell können auch mehr als zwei mögliche Realisationen für den Aktienkurs am Ende einer Teilperiode unterstellt werden. Ohne Einschränkung muß man den Ausführungen von Cox und Rubinstein zustimmen, wenn sie feststellen:[2]

> *" Suppose that the period-by-period stock price movements follow a trinomial instead of a binomial process, ...*
>
> *... Thus we could not exactly replicate the payoff to an option with a controlled portfolio of stock and bonds. We no longer have a way of linking the option price and the stock price that does not depend on investors' attitudes toward risk or on the characteristics of other assets. "*

Es werden entsprechend mehr geeignete europäische Optionen im Multinomialmodell berücksichtigt, so daß unter Zuhilfenahme der Lösungskonzepte aus der linearen Progammierung notwendige und hinreichende Gleichgewichtsbedingungen auf dem Finanzmarkt hergeleitet werden. Aus diesem alternativen Bewertungsansatz ergibt sich unter anderem eine lineare Beziehung zwischen dem Aktienkurs, Bondkurs und den aktuellen Optionswerten. Wird diese Beziehung durch die Marktpreise verletzt, so können Arbitragegewinne erzielt werden. Die für das Multinomialmodell angestellten Überlegungen zeigen darüber hinaus, daß die Zusammensetzung eines Arbitrageportefeuilles durch

---

[1] Aus dieser Betrachtung wird auch die enge Beziehung zwischen stochastischen und vektoriellen Entscheidungsmodellen deutlich. In diesem Zusammenhang kann z.B. die Lösung des stochastischen Entscheidungsproblems mit Hilfe der Theorie des Erwartungsnutzens als Lösung der mit den Eintrittswahrscheinlichkeiten gewichteten und mit der Nutzenfunktion bewerteten Zielfunktionen interpretiert werden.

[2] Cox, J. C. / Rubinstein, M. (1985), Seite 366 - 367.

Lösung eines linearen Gleichungssystems bestimmt werden kann. Das einfache Vorgehen zur Herleitung der notwendigen Gleichgewichtsbedingung zur Bestimmung der Zusammensetzung eines ggf. existierenden Arbitrageportefeuilles bzw. eines Hedgeportefeuilles zeichnen diesen Ansatz aus.

Der vorgestellte alternative Ansatz erweist sich auch dahingehend als vorteilhaft, als keine expliziten Voraussetzungen bezüglich der Größenrelation zwischen der risikolosen dekursiven Rendite und der möglichen Realisationen der Rendite des Aktienkurses formuliert werden müssen. Die von Cox, Ross und Rubinstein getroffene Annahme bezüglich dieser Größenrelation ergibt sich mit Hilfe des alternativen Ansatzes als eine von mehreren Bedingungen, die für ein Gleichgewicht auf dem Finanzmarkt notwendig und hinreichend sind.

Im Anschluß an die Ausführungen zum Binomial- und Multinomialmodell wird unter speziellen Annahmen die im Black/Scholes–Modell unterstellte geometrische Brownsche Bewegung als zeitkontinuierlicher Grenzprozeß eines zeitdiskreten stochastischen Prozesses entwickelt. Im Hinblick auf die Analyse der Auswirkungen zeitdiskreter Portefeuilleumschichtungen erfolgt eine wechselseitige Betrachtung zwischen stochastischen Differenzen- und Summengleichungen einerseits und stochastischen Differential- und Integralgleichungen andererseits.

Im Gegensatz zur zeitkontinuierlichen Betrachtung bleibt bei einer zeitdiskreten Anpassung der Einfluß des stochastischen Aktienkursverlaufs auf den Wertverlauf des Hedgeportefeuilles, bestehend aus einer Option (long) und einer wohldefinierten Anzahl an Aktien (short), erhalten. Entscheidend für die Höhe der Wertänderung zwischen zwei Anpassungszeitpunkten ist jedoch nicht die Richtung, sondern die betragsmäßige Höhe der Aktienkursänderung. Die Wertänderung läßt sich auf zwei, in unterschiedliche Richtungen wirkende Ursachen zurückführen. Zum einen wirkt sich jede Aktienkursänderung positiv auf die Wertänderung aus, da die Optionsbewertungsgleichung streng konvex im Aktienkurs ist und der tatsächliche Optionswert somit über dem linearisierten Optionswert liegt. Dem steht die negative Wertänderung der Option infolge der Verringerung der Restlaufzeit vermindert um die Zinserträge in der Bondposition gegenüber.

Aufgrund der Konvexität der Optionsbewertungsgleichung überwiegt bei einer großen Aktienkursänderung der positive Effekt. Dagegen ist bei einer kleinen Aktienkursänderung die negative Wirkung der sich verringernden Restlaufzeit ausschlaggebend. Bei mehrfacher Anpassung innerhalb eines festen Zeitintervalls ergibt sich die gesamte Wertänderung aus der Summe der positiven und negativen Teiländerungen. Beim Grenzübergang zur zeitkontinuierlichen Anpassung werden sich die unendlich vielen, infinitesimal kleinen positiven und negativen stochastischen Wertänderungen unter den von Black und Scholes unterstellten Annahmen mit Wahrscheinlichkeit Eins aufheben, womit der stochastische Aktienkurs seinen Einfluß auf den Wertverlauf des Hedgeportefeuilles verliert. Dies führt zur Interpretation des Werts einer europäische Kaufoption als Bewertung der erwarteten zukünftigen Volatilität des Basisinstruments.

Wie die Ausführungen zeigen, können jedoch Realisationen einer geometrischen Brownschen Bewegung aus einer Menge mit Wahrscheinlichkeit Null auftreten, die zu einem Wertverlust führen. Dies steht nicht im Widerspruch zur Beschreibung des Wertverlaufs des Hedgeportefeuilles mit Hilfe eines stochastischen Differentials, das nur noch deterministische Größen beeinhaltet. Dies ergibt sich aus der Definition des stochastischen Differentials, wonach der stochastische Prozeß nur auf einer Menge mit Wahrscheinlichkeit Eins korrekt durch die zugehörige Integralgleichung beschrieben wird.

Darüberhinaus kann als weiteres Ergebnis die Auswirkung einer falschen Einschätzung der zukünftigen Volatilität unter Aufrechterhaltung der Prämisse zeitkontinuierlichen Handelns auf den Wertverlauf des Hedgeportefeuilles, das die Optionsposition (long) umfaßt, aufgezeigt werden. Eine Überschätzung der zukünftigen Volatilität führt zu einem Wertverlust, eine Unterschätzung zu einem Wertgewinn. Für den Fall, daß als Realisierung einer Brownschen Bewegung mit positiver Volatilität untypischwerweise ein konstnater Aktienkursverlauf auftritt, die empirische Volatilität somit von der theoretischen Volatilität abweicht, wird dieses Ergebnis nochmals explizit bestätigt.

Die Überlegungen von Black und Scholes zur Herleitung der Optionsbewertung beruhen auf der Betrachtung eines Hedgeportefeuilles, bei der sich die stochastischen Wertänderungen in der Aktien- und Optionsposition bei korrekter Spezifizierung mit Wahrscheinlichkeit Eins kompensieren. Dieses Konzept kann auch zur Entwicklung von Anlagestrategien herangezogen werden. Die Absicherung einer Aktienposition gegen Wertverluste unter einen vorgegebenen Portefeuillemindestwert kann durch die Konstruktion einer weiteren Wertpapierposition erfolgen, deren Wertentwicklung entgegen der Wertentwicklung der Aktienposition verläuft. Bei der Protective–Put Strategie, einer statischen optionsbasierten Absicherungsstrategie, wird dies durch den Kauf einer Verkaufsoption mit geeignetem Ausübungspreis erreicht.

Durch die Duplikation der Verkaufsoption gelingt es, die Protective–Put Strategie durch eine wertäquivalente Strategie zu ersetzen, die keine Option zur Absicherung benötigt, sondern auf zwischenzeitlichen Umschichtungen zwischen der Aktien- und Bondposition beruht. Beim Vergleich zwischen dieser auf die Protective–Put Strategie zurückgehenden Strategie und der bereits zuvor beschriebenen CPPI Strategie werden einige Parallelen deutlich. In beiden Strategien wird der Absicherungseffekt dadurch erreicht, daß bei fallenden Aktienkursen eine Umschichtung von der Aktienposition zur Bondposition stattfindet. Im Extremfall führt dies schließlich dazu, daß die gesamte Aktienposition aufgelöst und der Portefeuillemindestwert durch die Bondposition sichergestellt wird.

Die Umschichtungsregel der CPPI Strategie stellt eine starke Vereinfachung der auf die Protective–Put Strategie zurückgehenden Umschichtungsregel dar. Mit der CPPI Strategie steht eine einfache Absicherungsstrategie zur Verfügung, die ohne Kenntnisse jeglicher Optionsbewertungstheorie angewendet werden kann. Jedoch zeigt sich auch ein Nachteil, der die CPPI Strategie in Frage stellt. Bei zeitdiskreter Anpassung ist die Wahrscheinlichkeit, daß der Portefeuillewert zum nächsten Anpassungszeitpunkt erstmals unter dem Floor liegt, unabhängig vom aktuellen Aktienkurs, d.h. auch bei bisher stark gestiegenem Aktienkurs bleibt die Mißerfolgswahrscheinlichkeit unverändert.

Aus den Ausführungen in dieser Arbeit wird nochmals deutlich, daß eine isolierte Bewertung der Option mit Hilfe eines Ersatzmodells unter Einbeziehung der Risikopräferenz des Entscheidungsträgers nicht sinnvoll ist. Eine derartige Betrachtung würde die wechselseitigen Beziehungen zwischen den Werten der betrachteten Anlagemöglichkeiten außer acht lassen. So wird durch den Kauf einer Verkaufsoption zur Absicherung einer bereits bestehenden Aktienposition, wie sie bei Verfolgung der Protective–Put Strategie erfolgt, das Risiko des gesamten Portefeuilles reduziert. Das auf der starken stochastischen Dominanz nullten Grades beruhende Duplikationsprinzip wird dieser Anforderung gerecht und kommt zudem ohne genaue Spezifizierung der Risikopräferenz aus.

Anhang

Beweis von Satz 3.3.23

Gleichung (3.36): $S\,\varphi(x(S,T)) \;=\; E\,e^{-iT}\,\varphi(x(S,T)-\sigma\sqrt{T})$

$$
\begin{aligned}
\iff\quad & S\,\frac{1}{\sqrt{2\pi}}\,e^{-\frac{1}{2}\,x^2(S,T)} &&= E\,e^{-iT}\frac{1}{\sqrt{2\pi}}\,e^{-\frac{1}{2}\,[x(S,T)-\sigma\sqrt{T}]^2}\\
\iff\quad & S\,e^{-\frac{1}{2}\,x^2(S,T)} &&= E\,e^{-iT}\,e^{-\frac{1}{2}\,[x^2(S,T)-2x(S,T)\sigma\sqrt{T}+\sigma^2T]}\\
\iff\quad & S\,e^{-\frac{1}{2}\,x^2(S,T)} &&= E\,e^{-\frac{1}{2}\,x^2(S,T)}\,e^{x(S,T)\sigma\sqrt{T}-\frac{1}{2}\sigma^2T-iT}\\
\iff\quad & S &&= E\,e^{ln(S/E)+(i+\frac{1}{2}\sigma^2)T-\frac{1}{2}\sigma^2T-iT}\\
\iff\quad & S &&= E\,e^{ln(S/E)}\\
\iff\quad & S &&= S
\end{aligned}
$$

Gleichung (3.37): $\frac{\partial C}{\partial S}(S,T) \;=\; \Phi(x(S,T))$

$$
\begin{aligned}
\frac{\partial C}{\partial S}(S,T) &= \Phi(x(S,T)) + S\,\varphi(x(S,T))\frac{\partial x}{\partial S}(S,T) - Ee^{-iT}\varphi(x(S,T)-\sigma\sqrt{T})\frac{\partial x}{\partial S}(S,T)\\
&= \Phi(x(S,T)) + \frac{\partial x}{\partial S}(S,T)\;\underbrace{\left(S\,\varphi(x(S,T)) - Ee^{-iT}\varphi(x(S,T)-\sigma\sqrt{T})\right)}_{=0\quad\text{(Gleichung (3.36))}}\\
&= \Phi(x(S,T))
\end{aligned}
$$

Gleichung (3.38): $$\frac{\partial C^2}{\partial^2 S}(S,T) = \frac{\varphi(x(S,T))}{S\sigma\sqrt{T}}$$

$$\frac{\partial^2 C}{\partial S^2}(S,T) = \frac{\partial(\Phi \circ x)}{\partial S}(S,T) = \varphi(x(S,T))\,\frac{\partial x}{\partial S}(S,T) = \frac{\varphi(x(S,T))}{S\sigma\sqrt{T}}$$

Gleichung (3.39): $$\frac{\partial C}{\partial T}(S,T) = E\mathrm{e}^{-iT}\left(i\Phi(x(S,T)-\sigma\sqrt{T}) + \frac{\sigma\varphi(x(S,T)-\sigma\sqrt{T})}{2\sqrt{T}}\right)$$

$$\begin{aligned}
\frac{\partial C}{\partial T}(S,T) &= S\,\varphi(x(S,T))\,\frac{\partial x}{\partial T}(S,T) - E\,\mathrm{e}^{-iT}\varphi(x(S,T)-\sigma\sqrt{T})\,\left(\frac{\partial x}{\partial T}(S,T) - \frac{\sigma}{2\sqrt{T}}\right) \\
&+ i\,E\,\mathrm{e}^{-iT}\,\Phi(x(S,T)-\sigma\sqrt{T}) \\
&= \underbrace{\left(S\varphi(x(S,T)) - E\,\mathrm{e}^{-iT}\varphi(x(S,T)-\sigma\sqrt{T})\right)}_{=0 \quad \text{(Gleichung (3.36))}}\,\frac{\partial x}{\partial T}(S,T) \\
&+ E\,\mathrm{e}^{-iT}\varphi(x(S,T)-\sigma\sqrt{T})\,\frac{\sigma}{2\sqrt{T}} + i\,E\,\mathrm{e}^{-iT}\,\Phi(x(S,T)-\sigma\sqrt{T}) \\
&= E\,\mathrm{e}^{-iT}\left(\frac{\sigma\,\varphi(x(S,T)-\sigma\sqrt{T})}{2\sqrt{T}} + i\,\Phi(x(S,T)-\sigma\sqrt{T})\right)
\end{aligned}$$

■

Beweis von Satz 3.3.25

Zu (1): $\tilde{S} = S\,\mathrm{e}^{(\mu-\sigma^2/2)\Delta t + \sigma U\sqrt{\Delta t}}$ mit $S := S(t_1)$, $\tilde{S} := S(t_1+\Delta t)$

Ist $\{S(t) : t \in [t_0,\infty)\}$ eine geometrische Brownsche Bewegung mit Driftrate μ und Volatilität σ, so folgt $\ln(S(t))$ nach Folgerung 3.3.16 einer geometrischen Brownschen Bewegung mit Driftrate $\mu - \sigma^2/2$ und Volatilität σ. Damit gilt für das logarithmierte Aktienkursverhältnis:

$$\ln(\frac{\tilde{S}}{S}) = \ln(S(t_1+\Delta t)) - \ln(S(t_1)) \sim N((\mu-\sigma^2/2)\Delta t, \sigma^2\Delta t).$$

Das logarithmierte Aktienkursverhältnis läßt sich demnach auch wie folgt durch eine standardnormalverteilte Zufallsvariable U darstellen:

$$\ln(\frac{\tilde{S}}{S}) = (\mu-\sigma^2/2)\Delta t + \sigma U\sqrt{\Delta t}.$$

Hieraus ergibt sich schließlich:

$$\begin{aligned} \frac{\tilde{S}}{S} &= e^{(\mu - \sigma^2/2)\Delta t + \sigma U \sqrt{\Delta t}} \\ \Rightarrow \tilde{S} &= S\, e^{(\mu - \sigma^2/2)\Delta t + \sigma U \sqrt{\Delta t}}. \end{aligned}$$

Zu(2) $$\begin{aligned} \Delta C &= \frac{\partial C}{\partial S}(S,T)\,\Delta S - \frac{\partial C}{\partial T}(S,T)\,\Delta t \\ &+ \frac{1}{2}\frac{\partial^2 C}{\partial S^2}(S,T)\,\sigma^2 S^2 U^2 \Delta t + O(\Delta t^{3/2}) \end{aligned}$$

Da die Funktion $C : \mathbb{R}^2_{>0} \to \mathbb{R}$ mit $(S,T)' \mapsto C(S,T)$ eine dreimal stetig differenzierbare Funktion ist, kann ΔC wie folgt durch eine Taylorreihe dargestellt werden:

$$\begin{aligned} \Delta C &= \frac{\partial C}{\partial S}(S,T)\,\Delta S - \frac{\partial C}{\partial T}(S,T)\,\Delta t + \frac{1}{2}\frac{\partial^2 C}{\partial S^2}(S,T)\,\Delta S^2 \\ &+ \frac{1}{2}\frac{\partial^2 C}{\partial T^2}(S,T)\,\Delta t^2 + \frac{\partial^2 C}{\partial T \partial S}(S,T)\,\Delta t \Delta S + R(\Delta t, \Delta S). \end{aligned}$$

Nach Voraussetzung folgt der Aktienkurs einer geometrischen Brownschen Bewegung mit dem stochastischen Differential $dS(t) = \mu S(t)dt + \sigma S(t)dZ(t)$, und gemäß (3.21) gilt:

$$\Delta S = \mu S \Delta t + \sigma S U \sqrt{\Delta t} + o(\Delta t).$$

Hieraus ergibt sich:

$$\begin{aligned} \Delta S^2 &= S^2(t)\sigma^2 U^2 \Delta t + O(\Delta t^{3/2}), \\ \Delta t\, \Delta S &= O(\Delta t^{3/2}). \end{aligned}$$

Da die Funktion C sowie deren Ableitungen in einer Umgebung vom Entwicklungspunkt (S,T) beschränkt sind, kann mit Hilfe einer Größenabschätzung gezeigt werden, daß das Restglied $R(\Delta t, \Delta S)$ von der Größenordung $O(\Delta t^{3/2})$ ist. Unter Ausnutzung dieser Abschätzungen ergibt sich unmittelbar:

$$\begin{aligned} \Delta C &= \frac{\partial C}{\partial S}(S,T)\,\Delta S - \frac{\partial C}{\partial T}(S,T)\,\Delta t \\ &+ \frac{1}{2}\frac{\partial^2 C}{\partial S^2}(S,T)\,\sigma^2 S^2 U^2 \Delta t + O(\Delta t^{3/2}). \end{aligned}$$

■

Beweisteile zu Satz 3.3.27

Zur Vervollständigung des Beweises zu Satz 3.3.27 ist noch die Lösung der inhomogenen linearen Differentialgleichung

$$\frac{\partial B}{\partial T}(T) \;=\; -\,i\,B(T) \,+\, \frac{\partial\tilde{\Phi}}{\partial T}(T)\,S_0 \qquad \text{mit} \quad B(T_0) \;=\; \tilde{\Phi}(T_0)S_0 - C(S_0,T_0)$$

zu bestimmen.

1. Schritt: Homogene Lösung $B_H(T)$

Offensichtlich ist $B_H(T) = K\,\mathrm{e}^{-iT}$ die bis auf die reellwertige Konstante K eindeutig bestimmte Lösung der homogenen Differentialgleichung $\frac{\partial B_H}{\partial T}(T) \;=\; -\,i\,B_H(T)$.

2. Schritt: Inhomogene Lösung $B(T)$ (Variation der Konstanten)

$$\begin{aligned}
\text{Ansatz:} \qquad & B(T) &=& \; K(T)\,\mathrm{e}^{-iT} \\
\Rightarrow \quad & \frac{\partial B}{\partial T}(T) &=& \; \frac{\partial K}{\partial T}(T)\,\mathrm{e}^{-iT} - iK(T)\,\mathrm{e}^{-iT}
\end{aligned}$$

Durch Einsetzen dieser Beziehungen in die inhomogene Differentialgleichung für $B(T)$ ergibt sich:

$$\begin{aligned}
& \frac{\partial K}{\partial T}(T)\,\mathrm{e}^{-iT} - iK(T)\,\mathrm{e}^{-iT} \;=\; -iK(T)\,\mathrm{e}^{-iT} + \frac{\partial\tilde{\Phi}}{\partial T}(T)S_0 \\
\Leftrightarrow \quad & \frac{\partial K}{\partial T}(T)\,\mathrm{e}^{-iT} \;=\; \frac{\partial\tilde{\Phi}}{\partial T}(T)S_0 \\
\Leftrightarrow \quad & K(T) \;=\; S_0 \int_{T_0}^{T} \frac{\partial\tilde{\Phi}}{\partial\tau}(\tau)\,\mathrm{e}^{i\tau} d\tau + K(T_0)
\end{aligned}$$

$$\Longrightarrow \quad B(T) \;=\; S_0\,\mathrm{e}^{-iT} \int_{T_0}^{T} \frac{\partial\tilde{\Phi}}{\partial\tau}(\tau)\,\mathrm{e}^{i\tau} d\tau + K(T_0)\,\mathrm{e}^{-iT}.$$

3. Schritt: Inhomogene Lösung $B(T)$ unter Beachtung der Randwertbedingung

$$\begin{aligned} B(T_0) &= K(T_0)\, \mathrm{e}^{-iT_0} \stackrel{!}{=} \tilde{\Phi}(T_0)S_0 - C(S_0,T_0) \\ \Longrightarrow \quad K(T_0) &= \Big(\tilde{\Phi}(T_0)S_0 - C(S_0,T_0)\Big)\, \mathrm{e}^{iT_0} \\ \Longrightarrow \quad B(T) &= -S_0\, \mathrm{e}^{-iT} \int\limits_T^{T_0} \frac{\partial \tilde{\Phi}}{\partial \tau}(\tau)\, \mathrm{e}^{i\tau} d\tau + \Big(\tilde{\Phi}(T_0)S_0 - C(S_0,T_0)\Big)\, \mathrm{e}^{i(T_0-T)} \end{aligned}$$

■

Beweis zu Satz 3.3.29 (3):

Aufgrund von $\ln(S(t^*)/S) \sim N\Big((i-\frac{\sigma^2}{2})T, \sigma^2 T\Big)$ ist $S(t^*)/S$ lognormalverteilt und besitzt daher die Wahrscheinlichkeitsdichte

$$f_{\frac{S(t^*)}{S}}(y) = \begin{cases} \dfrac{1}{\sqrt{2\pi}\sigma\sqrt{T}}\, \dfrac{1}{y}\, \mathrm{e}^{-\left(\dfrac{\ln(y) - (i - \frac{\sigma^2}{2})T}{2\sigma\sqrt{T}}\right)^2} & , \text{ für } y > 0 \\ 0 & , \text{ für } y \leq 0 \end{cases}$$

$$\Longrightarrow \quad \mathrm{E}\Big(\frac{\tilde{S}}{S}\Big) = \int\limits_{E/S}^{\infty} y f_{\frac{S(t^*)}{S}}(y) dy = \int\limits_{E/S}^{\infty} \frac{1}{\sqrt{2\pi}\sigma\sqrt{T}}\, \mathrm{e}^{-\frac{1}{2}\left(\dfrac{\ln(y) - (i - \frac{\sigma^2}{2})T}{\sigma\sqrt{T}}\right)^2} dy.$$

Mit $z := \dfrac{\ln(y) - (i - \frac{\sigma^2}{2})T}{\sigma\sqrt{T}}$ folgt mit Hilfe der Substitutionsregel für bestimmte Integrale:

$$\begin{aligned} \mathrm{E}\Big(\frac{\tilde{S}}{S}\Big) &= \int\limits_{z_u}^{\infty} \frac{1}{\sqrt{2\pi}}\, \mathrm{e}^{-\frac{1}{2}z^2 + z\sigma\sqrt{T} + (i - \frac{\sigma^2}{2})T} dz \quad \text{mit} \quad z_u = \frac{-\ln(E/S) - (i - \frac{\sigma^2}{2})T}{\sigma\sqrt{T}} \\ &= \mathrm{e}^{iT} \int\limits_{z_u}^{\infty} \frac{1}{\sqrt{2\pi}}\, \mathrm{e}^{-\frac{1}{2}(z - \sigma\sqrt{T})^2} dz \\ &= \mathrm{e}^{iT} \Big[1 - \Phi(z_u - \sigma\sqrt{T})\Big] = \mathrm{e}^{iT}\, \Phi(-z_u + \sigma\sqrt{T}) \\ &= \mathrm{e}^{iT}\, \Phi\left(-\frac{-\ln(E/S) - (i - \frac{\sigma^2}{2})T}{\sigma\sqrt{T}} + \sigma\sqrt{T}\right) \\ &= \mathrm{e}^{iT}\, \Phi(x(S,T)) \end{aligned}$$

$$\Longrightarrow \quad \mathrm{E}(\tilde{S}) = S\, \mathrm{E}\Big(\frac{\tilde{S}}{S}\Big) = S\, \mathrm{e}^{iT}\, \Phi(x(S,T)).$$

■

Beweis von Satz 3.3.30

Um die Verteilungskonvergenz von Z_K für $K \to \infty$ gegen eine standardnormalverteilte Zufallsvariable zu überprüfen, genügt es, für die charakteristische Funktion von Z_K

$$\psi_Z(t) := \mathrm{E}(\mathrm{e}^{\iota Z_K t}) \underset{K\to\infty}{\longrightarrow} \mathrm{e}^{-t^2/2}$$

zu zeigen, denn: [3]

- durch die charakteristische Funktion ist die Verteilungsfunktion an allen Stetigkeitsstellen eindeutig bestimmt,
- $\mathrm{e}^{-t^2/2}$ ist die charakteristische Funktion einer standardnormalverteilten Zufallsvariablen.

Zum Beweis des Satzes werden folgende Größen definiert:

$$\begin{aligned}
\Delta\mu_K &:= \mu_K - \mu, \\
\Delta\sigma_K &:= \sigma_K^2 - \sigma^2, \\
Y_k^{(K)} &:= X_k^{(K)} - \mu.
\end{aligned}$$

Mit diesen Definitionen gilt:

$$\begin{aligned}
\mathrm{E}(Y_k^{(K)}) = \Delta\mu_K &\underset{K\to\infty}{\longrightarrow} 0, \\
\mathrm{Var}(Y_k^{(K)}) = \Delta\sigma_K^2 + \sigma^2 &\underset{K\to\infty}{\longrightarrow} \sigma^2.
\end{aligned}$$

Zunächst werden die für $k = 1, 2, \ldots, K$ identischen charakteristischen Funktionen $\psi_Y(t) := \mathrm{E}(\mathrm{e}^{\iota Y_k^{(K)} t})$ bestimmt. Hierzu wird die Taylorreihenentwicklung von $\psi_Y(t)$ im Punkt $t_0 = 0$ mit der Lagrange Form des Restgliedes betrachtet. Da die Varianzen der Zufallsvariablen $Y_k^{(K)}$ existieren, existiert auch die zweite Ableitung von ψ_Y im Entwicklungspunkt $t_0 = 0$, und es gilt: [4]

$$\psi_Y(t) \;=\; \psi_Y(0) \;+\; \frac{\psi_Y^{(1)}(0)}{1!}(t-0)^1 \;+\; \frac{\psi_Y^{(2)}(0)}{2!}(t-0)^2 \cdot (1 + r(t))$$

mit $\lim\limits_{t\to 0} r(t) \;=\; 0.$

[3] Vgl. Fisz, M. (1965), Seite 104 - 107.

[4] Vgl. Chung, K. L. (1978), Seite 237.

Allgemein gilt für die charakteristische Funktion einer Zufallsvariablen X: [5]

$$\psi_X^{(j)}(0) = \iota^j \mathrm{E}\left[X^j\right].$$

Für $\psi_Y(t)$ ergibt sich somit wegen

$$\begin{aligned}
\psi_Y(0) &= 1, \\
\psi_Y^{(1)}(0) &= \iota \mathrm{E}[Y_k^{(K)}] &&= \iota \Delta\mu_K, \\
\psi_Y^{(2)}(0) &= \iota^2 \mathrm{E}[(Y_k^{(K)})^2] &&= -(\mathrm{Var}[Y_k^{(K)}] + (\mathrm{E}[Y_k^{(K)}])^2) = -(\sigma^2 + \Delta\sigma_K^2 + \Delta\mu_K^2)
\end{aligned}$$

die Taylorreihendarstellung:

$$\psi_Y(t) = 1 + \iota\Delta\mu_K t - \frac{1}{2}(\sigma^2 + \Delta\sigma_K^2 + \Delta\mu_K^2)t^2 + o(t^2).$$

Die charakteristische Funktion einer Summe von unabhängigen Zufallsvariablen entspricht dem Produkt der einzelnen zugehörigen charakteristischen Funktionen.[6] Da die $Y_k^{(K)}$ $(k = 1, 2, \ldots K)$ unabhängig identisch verteilt sind, gilt:

$$\begin{aligned}
\psi_Z(t) &= \left[\psi_Y(\frac{t}{\sigma\sqrt{K}})\right]^K \\
&= \left[1 + \iota\Delta\mu_K \frac{t}{\sigma\sqrt{K}} - \frac{1}{2}(\sigma^2 + \Delta\sigma_K^2 + \Delta\mu_K^2)(\frac{t}{\sigma\sqrt{K}})^2 + o\left((\frac{t}{\sigma\sqrt{K}})^2\right)\right]^K \\
&= \left[1 + \iota\frac{\Delta\mu_K}{\sqrt{K}}\frac{t}{\sigma} - \frac{1}{2K}(1 + \frac{\Delta\sigma_K^2 + \Delta\mu_K^2}{\sigma^2})t^2 + o\left(\frac{t^2}{K}\right)\right]^K.
\end{aligned}$$

Um die Grenzfunktion von $\psi_Z(t)$ für $K \to \infty$ zu ermitteln, wird die charakteristische Funktion mit Hilfe des Hauptzweiges des komplexen Logarithmus

$$\begin{aligned}
\ln^* \; : \; \mathbb{C}\backslash(\mathbb{R}_{<0} \times \{0\}) &\longrightarrow \mathbb{R} \times (-\pi, \pi), \\
z &\longmapsto \ln^*(z) := c \quad \text{mit } \mathrm{e}^c = z
\end{aligned}$$

---

[5] Vgl. Fisz, M. (1965), Seite 96 – 97.

[6] Vgl. Fisz, M. (1965), Seite 101.

weiter umgeformt. $\ln^*(1+z)$ besitzt für $|z|<1$ die Potenzreihenentwicklung:

$$\ln^*(1+z) = \sum_{j=1}^{\infty} \frac{(-1)^{j+1}}{j} z^j = z + z^2 \sum_{j=2}^{\infty} \frac{(-1)^{j+1}}{j} z^{j-2},$$

die aufgrund der Existenz des Grenzwertes von $\lim_{n\to\infty} \sum_{j=2}^{n} \frac{(-1)^{j+1}}{j} z^{j-2} =: G(z)$ $(\forall |z|<1)$ wie folgt vereinfacht dargestellt werden kann:

$$\ln^*(1+z) = z + z^2 G(z).$$

Für $K \in \mathbb{N}$ und $z \in \mathbb{C}$ gilt für den Hauptzweig des komplexen Logarithmus: [7]

$$\ln^*(z^K) = K \ln^*(z) \quad \Longleftrightarrow \quad K\,\mathrm{Im}(\ln^*(z)) \in (-\pi, \pi).$$

Mit Hilfe von

$$\ln^*[\psi_Y(\frac{t}{\sigma\sqrt{K}})] = \ln^*\Big[1 + \underbrace{\iota\frac{\Delta\mu_K}{\sqrt{K}}\frac{t}{\sigma} - \frac{1}{2K}(1 + \frac{\Delta\sigma_K^2 + \Delta\mu_K^2}{\sigma^2})t^2 + o\left(\frac{t^2}{K}\right)}_{=:\,z}\Big]$$

$$= \iota\frac{\Delta\mu_K}{\sqrt{K}}\frac{t}{\sigma} - \frac{1}{2K}(1 + \frac{\Delta\sigma_K^2 + \Delta\mu_K^2}{\sigma^2})t^2 + o\left(\frac{t^2}{K}\right)$$

$$+ \left[\iota\frac{\Delta\mu_K}{\sqrt{K}}\frac{t}{\sigma} - \frac{1}{2K}(1 - \frac{\Delta\sigma_K^2 + \Delta\mu_K^2}{\sigma^2})t^2 + o\left(\frac{t^2}{K}\right)\right]^2 G(z)$$

$$= \iota\frac{\Delta\mu_K}{\sqrt{K}}\frac{t}{\sigma} - \frac{1}{2K}(1 + \frac{\Delta\sigma_K^2 + \Delta\mu_K^2}{\sigma^2})t^2 - G(z)\frac{\Delta\mu_K^2}{K\sigma}t^2 + o\left(\frac{t^2}{K}\right)$$

$$\Rightarrow K\ln^*[\psi_Y(\frac{t}{\sigma\sqrt{K}})] = \iota\sqrt{K}\Delta\mu_K t - \frac{1}{2}(1 + \frac{\Delta\sigma_K^2 + \Delta\mu_K^2}{\sigma^2})t^2 - G(z)\frac{\Delta\mu_K^2}{\sigma}t^2 + Ko\left(\frac{t^2}{K}\right)$$

können nun die beiden Richtungen der Aussage bewiesen werden.

---

[7] Vgl. Fischer, W. / Lieb, I. (1988), Seite 120.

(1) $\forall x \in \mathbb{R}: \ \lim_{K\to\infty} F_{Z_K}(x) = \Phi(x) \quad \Longleftarrow \quad \lim_{K\to\infty} \sqrt{K}\,(\mu_K - \mu) = 0$

Annahme: $\lim_{K\to\infty} \sqrt{K}\,(\mu_K - \mu) = 0$

$$
\begin{aligned}
& K \ln^*[\psi_Y(\frac{t}{\sigma\sqrt{K}})] \underset{K\to\infty}{\longrightarrow} -\frac{1}{2}t^2 \\
\Longrightarrow\ & \exists K_0 \in \mathbb{N}\ \forall K \in \mathbb{N}\backslash\mathbb{N}_{K_0}:\ K\,\mathrm{Im}\Big\{\ln^*[\psi_Y(\frac{t}{\sigma\sqrt{K}})]\Big\} \in (-\pi, \pi) \\
\Longrightarrow\ & \exists K_0 \in \mathbb{N}\ \forall K \in \mathbb{N}\backslash\mathbb{N}_{K_0}:\ \ln^*\Big[\psi_Z(t)\Big] = \ln^*\Big[(\psi_Y(\frac{t}{\sigma\sqrt{K}}))^K\Big] = K\ln^*\Big[\psi_Y(\frac{t}{\sigma\sqrt{K}})\Big] \\
\Longrightarrow\ & \lim_{K\to\infty} \ln^*\Big[\psi_Z(t)\Big] = -\frac{1}{2}t^2 \\
\Longrightarrow\ & \lim_{K\to\infty} \psi_Z(t) = \mathrm{e}^{-t^2/2}
\end{aligned}
$$

Damit konvergiert die charakteristische Funktion von Z_K gegen die charakteristische Funktion einer standardnormalverteilten Zufallsvariablen, und aufgrund der Stetigkeit der Verteilungsfunktion folgt Behauptung (1).

(2) $\forall x \in \mathbb{R}: \ \lim_{K\to\infty} F_{Z_K}(x) = \Phi(x) \quad \Longrightarrow \quad \lim_{K\to\infty} \sqrt{K}\,(\mu_K - \mu) = 0$

Annahme: $\lim_{K\to\infty} \sqrt{K}\,(\mu_K - \mu) \neq 0$

$$
\begin{aligned}
& \lim_{K\to\infty} \sqrt{K}\,(\mu_K - \mu) \neq 0 \\
\Longrightarrow\ & \lim_{K\to\infty} \mathrm{E}(Z_K) = \lim_{K\to\infty} \sqrt{K}\,(\mu_K - \mu) \neq 0 \\
\Longrightarrow\ & F_{Z_K}(y) \neq \Phi(y)
\end{aligned}
$$

■

Beweisteile zu Satz 3.3.33

Zur Vervollständigung des Beweises zu Satz 3.3.33 ist noch zu zeigen, daß für die unabhängig identisch verteilten Zufallsvariablen

$$X_t^{(K)} := \sqrt{K} \ln(S^{(K)}(t)/S^{(K)}(t-\Delta t)) - \frac{1}{\sqrt{K}}(i - \sigma^2/2)T \qquad (t \in \mathcal{Z}^{(K)})$$

folgende Aussagen gelten:

$$\begin{aligned}
(i) \qquad & \lim_{K\to\infty} \sqrt{K}\mathrm{E}[X_t^{(K)}] = 0, \\
(ii) \qquad & \lim_{K\to\infty} \mathrm{E}[X_t^{(K)}] = 0, \\
(iii) \qquad & \lim_{K\to\infty} \mathrm{Var}[X_t^{(K)}] = \sigma^2 T.
\end{aligned}$$

Für die unabhängig identisch verteilten $\ln(S^{(K)}(t)/S^{(K)}(t-\Delta t))$ $(t \in \mathcal{Z}^{(K)})$ wird gemäß den Annahmen des Satzes folgende Wahrscheinlichkeitsverteilung unterstellt:

ϵ	$\ln(u_K)$	$\ln(d_K)$
$\mathrm{P}\{\ln(S^{(K)}(t)/S^{(K)}(t-\Delta t)) = \epsilon\}$	p_K	$1-p_K$

mit

$$\begin{aligned}
r_K &= \mathrm{e}^{iT/K} \\
u_K &= \mathrm{e}^{\sigma\sqrt{T/K}} \\
d_K &= \mathrm{e}^{-\sigma\sqrt{T/K}} \\
p_K &= \tfrac{r_K - d_K}{u_K - d_K}
\end{aligned}$$

$$\Longrightarrow \quad \mathrm{E}[\ln(S^{(K)}(t)/S^{(K)}(t-\Delta t))] = p_K \ln(u_K/d_K) + \ln(d_K)$$

$$\Longrightarrow \quad \mathrm{Var}[\ln(S^{(K)}(t)/S^{(K)}(t-\Delta t))] = p_K(1-p_K)\ln^2(u_K/d_K).$$

Zu (i): $\lim_{K\to\infty} \sqrt{K}\mathrm{E}[X_t^{(K)}] = 0$

$$\begin{aligned}\sqrt{K}\ \mathrm{E}[X_t^{(K)}] &= \sqrt{K}\ \mathrm{E}[\sqrt{K}\ln(S^{(K)}(t)/S^{(K)}(t-\Delta t)) - \frac{1}{\sqrt{K}}(i-\sigma^2/2)T] \\ &= K\ \mathrm{E}[\ln(S^{(K)}(t)/S^{(K)}(t-\Delta t))] - (i-\sigma^2/2)T\end{aligned}$$

Zum Beweis der Aussage (i) ist daher noch zu zeigen, daß gilt:

$$\lim_{K\to\infty} K\ \mathrm{E}[\ln(S^{(K)}(t)/S^{(K)}(t-\Delta t))] = (i-\sigma^2/2)T.$$

$$\begin{aligned}\lim_{K\to\infty} K\ \mathrm{E}[\ln(S^{(K)}(t)/S^{(K)}(t-\Delta t))] &= \lim_{K\to\infty} K(p_K \ln(u_K/d_K) + \ln(d_K)) \\ &= \lim_{K\to\infty} K\frac{\mathrm{e}^{iT/K} - \mathrm{e}^{-\sigma\sqrt{T/K}}}{\mathrm{e}^{\sigma\sqrt{T/K}} - \mathrm{e}^{-\sigma\sqrt{T/K}}} 2\sigma\sqrt{T/K} - K\sigma\sqrt{T/K} \\ &= \lim_{K\to\infty} \sigma\sqrt{T}\sqrt{K}\Big(2\frac{\mathrm{e}^{iT/K} - \mathrm{e}^{-\sigma\sqrt{T/K}}}{\mathrm{e}^{\sigma\sqrt{T/K}} - \mathrm{e}^{-\sigma\sqrt{T/K}}} - 1\Big) \\ &= \lim_{K\to\infty} \sigma\sqrt{T}\sqrt{K}\Big(\frac{2\mathrm{e}^{iT/K} - \mathrm{e}^{\sigma\sqrt{T/K}} - \mathrm{e}^{-\sigma\sqrt{T/K}}}{\mathrm{e}^{\sigma\sqrt{T/K}} - \mathrm{e}^{-\sigma\sqrt{T/K}}}\Big)\end{aligned}$$

Mit Hilfe der Substitution $y := \sqrt{T/K}$ ergibt sich durch zweimalige Anwendung der Regel von de l'Hospital:

$$\begin{aligned}\lim_{K\to\infty} K\mathrm{E}[\ln(S^{(K)}(t)/S^{(K)}(t-\Delta t))] &= \lim_{y\to 0}\frac{\sigma T}{y}\Big(\frac{2\mathrm{e}^{iy^2} - \mathrm{e}^{\sigma y} - \mathrm{e}^{-\sigma y}}{\mathrm{e}^{\sigma y} - \mathrm{e}^{-\sigma y}}\Big) \\ &= \sigma T \lim_{y\to 0}\frac{2\mathrm{e}^{iy^2} - \mathrm{e}^{\sigma y} - \mathrm{e}^{-\sigma y}}{y(\mathrm{e}^{\sigma y} - \mathrm{e}^{-\sigma y})} \\ &= \sigma T \lim_{y\to 0}\frac{4iy\mathrm{e}^{iy^2} - \sigma\mathrm{e}^{\sigma y} + \sigma\mathrm{e}^{-\sigma y}}{y(\sigma\mathrm{e}^{\sigma y} + \sigma\mathrm{e}^{-\sigma y}) + \mathrm{e}^{\sigma y} - \mathrm{e}^{-\sigma y}} \\ &= \sigma T \lim_{y\to 0}\frac{8i^2y^2\mathrm{e}^{iy^2} + 4i\mathrm{e}^{iy^2} - \sigma^2\mathrm{e}^{\sigma y} - \sigma^2\mathrm{e}^{-\sigma y}}{y(\sigma^2\mathrm{e}^{\sigma y} - \sigma^2\mathrm{e}^{-\sigma y}) + \sigma\mathrm{e}^{\sigma y} + \sigma\mathrm{e}^{-\sigma y} + \sigma\mathrm{e}^{\sigma y} + \sigma\mathrm{e}^{-\sigma y}} \\ &= \sigma T\ \frac{4i - 2\sigma^2}{4\sigma} \\ &= (i-\sigma^2/2)T.\end{aligned}$$

Zu (ii): $\lim_{K\to\infty} \mathrm{E}[X_t^{(K)}] = 0$

$$\begin{aligned}\lim_{K\to\infty} \mathrm{E}[X_t^{(K)}] &= \lim_{K\to\infty} \frac{1}{\sqrt{K}}\sqrt{K}\mathrm{E}[X_t^{(K)}] \\ &= \lim_{K\to\infty} \frac{1}{\sqrt{K}} \cdot \lim_{K\to\infty} \sqrt{K}\mathrm{E}[X_t^{(K)}] \\ &= 0\end{aligned}$$

Zu (iii): $\lim_{K\to\infty} \mathrm{Var}[X_t^{(K)}] = \sigma^2 T$

$$\begin{aligned}\lim_{K\to\infty} \mathrm{Var}[X_t^{(K)}] &= \lim_{K\to\infty} K\ \mathrm{Var}[\ln(S^{(K)}(t)/S^{(K)}(t-\Delta t))] \\ &= \lim_{K\to\infty} K\ p_K(1-p_K)\ln^2(u_K/d_K) \\ &= \lim_{K\to\infty} K\ \frac{r_K-d_K}{u_K-d_K}\ \frac{u_K-r_K}{u_K-d_K}\ \ln^2(u_K/d_K) \\ &= \lim_{K\to\infty} 4\sigma^2 T\ \frac{\mathrm{e}^{iT/K+\sigma\sqrt{T/K}} + \mathrm{e}^{iT/K-\sigma\sqrt{T/K}} - \mathrm{e}^{2iT/K} - 1}{\mathrm{e}^{2\sigma\sqrt{T/K}} + \mathrm{e}^{-2\sigma\sqrt{T/K}} - 2}\end{aligned}$$

Mit Hilfe der Substitution $y := \sqrt{T/K}$ ergibt sich durch zweimalige Anwendung der Regel von de l'Hospital:

$$\begin{aligned}\lim_{K\to\infty} \mathrm{Var}[X_t^{(K)}] &= \lim_{K\to\infty} 4\sigma^2 T\ \frac{\mathrm{e}^{iy^2+\sigma y} + \mathrm{e}^{iy^2-\sigma y} - \mathrm{e}^{2iy^2} - 1}{\mathrm{e}^{2\sigma y} + \mathrm{e}^{-2\sigma y} - 2} \\ &= 4\sigma^2 T \lim_{K\to\infty} \frac{(2iy+\sigma)\mathrm{e}^{iy^2+\sigma y} + (2iy-\sigma)\mathrm{e}^{iy^2-\sigma y} - 4iy\mathrm{e}^{2iy^2}}{2\sigma\mathrm{e}^{2\sigma y} - 2\sigma\mathrm{e}^{-2\sigma y}} \\ &= 4\sigma^2 T \lim_{K\to\infty} \frac{((2iy+\sigma)^2+2i)\mathrm{e}^{iy^2+\sigma y} + ((2iy-\sigma)^2+2i)\mathrm{e}^{iy^2-\sigma y} - (16i^2y^2+4i)\mathrm{e}^{2iy^2}}{4\sigma^2\mathrm{e}^{2\sigma y} + 4\sigma^2\mathrm{e}^{-2\sigma y}} \\ &= 4\sigma^2 T\ \frac{\sigma^2+2i+\sigma^2+2i-4i}{4\sigma^2+4\sigma^2} \\ &= \sigma^2 T.\end{aligned}$$

■

Beweis von Satz 4.2.3

1. Fall: $a_S \in (\frac{i_B^* - i_{min}^*}{1 + i_B^*}, \infty)$

$$
\begin{aligned}
P\{i_P^* < i_{min}^*\} &= P\{i_S^* a_S + i_B^*(1 - a_S) < i_{min}^*\} \\
&= P\{i_S^* < \frac{i_{min}^* - i_B^*(1 - a_S)}{a_S}\} \\
&= P\{\frac{1}{\Delta t} \ln(i_S^* + 1) < \frac{1}{\Delta t} \ln(\frac{i_{min}^* - i_B^*(1 - a_S)}{a_S} + 1)\} \\
&= P\{i_S < \frac{1}{\Delta t} \ln(\frac{i_{min}^* - i_B^*(1 - a_S)}{a_S} + 1)\}
\end{aligned}
$$

Da $i_S \sim N(\mu - \sigma^2/2, \sigma^2/\Delta t)$ ergibt sich:

$$
P\{i_P^* < i_{min}^*\} = \Phi\Bigg(\frac{\frac{1}{\Delta t} \ln(\frac{i_{min}^* - i_B^*(1 - a_S)}{a_S} + 1) - (\mu - \sigma^2/2)}{\sigma/\sqrt{\Delta t}}\Bigg)
$$

2. Fall: $a_S \in (0, \frac{i_B^* - i_{min}^*}{1 + i_B^*}]$

Wegen $\frac{i_{min}^* - i_B^*(1 - a_S)}{a_S} \leq -1$ für $a_S \leq \frac{i_B^* - i_{min}^*}{1 + i_B^*}$ gilt:

$$
\begin{aligned}
P\{i_P^* < i_{min}^*\} &= P\{i_S^* a_S + i_B^*(1 - a_S) < i_{min}^*\} \\
&= P\{i_S^* < \frac{i_{min}^* - i_B^*(1 - a_S)}{a_S}\} \\
&\leq P\{i_S^* < -1\} \\
&= 0
\end{aligned}
$$

$$
\Longrightarrow \quad P\{i_P^* < i_{min}^*\} = 0
$$

3. Fall: $a_S = 0$

$$\begin{aligned} P\{i_P^* < i_{min}^*\} &= P\{i_S^* a_S + i_B^*(1-a_S) < i_{min}^*\} \\ &= P\{i_B^* < i_{min}^*\} \\ &= 0 \end{aligned}$$

4. Fall: $a_S \in (-\infty, 0)$

$$\begin{aligned} P\{i_P^* < i_{min}^*\} &= P\{i_S^* a_S + i_B^*(1-a_S) < i_{min}^*\} \\ &= P\{i_S^* > \frac{i_{min}^* - i_B^*(1-a_S)}{a_S}\} \\ &= 1 - P\{i_S^* \leq \frac{i_{min}^* - i_B^*(1-a_S)}{a_S}\} \\ &= 1 - P\{i_S < \frac{1}{\Delta t}\ln(\frac{i_{min}^* - i_B^*(1-a_S)}{a_S} + 1)\} \\ &= 1 - \Phi\left(\frac{\frac{1}{\Delta t}\ln(\frac{i_{min}^* - i_B^*(1-a_S)}{a_S} + 1) - (\mu - \sigma^2/2)}{\sigma/\sqrt{\Delta t}}\right) \end{aligned}$$

Damit gilt insgesamt:

$$P\{i_P^* < i_{min}^*\} = \begin{cases} 1 - \Phi(b) & \text{für} \quad -\infty < a_S < 0 \\ 0 & \text{für} \quad 0 \leq a_S \leq \frac{i_B^* - i_{min}^*}{1 + i_B^*} \\ \Phi(b) & \text{für} \quad \frac{i_B^* - i_{min}^*}{1 + i_B^*} < a_S < \infty \end{cases}$$

$$\text{mit} \qquad b \; := \; \frac{\frac{1}{\Delta t}\ln(\frac{i_{min}^* - i_B^*(1-a_S)}{a_S} + 1) - (\mu - \sigma^2/2)}{\sigma}\sqrt{\Delta t}.$$

■

Beweis von Satz 4.2.6

Zu (1): $W_P(t_k) > F(t_k) \iff \dfrac{S(t_k)}{S(t_{k-1})} > \left(1 - \dfrac{1}{m}\right) e^{i\Delta t} \quad (k = 1, 2, \ldots, K)$

Zum Beweis wird die Wertentwicklung des über den Zeitraum $[t_{k-1}, t_k[$ statischen Portefeuilles betrachtet. Die Konstruktion des Portefeuilles zum Zeitpunkt t_{k-1} erfolgt nach der CPPI Strategie gemäß den Gleichungen (4.7), (4.8) und (4.9). Nach der Anpassung gilt somit für die Aktien- und Bondposition:

$$\begin{aligned}
W_S^+(t_{k-1}) &= m(W_P(t_{k-1}) - F(t_{k-1})), \\
W_B^+(t_{k-1}) &= W_P(t_{k-1}) - m(W_P(t_{k-1}) - F(t_{k-1})).
\end{aligned}$$

Aufgrund der Änderung des Aktienkurses und des Wertzuwachses des Bonds ergeben sich zum Betrachtungszeitpunkt t_k folgende Werte:

$$\begin{aligned}
W_S^-(t_k) &= W_S^+(t_{k-1}) \frac{S(t_k)}{S(t_{k-1})} &&= m(W_P(t_{k-1}) - F(t_{k-1})) \frac{S(t_k)}{S(t_{k-1})}, \\
W_B^-(t_k) &= W_B^+(t_{k-1})\, e^{i\Delta t} &&= ((1-m)W_P(t_{k-1}) + mF(t_{k-1}))\, e^{i\Delta t}.
\end{aligned}$$

Für den Portefeuillewert zum Zeitpunkt t_k gilt somit:

$$\begin{aligned}
& W_P(t_k) > F(t_k) \\
\Leftrightarrow\ & W_S^-(t_k) + W_B^-(t_k) > F(t_{k-1})\, e^{i\Delta t} \\
\Leftrightarrow\ & m(W_P(t_{k-1}) - F(t_{k-1})) \frac{S(t_k)}{S(t_{k-1})} + ((1-m)W_P(t_{k-1}) + mF(t_{k-1}))\, e^{i\Delta t} > F(t_{k-1})\, e^{i\Delta t} \\
\Leftrightarrow\ & \frac{S(t_k)}{S(t_{k-1})} > \frac{(m-1)W_P(t_{k-1}) - (m-1)F(t_{k-1})}{mW_P(t_{k-1}) - mF(t_{k-1})}\, e^{i\Delta t} \\
\Leftrightarrow\ & \frac{S(t_k)}{S(t_{k-1})} > \left(1 - \frac{1}{m}\right) e^{i\Delta t}.
\end{aligned}$$

Zu (2): $\mathrm{P}\{W_P(t_k) > F(t_k) | W_P(t_{k-1}) > F(t_{k-1})\} = p$

$$\mathrm{P}\{W_P(t_k) > F(t_k) | W_P(t_{k-1}) > F(t_{k-1})\} = \mathrm{P}\left\{\frac{S(t_k)}{S(t_{k-1})} > \left(1 - \frac{1}{m}\right) \mathrm{e}^{i\Delta t}\right\}$$
$$= \mathrm{P}\left\{\ln\left(\frac{S(t_k)}{S(t_{k-1})}\right) > \ln\left(1 - \frac{1}{m}\right) + i\Delta t\right\}$$
$$= 1 - \mathrm{P}\left\{\ln\left(\frac{S(t_k)}{S(t_{k-1})}\right) \leq \ln\left(1 - \frac{1}{m}\right) + i\Delta t\right\}$$

Wird für den Aktienkursprozeß eine geometrische Brownsche Bewegung mit Driftrate μ und Volatilität σ unterstellt, so ist gemäß (3.28) das logarithmierte Aktienkursverhältnis normalverteilt mit Erwartungswert $(\mu - \sigma^2/2)\Delta t$ und Varianz $\sigma^2 \Delta t$, und es folgt:

$$\mathrm{P}\{W_P(t_k) > F(t_k) | W_P(t_{k-1}) > F(t_{k-1})\} = 1 - \Phi\left(\frac{\ln\left(1 - \frac{1}{m}\right) + (i - \mu + \frac{\sigma^2}{2})\Delta t}{\sigma\sqrt{\Delta t}}\right).$$

Zu (3): $\mathrm{P}\{W_P(t_k) > F(t_k) | W_P(t_0) > F(t_0)\} = p^k$

Für $k = 1$ folgt Aussage (3) unmittelbar aus Aussage (2). Zum Beweis der Aussage für $k > 1$ wird zunächst gezeigt, daß der Portefeuillewert $W_P(t_k)$ nur dann größer als der Floor $F(t_k)$ sein kann, wenn zu allen vorangehenden Anpassungszeitpunkten t_j $(j = 0, 1, \ldots, k-1)$ bereits $W_P(t_j) > F(t_j)$ gilt. Der Beweis dieser Zwischenaussage erfolgt indirekt. Hierzu wird angenommen, daß zu einem Anpassungszeitpunkt t_j $(j < k)$ der Portefeuillewert unter dem Floor liegt:

$$\begin{aligned} & W_P(t_j) < F(t_j) \\ \Longrightarrow\ & Cus(t_j) = \max\{W_P(t_j) - F(t_j), 0\} = 0 \\ \Longrightarrow\ & W_S^+(t_j) = 0 \\ \Longrightarrow\ & W_B^+(t_j) = W_P(t_j). \end{aligned}$$

Da in diesem Fall das gesamte Vermögen in die Bondposition investiert wird und die Bondposition mit dem gleichen Faktor wächst wie der Floor, wird auch zum nächsten Anpassungszeitpunkt t_{j+1} der Portefeuillewert $W_P(t_{j+1})$ unter dem zugehörigen Floor

$F(t_{j+1})$ liegen und das gesamte Vermögen in Bonds investiert bleiben. Mit Hilfe der vollständigen Induktion läßt sich schließen, daß dann auch zum Zeitpunkt t_k ($k \geq j+1$) der Portefeuillewert $W_P(t_k)$ unter dem zugehörigen Floor $F(t_k)$ liegt. Ist der Portefeuillewert $W_P(t_k)$ größer als der Floor $F(t_k)$, so muß also zu allen vorangehenden Anpassungszeitpunkten t_j ($j = 0, 1, \ldots, k-1$) bereits $W_P(t_j) > F(t_j)$ erfüllt sein, d.h.:

$$W_P(t_k) > F(t_k) \quad \Longrightarrow \quad W_P(t_j) > F(t_j) \quad (j = 0, 1, \ldots, k-1).$$

Aus Aussage (2) folgt unter Ausnutzung der für den Aktienkursprozeß unterstellten Markov–Eigenschaft:

$$\begin{aligned} &\mathrm{P}\{W_P(t_k) > F(t_k) | W_P(t_0) > F(t_0)\} \\ &= \mathrm{P}\{W_P(t_1) > F(t_1), \ldots, W_P(t_k) > F(t_k) | W_P(t_0) > F(t_0)\} \\ &= \mathrm{P}\{W_P(t_1) > F(t_1) | W_P(t_0) > F(t_0)\} \cdot \mathrm{P}\{W_P(t_2) > F(t_2) | W_P(t_1) > F(t_1)\} \\ &\quad \cdot \ldots \cdot \mathrm{P}\{W_P(t_k) > F(t_k) | W_P(t_{k-1}) > F(t_{k-1})\} \\ &= p^k. \end{aligned}$$

Zu (4): $\mathrm{P}\{N = n\} = p^{n-1}(1-p) \qquad (n \in \mathbb{N})$

Diese Aussage folgt mit Hilfe von Aussage (2) und (3) aufgrund von:

$$\begin{aligned} &\mathrm{P}\{N = n\} \\ &= \mathrm{P}\{W_P(t_1) > F(t_1), \ldots, W_P(t_{n-1}) > F(t_{n-1}), W_P(t_n) < F(t_n) | W_P(t_0) > F(t_0)\} \\ &= \mathrm{P}\{W_P(t_n) < F(t_n) | W_P(t_{n-1}) > F(t_{n-1})\} \cdot \prod_{j=1}^{n-1} \mathrm{P}\{W_P(t_j) > F(t_j) | W_P(t_{j-1}) > F(t_{j-1})\} \\ &= p^{n-1}(1-p). \end{aligned}$$

■

Beweis von Satz 4.3.5

Zu (1):
$$\begin{aligned}\Delta W_A &= (\Phi(x_1) - \Phi(x_0))\,\Delta S \\ &+ \frac{\sigma S(t_1)\,\varphi(x_1)}{2\sqrt{T_1}}\,(U^2-1)\,\Delta t_2 \;+\; O(\|\Delta\mathcal{T}\|_\infty^{3/2})\end{aligned}$$

Das T_0 Zeiteinheiten vor dem Verfallzeitpunkt der Option gemäß (4.15) konstruierte Portefeuille besitzt zum Konstruktionszeitpunkt t_0 folgende bewertete Portefeuillepositionen:

$$\begin{aligned}W_C(t_0) &= C(S(t_0),T_0) = \Phi(x_0)S(t_0) - E\mathrm{e}^{-iT_0}\Phi(x_0-\sigma\sqrt{T_0}), \\ W_S(t_0) &= -\,\Phi(x_0)\,S(t_0), \\ W_B(t_0) &= \Phi(x_0)\,S(t_0) - C(S(t_0),T_0) = E\mathrm{e}^{-iT_0}\Phi(x_0-\sigma\sqrt{T_0}).\end{aligned}$$

Hieraus ergeben sich für das konstruierte Hedgeportefeuille im Betrachtungszeitpunkt t_1 (Restlaufzeit T_1) bzw. im zukünftigen Zeitpunkt t_2 (Restlaufzeit T_2) die Portefeuillepositionen: [8]

$$\begin{aligned}W_C(t_1) &= C(S(t_1),T_1), \\ W_S(t_1) &= -\,\Phi(x_0)\,S(t_1), \\ W_B(t_1) &= E\mathrm{e}^{-iT_0}\Phi(x_0-\sigma\sqrt{T_0})\,\mathrm{e}^{i\Delta t_1}, \\ &= E\mathrm{e}^{-iT_0}\Phi(x_0-\sigma\sqrt{T_0})\,(1+i\Delta t_1) + O(\Delta {t_1}^2),\end{aligned}$$

$$\begin{aligned}W_C(t_2) &= C(S(t_2),T_2), \\ W_S(t_2) &= -\,\Phi(x_0)\,S(t_2), \\ W_B(t_2) &= E\mathrm{e}^{-iT_0}\Phi(x_0-\sigma\sqrt{T_0})\,(1+i\Delta t_1+i\Delta t_2) \;+\; O(\|\Delta\mathcal{T}\|_\infty^2)\end{aligned}$$

---

[8] Die Darstellung von B_{T_2} ergibt sich aus einer Taylorreihenentwicklung von $f(\Delta t_1, \Delta t_2) := \mathrm{e}^{i\Delta t_1 + i\Delta t_2}$.

$$
\begin{aligned}
\Longrightarrow \quad \Delta W_A &:= W_A(t_2) - W_A(t_1) \\
&= W_C(t_2) - W_C(t_1) + W_S(t_2) - W_S(t_1) + W_B(t_2) - W_B(t_1) \\
&= C(S(t_2), T_2) - C(S(t_1), T_1) - \Phi(x_0)(S(t_2) - S(t_1)) \\
&\quad + E\mathrm{e}^{-iT_0}\Phi(x_0 - \sigma\sqrt{T_0})\,\Delta t_2 + O(\|\Delta \mathcal{T}\|_\infty^2) \\
&= \Delta C - \Phi(x_0)\Delta S + E\mathrm{e}^{-iT_0}\Phi(x_0 - \sigma\sqrt{T_0})\, i\,\Delta t_2 + O(\|\Delta \mathcal{T}\|_\infty^2) \\
\text{mit} \quad & \Delta C := C(S(t_2), T_2) - C(S(t_1), T_1).
\end{aligned}
$$

Gemäß Satz 3.3.23 und Satz 3.3.25 gilt:

$$
\begin{aligned}
\Delta C = \Phi(x_1)\Delta S &- E\,\mathrm{e}^{-iT_1}\left(i\Phi(x_1 - \sigma\sqrt{T_1}) + \frac{\sigma\,\varphi(x_1 - \sigma\sqrt{T_1})}{2\sqrt{T_1}}\right)\Delta t_2 \\
&+ \frac{1}{2}\frac{\varphi(x_1)}{S(t_1)\sigma\sqrt{T_1}}\sigma^2 S(t_1)^2 U^2\,\Delta t_2 + O(\Delta t_2^{3/2}).
\end{aligned}
$$

Durch Einsetzen in die Bestimmungsgleichung für ΔW_A resultiert:

$$
\begin{aligned}
\Delta W_A = \; & \Phi(x_1)\Delta S - E\,\mathrm{e}^{-iT_1}\, i\,\Phi(x_1 - \sigma\sqrt{T_1})\,\Delta t_2 \\
& - \underbrace{E\mathrm{e}^{-iT_1}\varphi(x_1 - \sigma\sqrt{T_1})}_{S(t_1)\,\varphi(x_1)}\;\frac{\sigma}{2\sqrt{T_1}}\,\Delta t_2 \\
& + \frac{1}{2}\sigma^2 U^2 S(t_1)^2\,\frac{\varphi(x_1)}{\sigma S(t_1)\sqrt{T_1}}\,\Delta t_2 \\
& - \Phi(x_0)\Delta S + E\mathrm{e}^{-iT_0}\Phi(x_0 - \sigma\sqrt{T_0})\, i\Delta t_2 + O(\|\Delta \mathcal{T}\|_\infty^{3/2}) \\
= \; & (\Phi(x_1) - \Phi(x_0))\Delta S \\
& + \overbrace{E\mathrm{e}^{-iT_0}\left(\Phi(x_0 - \sigma\sqrt{T_0}) - \mathrm{e}^{i(T_0 - T_1)}\,\Phi(x_1 - \sigma\sqrt{T_1})\right) i\,\Delta t_2}^{=:\, g(\Delta t_1, \Delta t_2)} \\
& - \sigma S(t_1)\,\varphi(x_1)\,\frac{1}{2\sqrt{T_1}}\,\Delta t_2 + \sigma S(t_1)\,\varphi(x_1) U^2 \frac{1}{2\sqrt{T_1}}\,\Delta t_2 + O(\|\Delta \mathcal{T}\|_\infty^{3/2}).
\end{aligned}
$$

Hierbei wurde die in Satz 3.3.23 aufgeführte Beziehung $Ee^{-iT_1}\varphi(x_1-\sigma\sqrt{T_1}) = S(t_1)\,\varphi(x_1)$ verwendet. Mit Hilfe einer Taylorreihenentwicklung und einfacher Abschätzungen kann gefolgert werden, daß $g(\Delta t_1, \Delta t_2) = O(\|\Delta\mathcal{T}\|_\infty^{3/2})$. Damit gilt:

$$\Delta W_A = (\Phi(x_1) - \Phi(x_0))\,\Delta S + \frac{\sigma\, S(t_1)\,\varphi(x_1)}{2\sqrt{T_1}}\,(U^2-1)\,\Delta t_2 + O(\|\Delta\mathcal{T}\|_\infty^{3/2}).$$

Zu (2): $$\Delta W_{A'} = \frac{\sigma\, S(t_1)\,\varphi(x_1)}{2\sqrt{T_1}}\,(U^2-1)\,\Delta t_2 + O(\|\Delta\mathcal{T}\|_\infty^{3/2})$$

Durch die Portefeuilleumschichtungen zur Anpassung des Hedgeportefeuilles im Betrachtungszeitpunkt t_1 an das Optionsdelta $\Phi(x_1)$ ergeben sich im Vergleich zum nicht angepaßten Portefeuille folgende Wertänderungen in den Portefeuillepositionen:

$$\begin{aligned}
W_{C'}(t_1) &= W_C(t_1),\\
W_{S'}(t_1) &= W_S(t_1) - S(t_1)(\Phi(x_1) - \Phi(x_0)),\\
W_{B'}(t_1) &= W_B(t_1) + S(t_1)(\Phi(x_1) - \Phi(x_0)),\\[1ex]
W_{C'}(t_2) &= W_C(t_2),\\
W_{S'}(t_2) &= W_S(t_2) - S(t_2)(\Phi(x_1) - \Phi(x_0)),\\
W_{B'}(t_2) &= W_B(t_2) + S(t_1)(\Phi(x_1) - \Phi(x_0))\,e^{i\Delta t_2}
\end{aligned}$$

$$\begin{aligned}
\Longrightarrow \quad \Delta W_{A'} &= \Delta W_A - \Delta S(\Phi(x_1) - \Phi(x_0)) + \overbrace{S(t_1)(\Phi(x_1) - \Phi(x_0))(e^{i\Delta t_2} - 1)}^{O(\|\,\Delta\mathcal{T}\|_\infty^{3/2})}\\
&= \frac{\sigma\, S(t_1)\,\varphi(x_1)}{2\sqrt{T_1}}\,(U^2-1)\,\Delta t_2 + O(\|\Delta\mathcal{T}\|_\infty^{3/2}).
\end{aligned}$$

■

Verzeichnis ausgewählter Symbole

B	Bondkurs
C	Wert einer europäischen Kaufoption
C_{lin}	linearisierter Wert einer europäischen Kaufoption
C^M	Marktpreis einer europäischen Kaufoption
Cus	Cushion
D	Höhe der Dividende
E	Ausübungspreis einer Option
$\mathrm{E}[X]$	Erwartungswert einer Zufallsvariablen X
$\mathrm{E}_t[X]$	Erwartungswert einer Zufallsvariablen X, bedingt auf die Informationsmenge bis zum Zeitpunkt t
EZÜ	Einzahlungsüberschuß
F	Floor
F_X	Verteilungsfunktion einer Zufallsvariablen X
$\mathrm{Im}\, Z$	Imaginärteil einer komplexen Zahl $Z \in \mathbb{C}$
K	Anzahl der Unterteilungen des Betrachtungszeitraums
O	Landau–Symbol "groß–oh"
P	Wert einer europäischen Verkaufsoption
P	Wahrscheinlichkeitsabbildung
P_{min}	Mindestwahrscheinlichkeit, ein vorgegebenes Ziel zu erreichen
S	Aktienkurs
T	Restlaufzeit einer Option
U	Standardnormalverteilte Zufallsvariable
$\mathrm{Var}[X]$	Varianz einer Zufallsvariablen X
$\mathrm{Var}_t[X]$	Varianz einer Zufallsvariablen X, bedingt auf die Informationsmenge bis zum Zeitpunkt t
W_B	Wert der Bondposition
W_P	Portefeuillewert
$W_P^{(min)}$	Portefeuillemindestwert
W_S	Wert der Aktienposition
$W_\bullet^M$	Marktwert der Position bzw. des Portefeuilles
$W_\bullet^-$	Positions- bzw. Portefeuillewert unmittelbar vor erfolgter Anpassung
$W_\bullet^+$	Positions- bzw. Portefeuillewert unmittelbar nach erfolgter Anpassung

c	Wert einer amerikanischen Kaufoption
d	Veränderungsfaktor des Aktienkurses im Binomialmodell (down)
$det A$	Determinante einer quadratischen Matrix A
$\dim V$	Dimension eines Vektorraums V
dX	stochastisches Differential des Prozesses $\{X(t) : t \in [t_0, \infty)\}$
i	stetige Rendite einer risikolosen Anlage
i^*	dekursive Rendite einer risikolosen Anlage
i_{min}	stetige Mindestrendite
i^*_{min}	dekursive Mindestrendite
$i_\bullet$	stetige Rendite einer Vermögensposition bzw. eines Portefeuilles
$i^*_\bullet$	dekursive Rendite einer Vermögensposition bzw. eines Portefeuilles
f_X	Wahrscheinlichkeitsdichte einer Zufallsvariablen X
f^*_X	Relative Häufigkeitsdichte der Realisationen einer Zufallsvariablen X
ln	natürlicher Logarithmus
$\ln^*$	erster Hauptzweig des komplexen Logarithmus
m	Multiplikator der CPPI Strategie
min	Minimum
max	Maximum
o	Landau-Symbol "klein-oh"
p	Pseudowahrscheinlichkeit für eine Veränderung des Aktienkurses um den Faktor u
q	Wahrscheinlichkeit für eine Veränderung des Aktienkurses um den Faktor u
r^*	dekursiver Wertänderungsfaktor ($r^* = 1 + i^*$)
t	Zeitpunkt
t_0	Anfangszeitpunkt des Betrachtungszeitraums
t^*	Endzeitpunkt des Betrachtungszeitraums; Verfallzeitpunkt einer Option
t_k	k-ter Zerlegungszeitpunkt des Betrachtungszeitraums
u	Veränderungsfaktor des Aktienkurses im Binomialmodell (up)
x_B	Bondanzahl im Portefeuille
x_S	Aktienanzahl im Portefeuille
Δ	Differenzenoperator
ϵ	nichtantizipierte stochastische Veränderung
ι	imaginäre Einheit
μ	Erwartungswert einer Zufallsvariablen; Driftrate eines stochastischen Prozesses
σ^2	Varianz einer Zufallsvariablen; Varianzrate bzw. quadrierte Volatilität eines stochastischen Prozesses

Φ	Verteilungsfunktion einer standardnormalverteilten Zufallsvariablen
φ	Wahrscheinlichkeitsdichte einer standardnormalverteilten Zufallsvariablen
ψ	charakteristische Funktion
$\xrightarrow{\text{a.s.}}$	"konvertiert P–fast–sicher gegen"
$\stackrel{\bullet}{=}$	"ist asymptotisch gleich"
$\sim$	"ist verteilt"
$\stackrel{a}{\sim}$	"ist asymptotisch verteilt"
$\stackrel{iid}{\sim}$	"ist identisch unabhängig verteilt"
$\stackrel{\bullet}{\sim}$	"ist von der Größenordnung"
$\mathbb{C}$	Menge der komplexen Zahlen
$\mathbb{N}$	Menge der natürlichen Zahlen
$\mathbb{N}_0$	Menge der natürlichen Zahlen einschließlich 0
$\mathbb{N}_K$	Menge der natürlichen Zahlen, größer oder gleich $K \in \mathbb{N}$
$\mathbb{Q}$	Menge der rationalen Zahlen
$\mathbb{R}$	Menge der reellen Zahlen
$\mathbb{R}_{\geq 0}$	Menge der nichtnegativen reellen Zahlen
$\mathbb{R}_{>0}$	Menge der positiven reellen Zahlen
$\mathbb{R}_{<0}$	Menge der negativen reellen Zahlen

$M_1 \times M_2$	Kartesisches Kreuzprodukt zweier Mengen M_1 und M_2
M^N	N-faches kartesisches Produkt einer Menge M
M_{ziel}	Menge der Zielwertkombinationen im Multinomialmodell
$\tilde{M}_{ziel}$	Erweiterte Menge der möglichen Zielwertkombinationen im Multinomialmodell
$[t_0, t^*]$	Betrachtungszeitraum
$\mathcal{Z}^{(K)} \cup \{t_0\}$	Menge der Zerlegungszeitpunkte des Betrachtungszeitraums
$\{S(t) : t \in [t_0, \infty)\}$	Zeitkontinuierlicher Aktienkursprozeß
$\{Z(t) : t \in [t_0, \infty)\}$	Brownsche Bewegung
$\{U(t) : t \in [t_0, \infty)\}$	Gaußscher White-Noise Prozeß
$B(n, p)$	Binomialverteilung mit den Parametern $n \in \mathbb{N}$ und $p \in [0, 1]$
$LN(\mu, \sigma^2)$	Lognormalverteilung, die aus $\exp(N(\mu, \sigma^2))$ hervorgeht
$N(\mu, \sigma^2)$	Normalverteilung mit Mittelwert μ und Varianz σ^2

Abbildungsverzeichnis

2.1 Innerer Wert und Zeitwert einer Kaufoption 9

3.1 Preisunter- und Preisobergrenze einer europäischen Kaufoption 23

3.2 Wertvergleich einer Optionsposition mit dem Wert eines Bonds 30

3.3 Wertvergleich zwischen Optionspositionen 31

3.4 Mögliche Zielwertkombinationen bei fester Wahl der Optionsanzahl bei Vorliegen einer Arbitragesituation im Binomialmodell 46

3.5 Mögliche Zielwertkombinationen bei Verletzung der Bedingung ($d < r^* < u$) des Binomialmodells 55

3.6 Simulierte Zeitpfade zeitdiskreter stochastischer Prozesse 68

3.7 Realisation einer standardisierten Brownschen Bewegung 78

3.8 Simulierter Aktienkursverlauf 86

3.9 Wert und innerer Wert einer europäischen Kaufoption im Black/Scholes-Modell 90

3.10 Wert einer europäischen Verkaufsoption im Black/Scholes-Modell 95

3.11 Optionswert $C(S, T = 1)$ und Approximation $C_{lin}(S, T = 1)$ 98

3.12 Wertveränderung eines Hedgeportefeuilles, das eine europäische Kaufoption (long) umfaßt 103

3.13 Wertentwicklung eines Hedgeportefeuilles, das eine europäische Kaufoption (long) umfaßt, bei Realisation eines konstanten Aktienkursverlaufs . 109

3.14 Simulierte Zeitpfade multiplikativer Binomialprozesse 121

4.1 Dichte der stetigen und der dekursiven Aktienkursrendite 130

4.2 Rendite eines statischen Portefeuilles, bestehend aus Aktien und Bonds . 134

4.3 Dichte der Rendite eines statischen Portefeuilles, bestehend aus Aktien und Bonds 135

4.4 Mißerfolgswahrscheinlichkeit eines statischen Portefeuilles, bestehend aus Aktien und Bonds 138

4.5 Aus Marktdaten gewonnener Wertverlauf des abgesicherten Portefeuilles, CPPI Strategie mit $m = 10$ 143

4.6 Aus Marktdaten gewonnener Wertverlauf des abgesicherten Portefeuilles, CPPI Strategie mit $m = 50$ 145

4.7 Relative Häufigkeitsdichten der Realisationen zu $W_P(t^*)$ bei Verfolgung der CPPI Strategie mit verschiedenen Multiplikatoren m 149

4.8 Relative Häufigkeitsdichte der Realisationen zu $W_P(t^*)$ bei Verfolgung der Buy-and-Hold Strategie 151

4.9 Portefeuilleendwert, Protective-Put Strategie 156

4.10 Wahrscheinlichkeitsdichte des Aktienkurses 157

4.11 Verteilungsfunktion des Portefeuilleendwerts, Protective-Put Strategie . 157

4.12 Portefeuilleendwert, Kombination von Bond und Kaufoption 159

4.13 Portefeuilleendwert, Kombination von Bond und Call Money Spread . . . 160

4.14 Portefeuilleendwert, Kombination von Bond und Strangle 161

4.15 Portefeuillezusammensetzung einer synthetischen Kaufoption 164

4.16 Wertverlauf des abgesicherten Portefeuilles, synthetische Verkaufsoption, 1. Simulationslauf 170

4.17 Wertverlauf des abgesicherten Portefeuilles, synthetische Verkaufsoption, 2. Simulationslauf 171

4.18 Wertverlauf des abgesicherten Portefeuilles, Delta-Hedging mit drei Anpassungen pro Tag 175

4.19 Wertverlauf des abgesicherten Portefeuilles, Delta-Hedging mit wöchentlicher Anpassung 176

4.20 Wertverlauf des abgesicherten Portefeuilles, Delta-Hedging mit Anpassungsregel 181

4.21 Relative Häufigkeitsdichte der Anzahl notwendiger Anpassungen, Delta-Hedging mit Anpassungsregel 182

Literaturverzeichnis

ARNOLD, L. (1973): *Stochastische Differentialgleichungen*, München: Oldenbourg.

ASCHINGER, G. (1993): "Optionspreisbestimmung und Portfolio–Insurance", *Wirtschaftswissenschaftliches Studium*, **22**, Seite 2 - 8.

BACHELIER, L. (1900): "Theorie of Speculation", übersetzt von A. J. Boness, wiederabgedruckt in: COOTNER, P. (Hrsg.) (1964), Seite 17 - 78.

BILLINGSLEY, P. (1986): *Probability and Measure*, New York: Wiley.

BLACK, F. / JONES, R. (1987): "Simplifying portfolio insurance", *Journal of Portfolio Management*, **14**, Seite 48 - 51.

BLACK, F. / SCHOLES, M. (1973): "The Pricing of Options and Corporate Liabilities", *Journal of Political Economy*, **81**, Seite 637 - 654.

BOYLE, P.P. / EMANUEL, D. (1980): "Discretely Adjusted Option Hedges", *Journal of Financial Economics*, **8**, Seite 259 - 282.

BRONSTEIN, I. N. / SEMENDJAJEW, K. A. (1989): *Taschenbuch der Mathematik*, 24. Auflage, Thun, Frankfurt/Main: Harri Deutsch.

CHUNG, K. L. (1978): *Elementare Wahrscheinlichkeitstheorie und stochastische Prozesse*, Berlin: Springer.

COOTNER, P. (HRSG) (1964): *The Random Character of Stock Market Prices*, Cambridge, Massachusetts: M.I.T. Press.

COX, J. C. / ROSS, A. / RUBINSTEIN, M. (1979): "Option Pricing: A Simplified Approach", *Journal of Financial Economics*, **7**, Seite 229 - 263.

COX, J. C. / RUBINSTEIN, M. (1985): *Options Markets*, Englewood Cliffs, New Jersey: Prentice-Hall.

DINKELBACH, W. (1982): *Entscheidungsmodelle*, Berlin: de Gruyter.

DINKELBACH, W. (1992): *Operations Research*, Berlin: Springer.

DIXIT, A. K. / PINDYCK, R. S. (1994): *Investment under Uncertainty*, Princeton, New Jersey: Princeton University Press.

DUFFIE, D. (1991): "The Theory of Value in Security Markets", abgedruckt in: HILDENBRAND, W. / SONNENSCHEIN, H. (Hrsg.) (1991), Seite 1617 - 1682.

EBNETER, A. (1987): *Strategien mit Aktienoptionen*, Frankfurt/Main: Fritz Knapp.

EINSTEIN, A. (1905): "Über die von der molekularkinetischen Theorie der Wärme geforderte Bewegung von in ruhenden Flüssigkeiten suspendierenden Teilchen", *Annalen der Physik*, Vierte Folge, Band 17, Seite 549 - 560.

EINSTEIN, A. (1906): "Zur Theorie der Brownschen Bewegung", *Annalen der Physik*, Vierte Folge, Band 19, Seite 371 - 381.

FISCHER, W. / LIEB, I. (1980): *Funktionentheorie*, Braunschweig: Vieweg.

FISZ, M. (1965): *Wahrscheinlichkeitsrechnung und mathematische Statistik*, 2. Auflage, Berlin: VEB Deutscher Verlag der Wissenschaften.

FRANKE, G. / HAX, H. (1994): *Finanzwirtschaft des Unternehmens*, 3. Auflage, Berlin: Springer–Verlag.

HARTUNG, J. (1982): *Statistik*, München: Oldenbourg.

HILDENBRAND, W. / SONNENSCHEIN, H. (HRSG) (1991): *Handbook of Mathematical Economics*, **IV**, Amsterdam: North–Holland.

IMO, C. / GITH, T. (1989): *Einführung in den Optionshandel*, Wiesbaden: Gabler.

LELAND, H. E. (1985): "Option Pricing and Replication with Transactions Costs", *Journal of Finance*, **40**, Seite 1283 - 1301.

MALLIARIS, A. G. / BROCK, W. A. (1990): *Stochastic Methods in Economics and Finance*, 5. Auflage, Amsterdam: Elsevier Science Publishers B.V.

MERTON, R. C. (1973): "Theory of Rational Option Pricing", *Bell Journal of Economics and Management Science*, **4**, Seite 141 –183.

MERTON, R. C. (1976): "Option Pricing when Underlying Stock Returns Are Discontinuous", *Journal of Financial Economics*, **3**, Seite 125 –144.

MERTON, R. C. (1994): *Continuous-Time Finance*, Cambridge, Massachusetts: Blackwell.

PEROLD, A. F. / SHARPE, W. F. (1988): "Dynamic Strategies for Asset Allocation", *Financial Analysts Journal*, **44**, Januar/Februar, Seite 16 - 27.

POSCHADEL, B. / BEER, U. (1994): "Portfolio-Insurance — Ausgewählte Konzepte der statischen und der dynamischen Vermögensversicherung", *Österreichisches Bank–Archiv*, **6**, Seite 454 - 460.

RUBINSTEIN M. / LELAND, H. E. (1981): "Replication Options with Positions in Stocks and Cash", *Financial Analysts Journal*, **37**, Seite 63 - 72.

SAMUELSON, P. A. (1964): "Rational Theory of Warrant Pricing", abgedruckt in: COOTNER, P. (Hrsg.) (1964), Seite 506 - 525.

SCHWARZ, E. S. (1986/87): "Options and Portfolio Insurance", *Finanzmarkt und Portfolio Management*, 1. Jahrgang, Nr. 1, Seite 9 - 17.

SPREMANN, K. (1996): *Wirtschaft, Investition und Finanzierung*, 5. Auflage, München: Oldenbourg.

TAMMER, K. (1978): "Relations Between Stochastic and Parametric Programming for Decision Problems with a Random Objective Function", *Mathematische Operationsforschung und Statistik*, Ser. Optimization, **9**, Seite 523 – 535.

WELCKER, J. / KLOY, J. W. / SCHINDLER, K. (1992): *Professionelles Optionsgeschäft*, 3. Auflage, Zürich: Moderne Industrie.

ZIMMERMANN, H. (1988): *Preisbildung und Risikoanalyse von Aktienoptionen*, Grüsch: Rüegger.

Index

Absicherungsstrategie, 4, 50–52, 125–182
siehe auch Strategie
Aktienkursprozeß, 20
Aktienkursrendite, 127–131
Arbitrage, 9, 13, 23–25, 46, 48, 54, 60
Arbitrageportefeuille,
siehe Arbitrage
Ausübungspreis, 6, 29, 154

Basisobjekt, 6
Binomialmodell, 2–4, 35–48, 60–61, 113, 122, 183–184
Binomialprozeß, 20, 35, 113–117, 119–120, 121
Black/Scholes–Modell, 2–5, 62–113, 122, 125, 183–185
Brownsche Bewegung
allgemeine, 1, 79, 84, 85
geometrische, 1, 20, 81–87, 105*, 113–117, 119
standardisierte, 74–78
Bullish Call Money Spread, 160
Buy-and-Hold Strategie, 137, 140, 151

Chance-Constrained-Modell, 137–138
Constant-Mix Strategie, 152
CPPI Strategie, 5, 140–152, 169, 186–187
Cushion, 139

Delta-Hedging,
siehe Hedgeportefeuille
Differential, stochastisches, 3, 72, 73, 82, 87, 105
Differentialgleichung, 89, 91*, 93, 95
Differenzengleichung, stochastische, 3, 70, 72
Driftrate, 79, 81
Duplikation, 19, 36–37, 50, 162–168
Duplikationsprinzip, 2, 12, 19, 37, 87

Fat-Solution-Modell, 136–137
Floor, 131, 139

Gleichgewichtsbedingung
hinreichende, 57
notwendige, 47, 50, 57, 59

Hedgeportefeuille, 3–4, 20, 51, 87, 100–111, 172–182, 185–186

Integral, stochastisches, 71, 73, 84*, 109
Itô–Prozeß, 72, 80
Itô, Satz von, 82, 87

Kaufoption, 6
innerer Wert, 8
Wert, 2, 7, 26, 27, 29, 32, 34, 39, 47, 89, 90, 96–102, 111–112, 122

Wertgrenzen, 16–17, 21, 23, 25
Zeitwert, 8
Kontraktlaufzeit, 6

Leerverkauf, 7
Long–Position, 7

Markov–Eigenschaft, 75
Markov–Prozeß, 72
Marktbedingungen, 19–20
Mißerfolgswahrscheinlichkeit, 135–136, 138, 146–147
Multinomialmodell, 3, 49–61, 184–185

Option
siehe Kaufoption/Verkaufsoption
Optionsausübung, 6
Optionsdelta, 88, 96
Optionsinhaber, 6
Optionspreis, 7
Optionsrecht, 6
Optionsstillhalter, 6

Portefeuille, selbstfinanzierendes, 102
Portefeuillerendite
dekursive, 126, 127, 133–138
Mindestwert, 131
stetige, 126, 127
Protective–Put Strategie, 5, 153–158, 186
Duplikation, 5, 165–171, 186
Pseudowahrscheinlichkeit, 37, 123
Put-Call-Parität, 27, 93, 94, 165–166

Restlaufzeit, 7, 34

Short–Position, 7
Stop-Loss Strategie, 152
Strangle, 160–161
Strategie
pfadunabhängige, 132
prozyklische, 143

Varianzrate, 79
Vektoroptimierungsproblem
im Binomialmodell, 41
im Multinomialmodell, 49
Verfallzeitpunkt, 7
Verkaufsoption, 6
Wert, 8, 27, 93–95
Wertgrenzen, 28
Volatilität
geschätzte, 147*
implizite, 179
theoretische, 81, 110–111, 127

Wertänderung
antizipierte, 63
nicht antizipierte, 63–70
White-Noise-Prozeß, 74, 105*
Wiener Prozeß
siehe Brownsche Bewegung

zentraler Grenzwertsatz, 113–114
Zielmenge
im Binomialmodell, 42, 45, 47
im Multinomialmodell, 54–55
Zustandsdominanz, 9–10

Peter Lang · Europäischer Verlag der Wissenschaften

Harald Geißler / Detlef Behrmann / Beate Krahmann-Baumann (Hrsg.)

Organisationslernen konkret

Frankfurt/M., Berlin, Bern, New York, Paris, Wien, 1998. 326 S., zahlr. Abb.
Betriebliche Bildung – Erfahrungen und Visionen.
Herausgegeben von Harald Geißler. Bd. 8
ISBN 3-631-33186-X · br. DM 89.–*

Die Forderung, daß Organisationen sich zu lernenden Organisationen entwickeln müssen, ist ein Gebot der Marktdynamik, das in den nächsten Jahrzehnten mit Sicherheit Geltung haben wird. Denn die durch Globalisierung bedingte weltweite Konkurrenz zwingt zu verstärkter Innovation und Flexibilität. Das erfordert eine permanente Qualifizierung aller Führungskräfte und Mitarbeiter sowie die ständige Überprüfung und Verbesserung der vorliegenden Organisations- und Arbeitsablaufstrukturen sowie der Beziehungen der Organisation zu Kunden und Lieferanten und relevanten gesellschaftlichen Institutionen. Zwei Jahrzehnte wissenschaftlicher Theoriebildung und praktischer Erprobung machen es heute möglich, konkrete Antworten zu formulieren, wie Organisationslernen durch Wissensmanagement, kulturellen Wandel, personalpolitische Strategien und betriebspädagogische Designs gefördert werden kann.

Aus dem Inhalt: Human-Ressource-Management in virtuellen Unternehmen · Handlungstheorie · Betriebliche Weiterbildung · Arbeitsplatznahes Lernen · Führung · Managementbildung · Bildungsmanagement und -kooperation · Kulturelles Lernen und kultureller Wandel · Organisationsentwicklung durch Profit-Center-Strukturen · Wissensmanagement in konkreten ökonomischen Bezügen · Modernisierung und Erfolgsfaktoren effizienten Handelns in der Verwaltung

Frankfurt/M · Berlin · Bern · New York · Paris · Wien
Auslieferung: Verlag Peter Lang AG
Jupiterstr. 15, CH-3000 Bern 15
Telefax (004131) 9402131
*inklusive Mehrwertsteuer
Preisänderungen vorbehalten

Kolibri 360 GmbH
Ferdinand-Jühlke-Straße 7
99095 Erfurt, Deutschland
produktsicherheit@kolibri360.de

Druck:
CPI Druckdienstleistungen GmbH
im Auftrag der
Kolibri 360 GmbH
Ferdinand-Jühlke-Str. 7
99095 Erfurt